教育部卓越工程师培养计划教材

建筑节能质量检测与控制

主　编：佘林文　唐　静

中国环境出版集团·北京

图书在版编目（CIP）数据

建筑节能质量检测与控制 / 余林文，唐静主编. 北京 : 中国环境出版集团，2024. 9. --（教育部卓越工程师培养计划教材）. -- ISBN 978-7-5111-6017-1

Ⅰ. TU5

中国国家版本馆CIP数据核字第2024QM3658号

策划编辑 马宇敬
责任编辑 易 萌
封面设计 彭 杉

出版发行 中国环境出版集团
（100062 北京市东城区广渠门内大街16号）
网 址：http://www.cesp.com.cn
电子邮箱：bjgl@cesp.com.cn
联系电话：010-67112765（编辑管理部）
010-67112739（第三分社）
发行热线：010-67125803，010-67113405（传真）

印 刷 玖龙（天津）印刷有限公司
经 销 各地新华书店
版 次 2024年9月第1版
印 次 2024年9月第1次印刷
开 本 787×1092 1/16
印 张 19
字 数 480千字
定 价 78.00元

编委会

前　　言

党的十八大以来，党和国家把质量安全提到了更加重要的战略高度，作出了许多具体部署，建筑业发展取得巨大成就，建筑工程质量水平不断得到提升。习近平总书记在党的二十大报告中提出：建设现代化产业体系，坚持把发展经济的着力点放在实体经济上，推进新型工业化，加快建设制造强国、质量强国、航天强国、交通强国、网络强国、数字中国。

建筑节能材料质量是建设工程的重要组成部分，按现行国家标准规范进行质量检测是建设工程质量管理的重要手段。客观、准确、及时地进行质量检测，是指导、控制和评价建设工程质量的科学依据。《建筑节能质量检测与控制》依据《建设工程质量检测管理办法》（住房和城乡建设部令　第 57 号）规定的建设工程质量检测机构资质标准中建筑节能专项类涉及检测项目和参数范围，同时结合相关省市的建设工程质量检测人员职业培训考核或指南的要求编写，为培养既有理论知识，又具备质量检测技能的工程技术人员提供具有参考价值的教材。本书可作为建筑节能检测人员岗位培训教材，同时也能作为高等院校相关专业师生、建筑施工、监理、建筑材料生产企业的试验技术人员和工程管理人员的参考学习资料。

本书内容主要按照现行国家标准、规范和第三方实验室资质认定的要求进行编写，主要包括检验检测的基础知识、实验室技术要求、建筑材料的标准化，介绍了建筑节能基础知识及建筑节能材料主要性能的检测方法、步骤和结果处理方法。

本书由重庆大学材料科学与工程学院和重庆市建设工程质量协会组织编写，主编由重庆大学材料科学与工程学院、重庆重大建设工程质量检测有限公司的余林文和唐静担任，副主编由重庆大学土木工程学院杨露露、重庆大学材料科学与工程学院叶建雄，国检测试控股集团重庆检测有限公司王本利担任。重庆大学建筑城规学院许景峰、梁树英，重庆大学材料科学与工程学院张智瑞、曾路、刘明月，重庆理工大学毕茂强，重庆市建设工程质量协会陈功、田田、梁庆刚，国检测试控股集团重庆检测有限公司王亮亮、陈波，重庆市住房公积金管理中心段光尧，重庆市江北区建设工程管理事务中心程玉雷，重庆建设工程质量监督检测中心有限公司李建荣、谢小莉、陈春仰，重庆市建筑科学研究院有限公司潘群，重庆市建设工程质量检验测试中心龚丽权、李志坤、田彬亢，深圳市盐田港建筑工程检测有限公司陈榕涛，重庆市江北区建设工程质量检测有限责任公司蒋宏、黄勇，重庆筑能建设工程质量检测有限公司黄肖颖、王茂、严小康，重庆市九龙建设工程质量检测中心有限公司苏杨、苏黎、王磊，重庆华盛检测技术有限公司宋文杰、郑寒英，重庆聚源建设工程质量检测有限公司余汶骏，重庆标测检测技术有限公司黄安红，重庆高新卓泰建筑工程质量检测有限公司李平、胡凤英、熊琳，健研检测集团重庆有限公司李贞，重庆建工住宅建设有限公司张意，重庆重大建设工程质量检测有限公司蒲红伊、唐光进、蔺悦、袁小林、蒲虹任、沈锐、隆文超、刘文梅、李丽、齐露明参与编写。

全书由重庆大学土木工程学院卢军和重庆大学材料科学与工程学院张智强、王冲主审。

本书在编制过程中参考和借鉴了有关文献资料，同时也得到了许多热心朋友的帮助，谨向这些文献作者、朋友致以诚挚的谢意。

由于建筑节能相关技术发展很快，与质量检测配套的工程技术标准在不断更新，加之编者水平有限，书中难免有不妥之处，敬请读者批评指正。

编　者

2024 年 7 月

目　　录

第1章　绪　论

1.1　检验检测的基础知识

1.1.1　法定计量单位

1.1.1.1　法定计量单位的由来与组成

在人类历史上，计量单位是伴随生产与交换的发生、发展而产生的。社会和科学技术的进步要求计量单位稳定和统一，以维护正常的社会、经济和生产活动的秩序，于是逐渐形成了各个国家的古代计量制度。这些制度是根据各自的经验和习惯确定的，自然是千差万别、各行其是。

法国在1790年建议创立一种新的、建立在科学基础上的计量制度，随后制定了“米制法”，通过对地球子午线长度的精密测量来确定最初的米原器。这一制度逐渐得到其他国家的认同，1875年17个国家在巴黎签署了《米制公约》，成立国际计量委员会（CIPM），并设立国际计量局（BIPM）。我国于1977年加入米制公约组织。

随着科学技术的发展，在米制的基础上先后形成了多种单位制，因此又出现混乱局面。1960年第11届国际计量大会（CGPM）总结了米制经验，将一种科学实用的单位制命名为“国际单位制”，并用符号SI表示。后经多次修订，形成完整的体系。

SI遵从一贯性原则。由比例因数为1的基本单位幂的乘积来表示的导出计量单位，叫作一贯计量单位。SI的全部导出单位均为一贯计量单位，所以它是一贯计量单位制，从而使符合科学规律的量的方程和数值方程相一致。

SI是在科技发展中产生的，也将随着科技发展而不断完善。由于SI结构合理、科学简明、方便实用，适用于众多科技领域和各行各业，可实现世界范围内计量单位的统一，因而被国际社会广泛接受，成为科技、经济、文教、卫生等各界的共同语言。

《中华人民共和国计量法》（以下简称《计量法》）明确规定，“国家采用国际单位制。国际单位制计量单位和国家选定的其他计量单位，为国家法定计量单位。”国际单位制是我国法定计量单位的主体，国际单位制如有变化，我国法定计量单位也将随之变化。

SI由SI单位、SI词头（10^{-24}～10^{24}）及SI单位的倍数和分数单位组成。SI单位又包括7个SI基本单位和由SI基本单位导出的单位。SI基本单位是SI的基础，其单位名称、单位符号和单位定义见表1-1。

表 1-1　SI 基本单位

量的名称	单位名称	单位符号	单位定义
长度	米	m	光在真空中于 1/299 792 458 s 的时间间隔内所经过的距离
质量	千克（公斤）	kg	质量单位，等于国际千克（公斤）原器的重量
时间	秒	s	铯-133 原子基态的两个超精细能级之间跃迁所对应的辐射的 9 192 631 770 个周期的持续时间
电流	安［培］	A	一恒定电流，若保持在处于真空中相距 1 m 的两无限长而圆截面可忽略的平行直导线内，这两导线之间产生的力在每米长度上等于 2×10^{-7} N
热力学温度	开［尔文］	K	水三相点热力学温度的 1/273.16
物质的量	摩［尔］	mol	一系统的物质的量，该系统中所包含的基本单元数与 0.012 kg 碳-12 的原子数目相等。在使用摩［尔］时应指明基本单元，可以是原子、分子、离子、电子及其他粒子，或是这些粒子的特定组合
发光强度	坎［德拉］	cd	发射出频率为 540×10^{12} Hz 单色辐射的光源在给定方向上的发光强度，在此方向上的辐射强度为 1/683W/sr

1.1.1.2　法定计量单位的使用规则

1）法定计量单位符号

法定计量单位的符号分为单位符号（国际通用符号）和单位的中文符号（单位名称的简称）。一般推荐使用单位符号，后者便于在知识水平不高的场合下使用。十进制单位符号应置于数据之后。单位符号按其名称或简称读，不得按字母读音。

单位符号一般用正体小写字母书写，但是以人名命名的单位符号，第一个字母必须正体大写。组合单位符号的书写方式示例见表 1-2。

表 1-2　组合单位符号的书写方式示例

单位名称	符号的正确书写方式	错误或不适当的表达方式
牛顿米	N・m，Nm 牛・米	N-m，mN 牛米，牛-米
米每秒	m/s，m・s^{-1} 米・$秒^{-1}$，米/秒	ms^{-1} $米秒^{-1}$，秒米
瓦每开尔文米	W/（K・m），瓦/（开・米）	W/K/m，瓦/（K・m），W /（开·米）
每米	m^{-1}，$米^{-1}$	1/m，1/米

注：① 单位符号与中文符号不得混合使用。但是非物理量单位（如台、件、人等）可用汉字与符号构成组合形式单位；摄氏度的符号℃可作为中文符号使用，如 J/℃可写为焦/℃。

② 单位符号中，用斜线表示相除时，分子、分母的符号与斜线处于同一行内。分母中包含两个以上单位符号时，整个分母应加圆括号，斜线不得多于一条。

③ 分子为 1 的组合单位符号，一般不用分子式，而用负数幂的形式。

2）法定计量单位名称

计量单位的名称，一般是指它的中文名称，用于叙述性文字和口述中，不得用于公式、数据表、图、刻度盘等处。

组合单位的名称与其符号表示的顺序一致，遇到除号时，应读为“每”字，例如，J/（mol·K）的名称应读为“焦耳每摩尔开尔文”。书写时也应如此，不能加任何图形和符号，不要与单位的中文符号相混。

乘方形式的单位名称的表达方式和其他名称有所不同，如 m^4 的名称应为“四次方米”而不是“米四次方”。用长度单位米的二次方或三次方表示面积或体积时，其单位名称为“平方米”或“立方米”，否则仍应为“二次方米”或“三次方米”。

1.1.2 数据处理

1.1.2.1 有效数字

1）定义

有效数字是各种测量和计算中一个很重要的概念，试验测量和结果需用数字来表示，正确而有效地表示测量和试验结果的数字称为有效数字，有效数字由准确数字和一位欠准数字构成。例如，用一钢直尺量取某钢筋的长度为 569.6 mm，其中数字 569 均由尺上读出，是准确的，而数字 6 是估读的，是欠准数字，但它不是凭空臆想的，所以记录时应保留，所记录的这 4 个数字均为有效数字。

2）有效数字的位数确定

在没有小数且以若干个零结尾的数值中，有效数字的位数是指从非零数字最左一位向右数得到的位数减去无效零（仅为定位用的零）的个数。例如，87 000 若有 3 个无效零，则为两位有效位数，应写作 87×10^3。

在其他十进位数字中，有效数字的位数是指从非零数字最左一位向右数得到的位数，即数字“0”在数值中所处的位置不同，可以是有效数字，也可以不是有效数字。例如，8.7、0.87 均为两位有效位数，0.870 为三位有效位数，0.870 0 为四位有效位数，87.000 为五位有效位数。

对于非连续型数值（如个、分数、倍数、名义浓度或标示量）是没有欠准数字的，其有效数字的位数可视为无限多位；常数 π、e 和系数 2 等值的有效位数也可视为无限多位，对于 pH 等对数值，其有效位数是由其小数点后的位数决定的，其整数部分只表明其真数的乘方次数。例如，pH=11.26（$[H^+]=5.5\times10^{-12}$ mol/L），其有效位数只有两位。

1.1.2.2 数值修约及其进舍规则

1）数值修约的基本概念

数值修约是一种数据处理方式。对某一拟修约数，根据保留数位的要求，将其多余位数的数字按照一定的规则进行取舍，得到一个是修约间隔整数倍的数（修约数）来代替拟修约数，这一过程称为数值修约，也称为数的化整或数的凑整。为了简化计算，准确表达测量结果，必须对有关数值进行修约。

修约间隔又称修约区间或化整间隔，它是确定修约保留位数的一种方式。修约间隔一经确定，修约数只能是修约间隔的整数倍。若指定修约间隔为 0.1，修约数应在 0.1 的整数倍中选取，即修约数精确至 0.1。若指定修约间隔为 100，修约数应在 100 的整数倍中选取，即修约数精确至 100。

2）进舍规则

（1）在拟舍弃数字中，当左边第一个数字小于 5 时，则舍弃，即保留的各位数字不变。

例如　将 3.141 592 修约到一位小数，得 3.1。

（2）在拟舍弃数字中，当左边第一个数字大于等于 5，且其后跟有并非全部为 0 的数字时，则进一，即在保留的末位数字上加 1。

例 1　将 5 252 修约到百数位，得 53×10^2（特定时可为 5 300）。

例 2　将 1 266 修约到三位有效位数，得 127×10（特定时可为 1 270）。

例 3　将 8.504 修约到个数位，得 9。

（3）当拟舍弃数字的最左一位数字为 5，而右边无数字或皆为 0 时，若所保留的末位数为奇数（1，3，5，7，9）则进一，为偶数（2，4，6，8，0）则舍弃。

例 1　修约间隔为 0.1（或 10^{-1}）

拟修约数值	修约值
4.050	4.0
2.150	2.1

例 2　将下列数字修约成两位有效位数

拟修约数值	修约值
0.052 5	0.052
52 500	52×10^3

3）不许连续修约

（1）拟修约数字应在确定修约位数后一次修约获得结果，而不得多次按上述规则连续修约。

例如，修约 15.454 6，修约间隔为 1

正确的做法：15.454 6→15

不正确的做法：15.454 6→15.455→15.46→15.5→16

（2）在具体实施中，有时测试与计算部门先将获得的数值按指定的修约位数多一位或几位报出，而后由其他部门判定。为避免产生连续修约的错误，应按下述步骤进行：

当报出数值最右的非零数字为 5 时，应在数值后面加“(+)”或“(−)”或不加符号，以分别表明已进行过舍、进或未舍未进。

例如，16.50（+）表示实际值大于 16.50，经修约舍弃成为 16.50；16.50（−）表示实际值小于 16.50，经修约进一成为 16.50。

如果判定报出值需要进行修约，当拟舍弃数字的最左一位数字为 5 而后面无数字或皆为 0 时，数值后面有“(+)”者进一，数值后面有“(−)”者舍去，其他仍按上述规则进行。

例如，将下列数字修约到个数位后进行判定（报出值多留一位到一位小数）。

实测值	报出值	修约值
15.454 6	15.5（−）	15
16.520 3	16.5（+）	17
17.500 0	17.5	18
−15.454 6	−15.5（−）	−15

4）运算规则

在进行数学运算时，对加减法和乘除法中有效数字的处理是不同的。

（1）许多数值相加减时，所得和的绝对误差比任何一个数值的绝对误差都大。因此，相加减时应以诸数值中绝对误差最大（欠准数字的位数最大）的数值为准，确定其他数值在运算中保留的位数和决定计算结果的有效位数。

（2）许多数值相乘除时，所得积或商的相对误差比任何一个数值的相对误差都大，因此，相乘除时应以诸数值中相对误差最大（有效位数最少）的数值为准，确定其他数值在运算中保留的位数和决定计算结果的有效位数。

（3）在运算过程中，为减少舍入误差，其他数值的修约可以暂时多保留一位，待运算得到最后结果时，应根据有效位数弃去多余的数字。

例 1　13.65+0.008 23+1.633

本例是数值相加减，在 3 个数值中，13.65 的绝对误差最大，其最末一位数为百分位（小数点后两位），因此将其他各数均暂时保留至千分位，即把 0.008 23 修约成 0.008，1.633 不变，进行运算：13.65+0.008+1.633 = 15.291

最后对计算结果进行修约，15.291 应只保留至百分位，修约成 15.29。

例 2　14.131×0.076 54÷0.78

本例是数值相乘除，在 3 个数值中，0.78 的有效位数最少，仅为两位有效位数，因此各数值均应暂时保留三位有效位数进行运算，最后再将计算进行结果修约为两位有效位数。

$$14.131\times0.076\,54\div0.78 \approx 14.1\times0.076\,5\div0.78 \approx 1.08\div0.78 \approx 1.38 \approx 1.4$$

1.1.3　测量误差

测量结果与测量的真值之间的差异，称为测量误差。测量真值是量的定义的完整体现，是与给定的特定量的定义完全一样的值，它是通过完善的或完美无缺的测量才能获得的值。测量结果是由测量所得到的赋予被测量的值，是客观存在的量的试验表现，仅是对测量所得值的近似和估计。因而，作为测量结果与真值之差的测量误差，也是无法准确得到或确切获知的。测量误差可来源于测试过程中的任意环节，如测量程序、测量仪器、测量环境、测量人员等。

1.1.3.1　测量误差的表示方法

测量误差有绝对误差和相对误差两种表示方法，绝对误差是指被测量的测量值与其真值之差。测量误差除以被测值的真值所得的商，称为相对误差。绝对误差与被测量的量纲相同，而相对误差是量纲为 1 的量。

假设测量结果 y 减去被测量约定真值 t，所得的误差或绝对误差为 $\varDelta$。将绝对误差 $\varDelta$ 除以约定真值，即可求得相对误差为 $\delta=\varDelta/t\times100\%=(y-t)/t\times100\%$。所以，相对误差表示绝

对误差所占约定真值的百分比，它也可用数量级来表示所占的份额或比例，即表示为

$$\delta=\left[\left(\frac{y}{t}-1\right)\times 10^{n}\right]\times 10^{-n} \tag{1-1}$$

当被测量的值大小相近时，通常用绝对误差进行测量水平的比较。但绝对误差只能说明测量结果偏离实际值的情况，不能确切反映测量的准确程度，当被测量值相差较大时，用相对误差才能进行有效的比较。

例如，测量标称值为 10.2 mm 的甲棒长度时，得到实际值为 10.0 mm，其示值误差 $\Delta=0.2$ mm；而测量标称值为 100.2 mm 的乙棒长度时，得到实际值为 100.0 mm，其示值误差 $\Delta'=0.2$ mm。它们的绝对误差虽然相同，但乙棒的长度约为甲棒的 10 倍，要比较或反映两者不同的测量水平，还需运用相对误差或误差率的概念，即 $\delta=0.2/10.0\times100\%=2\%$，而 $\delta'=0.2/100\times100\%=0.2\%$，所以乙棒比甲棒测得准确，或能用数量级表示为 $\delta=2\times10^{-2}$，$\delta'=2\times10^{-3}$，从而也能反映出后者的测量水平高于前者一个数量级。

另外，在某些场合下应用相对误差还有方便之处。例如，已知质量流量计的相对误差为 δ，用它测量流量为 Q（kg/s）的某管道所通过的流体质量及其误差。经过时间 T（s）后流过的质量为 QT（kg），故其绝对误差为 $Q\delta T$（kg）。所以，质量的相对误差仍为 $Q\delta T/(QT)=\delta$。

1.1.3.2 测量误差的分类

测量误差按其性质和特点可分为随机误差、系统误差和粗大误差 3 类。

1）随机误差

在测量结果与重复性条件下，对同一被测量进行无限多次测量所得结果的平均值之差，称为随机误差。

重复性条件是指在尽量相同的条件下，包括测量程序、测量人员、测量仪器、测量环境等，以及尽量短的时间间隔内完成重复测量任务。这里的“短时间”可理解为保证测量条件相同或保持不变的时间段，它主要取决于人员的素质、仪器的性能以及对各种影响量的监控。从数理统计和数据处理的角度来看，在这段时间内测量应处于统计控制状态，即符合统计规律的随机状态。通俗来讲，它是测量处于正常状态的时间间隔。

随机误差的统计规律性主要表现为对称性、有界性和单峰性。

（1）对称性是指绝对值相等而符号相反的误差，出现的次数大致相等，即测得值是以它们的算术平均值为中心而对称分布的。由于所有误差的代数和趋近于 0，故随机误差又具有抵偿性，这个统计特性是最为本质的。换言之，凡具有抵偿性的误差，原则上均可按随机误差处理。

（2）有界性是指测得值误差的绝对值不会超过一定的界限，即不会出现绝对值很大的误差。

（3）单峰性是指绝对值小的误差比绝对值大的误差数目多，即测得值是以它们的算术平均值为中心而相对集中分布的。

2）系统误差

在重复性条件下，对同一被测量进行无限多次测量所得结果的平均值与被测量的真值之差，称为系统误差。它是测量结果中期望不为 0 的误差分量。

由于只能进行有限次数的重复测量，真值也只能用约定真值代替，因此可能确定的系统误差只是其估计值，并具有一定的不确定度。这个不确定度也就是修正值的不确定度，它与其他来源的不确定度分量一样，合成标值贡献给了不确定度。

系统误差对测量结果的影响称为"系统效应"。该效应的大小若已识别并可定量表述，则可通过估计的修正值予以补偿。例如，高阻抗电阻器的电位差（被测量）是用电压表测得的，为减少电压表负载效应给测量结果带来的"系统效应"，应对该表的有限阻抗进行修正。但是，用于估计修正值的电压表阻抗与电阻器阻抗（均由其他测量获得）本身就是不确定的。这些不确定度可用于评定电位差的测量不确定度分量，它们来源于修正，从而来源于电压表有限阻抗的"系统效应"。另外，为了尽可能消除系统误差，测量仪器须经常用计量标准或标准物质进行调整或校准。但同时须考虑的是，这些标准自身仍带着不确定度。

3）粗大误差

粗大误差是指在一定测量条件下，测量值明显偏离实际值所造成的测量误差，也称坏值。产生粗大误差的原因可能是测量人员粗心（如测错、读错、记错或算错），或过度疲劳，或操作经验缺乏，这一类误差会严重影响测量结果的准确性，应予以剔除，不能参与计算。

1.1.3.3　测量误差修正

1）修正值和修正因子

用代数方法与未修正测量结果相加以补偿其系统误差的值，称为修正值。

含有误差的测量结果，加上修正值后就可能补偿或减少误差的影响。由于系统误差不能完全获知，因此这种补偿并不完全。修正值等于负的系统误差，也就是说加上某个修正值就像扣掉某个系统误差，其效果是一样的，只是人们考虑问题的出发点不同而已。

在量值溯源和量值传递中，通常采用这种加修正值的直观办法。用高一个等级的计量标准来校准或检定测量仪器，其主要内容之一就是要获得准确的修正值。例如，用频率为 f_s 的标准振荡器作为信号源，测得某台送检的频率计的示值为 f，则示值误差 Δ 为 $f-f_s$。所以，在今后使用这台频率计计量时应扣掉这个误差，即加上修正值（$-\Delta$），可得 $f+(-\Delta)$，这样就与 f_s 一致了。换言之，系统误差可以用适当的修正值来估计并予以补偿。但应强调指出：这种补偿是不完全的，即修正值本身就含有不确定度。当测量结果以代数和方程式与修正值相加之后，其系统误差之和会比修正前的小，但不可能为 0，即修正值只能对系统误差进行有限程度的补偿。

为补偿系统误差而与未修正测量结果相乘的数字因子，称为修正因子。

含有系统误差的测量结果，乘以修正因子后就可以补偿或减少误差的影响。例如，由于等臂天平的不等臂误差、不等臂天平的臂比误差、线性标尺分度时的倍数误差，以及测量电桥臂的不对称误差所带来的测量结果中的系统误差，均可通过乘以一个修正因子得以补偿。但是，修正因子本身含有不确定度。通过修正因子或修正值进行了修正的测量结果，即使具有较大的不确定度，但可能仍然十分接近被测量的真值（误差很小）。因此，不应把测量不确定度与已修正测量结果的误差相混淆。

2）偏差

一个值减去其参考值，称为偏差。

这里的值或一个值是指测量得到的值，参考值是指设定值、应有值或标称值。以测量仪器的偏差为例，它是从零件加工的“尺寸偏差”的概念引申过来的。尺寸偏差是指加工所得的某一实际尺寸，与其要求的参考尺寸或标称尺寸之差。相对于实际尺寸来说，由于加工过程中诸多因素的影响，它偏离了要求的或应有的参考尺寸，于是产生了尺寸偏差，即

$$尺寸偏差=实际尺寸-应有参考尺寸 \tag{1-2}$$

量具也有类似情况。例如，用户需要一块准确值为 1 kg 的砝码，此时的偏差为+0.002 kg。显然，如果按照标称值 1 kg 来使用，砝码就有+0.002 kg 的示值误差。如果在标称值上加一个修正值−0.002 kg 后再使用，则这块砝码就显得没有误差了。这里的示值误差和修正值都是相对于标称值而言的。从另一个角度来看，这块砝码之所以具有+0.002 kg 的示值误差，是因为加工发生偏差，偏大了 0.002 kg，从而使加工出来的实际值（1.002 kg）偏离了标称值（1 kg）。为了描述这个差异，引入“偏差”这个概念就是很自然的事，即

$$偏差=实际值-标称值=1.002\ kg-1.000\ kg=0.002\ kg$$

上述尺寸偏差也称实际偏差或简称偏差，而常见的概念还有上偏差（最大极限尺寸与应有参考尺寸之差）、下偏差（最小极限尺寸与应有参考尺寸之差），它们统称为极限偏差。由代表上、下偏差的两条直线所确定的区域，即限制尺寸变动量的区域，通称为尺寸公差带。

1.2 建筑材料标准化

1.2.1 标准化的定义

1.2.1.1 标准

为在一定范围内获得最佳秩序，对活动或其结果规定共同的和重复使用的规则、导则或特性的文件，该文件经协商一致制定并经一个公认机构批准，以科学、技术和实践经验的综合成果为基础，以促进最佳社会效益为目的。

1.2.1.2 标准化

为在一定的范围内获得最佳秩序，以实际的或潜在的问题制定共同的和重复使用的规则的活动。

上述活动主要是制定、发布及实施标准的过程。标准化的重要意义是改进产品、过程和服务适用性，防止贸易壁垒，并促进技术合作。

1.2.2　标准的种类与级别

1.2.2.1　标准的种类

标准按约束性分为强制性标准、推荐性标准；按对象分为技术标准、管理标准、工业标准；按外在形态分为文字图表标准和实物标准。

1.2.2.2　标准的级别

标准分为国家标准、行业标准、地方标准、企业标准 4 个级别，分别由相应的标准化管理部门批准并颁布。国家市场监督管理总局是国家标准化管理的最高机关。国家标准和行业标准属于全国通用标准，是国家指令性技术文件，各级生产、设计、施工等部门必须严格遵照执行。

各级标准均有相应的代号（表 1-3），其表示方法由标准名称、标准代号、发布顺序号和发布年号组成。例如：

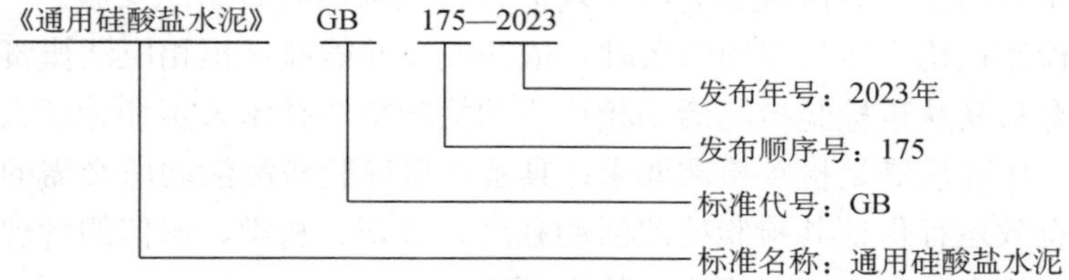

表 1-3　各级标准的相应代号

标准级别	标准代号及名称
国家标准	GB——国家标准；GBJ——建筑工程国家标准；GB/T——国家推荐标准
行业标准（部分）	JGJ——建设工程标准；　YB——冶金工业行业标准； JT——交通行业标准；　LY——林业行业标准；　JC——建筑材料标准
地方标准	DB——地方标准
企业标准	QB——企业标准

1.2.3　建筑材料的标准及其作用

产品标准化是现代工业发展的产物，是组织现代化大生产的重要手段，也是科学管理的重要组成部分。目前，中国大多数建筑材料都制定了产品技术标准，其主要内容包括产品规格、分类、技术要求、检验方法、检验规则、包装及标志、运输与贮存等。标准的作用如下：

① 建筑材料工业企业必须严格按技术标准进行设计、生产，以确保产品质量，生产出合格的产品；

② 建筑材料的使用者必须按技术标准选择、使用质量合格的材料，使设计、施工标准化，以确保工程质量，加快施工进度，降低工程造价；

③ 供需双方必须按照技术标准规定进行材料的验收，以确保双方的合法权益。

1.3 建筑材料质量与技术管理

1.3.1 实验室资质

1.3.1.1 《检验检测机构资质认定管理办法》

《检验检测机构资质认定管理办法》（2015 年 4 月 9 日国家质量监督检验检疫总局令 第 163 号公布，根据 2021 年 4 月 2 日《国家市场监督管理总局关于废止和修改部分规章的决定》修改）对检验检测机构资质的相关规定：

（1）检验检测机构资质认定组织方：国务院有关部门以及相关行业主管部门依法成立的检验检测机构，其资质认定由国家市场监督管理总局负责组织实施；其他检验检测机构的资质认定，由其所在行政区域的省级市场监督管理部门负责组织实施。

（2）检验检测机构资质认定申请条件：依法成立并能够承担相应法律责任的法人或者其他组织；具有与其从事检验检测活动相适应的检验检测技术人员和管理人员；具有固定的工作场所，工作环境满足检验检测要求；具备从事检验检测活动所必需的检验检测设备设施；具有并有效运行保证其检验检测活动独立、公正、科学、诚信的管理体系；符合有关法律法规或者标准、技术规范规定的特殊要求。

（3）检验检测机构资质认定程序分类：检验检测机构资质认定程序分为一般程序和告知承诺程序，除法律、行政法规或者国务院规定必须采用一般程序或者告知承诺程序外，检验检测机构可以自主选择资质认定程序。

（4）检验检测机构资质认定证书有效期及延续：资质认定证书有效期为 6 年，需要延续资质认定证书有效期的，应当在其有效期届满 3 个月前提出申请。

（5）检验检测机构资质认定应申请变更的情形：机构名称、地址、法人性质发生变更的；法定代表人、最高管理者、技术负责人、检验检测报告授权签字人发生变更的；资质认定检验检测项目取消的；检验检测标准或者检验检测方法发生变更的；依法需要办理变更的其他事项。

（6）检验检测机构资质认定证书内容：发证机关、获证机构名称和地址、检验检测能力范围、有效期限、证书编号、资质认定标志。

（7）检验检测机构分支机构资质认定要求：检验检测机构依法设立的从事检验检测活动的分支机构，应当依法取得资质认定后，方可从事相关检验检测活动。

1.3.1.2 《建设工程质量检测管理办法》

《建设工程质量检测管理办法》（2022 年 12 月 29 日中华人民共和国住房和城乡建设部令 第 57 号公布，自 2023 年 3 月 1 日起检验检测机构施行）对机构资质有如下规定：

（1）检测机构资质分类：检测机构资质分为综合类资质、专项类资质；检测机构资质标准和业务范围，由国务院住房和城乡建设主管部门制定。

（2）申请检测机构资质的单位要求：应当是具有独立法人资格的企业、事业单位，或者依法设立的合伙企业，并具备相应的人员、仪器设备、检测场所、质量保证体系等条件。

（3）资质认定组织方：省、自治区、直辖市人民政府住房和城乡建设主管部门负责本行政区域内检测机构的资质许可。

（4）资质认定申请条件：申请检测机构资质应当向登记地所在省、自治区、直辖市人民政府住房和城乡建设主管部门提出，并提交相关材料，包括：检测机构资质申请表；主要检测仪器、设备清单；检测场所不动产权属证书或者租赁合同；技术人员的职称证书；检测机构管理制度以及质量控制措施。

（5）资质认定证书有效期及延续：资质认定证书有效期为5年，需要延续资质证书有效期的，应当在资质证书有效期届满30个工作日前向资质许可机关提出资质延续申请。

（6）资质认定应变更情形：检测机构在资质证书有效期内名称、地址、法定代表人等发生变更的，应当在办理营业执照或者法人证书变更手续后30个工作日内办理资质证书变更手续。

（7）资质重新核定申请情形：检测机构检测场所、技术人员、仪器设备等事项发生变更影响其符合资质标准的，应当在变更后30个工作日内向资质许可机关提出资质重新核定申请。

1.3.2 质量管理

（1）检验检测机构或者其所在的组织应当有明确的法律地位，对其出具的检验检测数据、结果负责，并承担法律责任。

（2）检验检测机构应当以公开方式对其遵守法定要求、独立公正从业、履行社会责任、严守诚实信用等情况进行自我承诺。

（3）检验检测机构应当独立于其出具的检验检测数据、结果所涉及的利益相关方，不受任何可能干扰其技术判断的因素影响，保证检验检测数据、结果公正准确、可追溯。

（4）检验检测机构及其人员应当对其在检验检测活动中所知悉的国家秘密、商业秘密负有保密义务，并制定实施相应的保密措施。

1.3.3 人员

（1）检验检测机构人员均应当签订劳动、聘用合同，且符合《中华人民共和国劳动法》《中华人民共和国劳动合同法》的有关规定，法律、行政法规对检验检测人员执业资格或者禁止从业另有规定的，依照其规定。

（2）检验检测机构应具有为保证管理体系的有效运行、出具正确检验检测数据、结果所需的技术人员和管理人员，包括最高管理者、技术负责人、质量负责人、授权签字人等。

（3）检验检测机构技术人员和管理人员的结构、数量、受教育程度、理论基础、技术背景和经历、实际操作能力、职业素养等应符合工作类型、工作范围和工作量的需要。

（4）检验检测机构质量负责人、技术负责人、授权签字人应符合管理体系任职要求、授权条件，具有任职文件，有充分的证据证明其能力持续符合要求。

1.3.4 场所环境

（1）具有符合标准或者技术规范要求的检验检测场所，包括固定的、临时的、可移动的或者多个地点的场所。

（2）应符合开展检验检测活动相应标准或者技术规范的要求。

（3）标准或者技术规范对开展检验检测活动的环境条件有要求，或者当环境条件影响检验检测结果质量时，应当对环境条件进行监测、控制和记录，使其持续符合标准或者技术规范的要求。

（4）应当有效识别检验检测活动所涉及的安全因素，如危险化学品的规范存储和领用、危险废物处理的合规性、气瓶的安全管理和使用等，并设置必要的防护设施、应急设施，制定相应预案。

1.3.5 仪器设备

（1）应当配备符合开展检验检测活动的设备设施，包括抽样、样品制备、数据处理与分析等。

（2）应对租用、借用的设备设施具有完全的使用权、支配权，同一台设备设施不得共同租用、借用、使用。

（3）对检验检测数据、结果有影响的设备，包括仪器、软件、测量标准、标准物质、参考数据、试剂、消耗品、辅助设备或相应组合装置，投入使用前应当实施核查、检定或校准及周期核查、检定或校准；设备检定或校准应当满足计量溯源性要求；设备的核查、使用、维护、保管、运输等应符合相应的程序以确保其溯源的有效性。

（4）应对检定、校准或核查的结果进行计量确认，确保其满足预期使用要求，包括溯源文件的有效性，检定、校准或核查的结果与预期使用的计量要求相比较以及所要求的标识。

（5）应保证所有修正信息得到有效利用、更新和备份。

（6）无法溯源到国家或国际测量标准时，检验检测机构应当保留检验检测结果相关性或准确性的证据。

（7）检验检测机构的参考标准及其使用应满足溯源要求。

（8）使用标准物质，应当满足计量溯源性要求，可能时，溯源到SI或者有证标准物质。

1.3.6 质量管理体系

（1）检验检测机构应当依据法律法规、标准（包括但不限于国家标准、行业标准、国际标准）的规定制定完善的管理体系文件，包括政策、制度、计划、程序和作业指导书等，检验检测机构建立的管理体系应当符合自身实际情况并有效运行。

① 检验检测机构建立的管理体系应对机构组织结构、岗位职责、任职要求和能力确认作出规定，依据管理体系建立的人员技术档案内容包括但不限于教育背景、培训经历、资格确认、授权、监督的相关记录，依据管理体系规定开展人员的管理、技术、安全培训，并保存培训记录。

② 检验检测机构建立的管理体系应当有效运行，具有体系运行相应的记录：管理体系文件标识、批准、发布、变更和废止控制记录；客户投诉的接收、确认、调查、处理和服务客户记录；检验检测不符合工作的处理记录；检验检测机构采取纠正措施、应对风险和机遇的措施及改进记录；检验检测样品全过程控制记录；检验检测机构管理体系内部审核记录；检验检测机构管理评审记录。

（2）检验检测机构应开展有效的合同评审，对相关要求、标书、合同的偏离、变更应当征得客户同意并通知相关人员。

（3）检验检测机构应对选择和购买的服务及供应品符合检验检测工作需求作出规定并有效实施，确保服务和供应品符合检验检测工作需求。

（4）检验检测机构能正确使用有效的方法开展检验检测活动，检验检测方法包括标准方法和非标准方法，应优先使用标准方法，使用标准方法前应进行验证，使用非标准方法前应先对方法进行确认，再验证。

① 检验检测机构对新引入或者变更的标准方法进行方法验证并保留方法验证记录，方法验证记录可以证明人员、环境条件、设备设施和样品符合相应方法要求，检验检测的数据、结果质量得到有效控制。检验检测机构在使用非标准方法前应当进行确认、验证，并保留相关方法确认记录和方法验证记录。

② 检验检测机构根据所开展的检验检测活动需要制定作业指导书，如设备操作规程、样品的制备程序、补充的检验检测细则等。作业指导书与检验检测机构开展的检验检测活动相适应。

③ 检验检测机构的管理体系包含对检验检测方法定期查新和保留查新记录作出规定的内容，检验检测机构保留查新记录，证明所用方法正确有效。

（5）当检验检测标准、技术规范或声明与规定要求的符合性有测量不确定度要求时，检验检测机构应当报告测量不确定度。

（6）检验检测机构出具的检验检测报告应当客观真实、方法有效、数据完整、信息齐全、结论明确、表述清晰、使用法定计量单位，并符合检验检测方法的规定。机构开展检验检测活动的原始记录信息能有效支撑对应出具的报告内容。

（7）检验检测机构应对质量记录和技术记录的管理作出规定，包括记录的标识、贮存、保护、归档留存和处置等内容，记录信息应充分、清晰、完整。

（8）检验检测机构在运用计算机信息系统实施检验检测、数据传输或对检验检测数据和相关信息进行管理时，应具有保障安全性、完整性、正确性的措施。

第 2 章　建筑节能基础知识

2.1　节能建筑材料概述

2.1.1　节能建筑材料及建筑保温系统基本概念

节能建筑材料是一类具有突出保温隔热性能的功能型建筑材料，在满足其他物理力学性能的同时，发挥其保温隔热性能，显著降低建筑使用能耗，是实现被动式建筑节能技术的重要物质基础。随着我国“双碳”目标的提出和实施，低能耗、低污染、低排放、低资源消耗的绿色建筑体系快速推进，对节能建筑材料提出了更高的要求，促进了这类材料在产品种类和性能方面的长足发展，同时对节能建筑材料提出了绿色低碳的要求，即节能建筑材料也应具备绿色建筑材料的特点。

2.1.1.1　绿色建筑材料

绿色建筑材料是采用清洁生产技术，不用或少用天然资源和能源，大量使用工农业或城市固态废弃物生产的无毒害、无污染、无放射性，达到使用周期后，可回收再利用，有利于环境保护和人体健康的建筑材料。

2.1.1.2　节能建筑材料

节能建筑材料是具有突出的保温隔热性能并能满足现行建筑节能设计标准要求的一类建筑材料，同时，它还具有绿色建筑材料的基本特点。节能建筑材料通常分为建筑绝热材料、节能墙体材料、节能门窗（幕墙）材料和遮阳材料。

1）建筑绝热材料

建筑绝热材料又称建筑保温隔热材料，是指对热流具有显著阻抗性，用于减少结构物与环境热交换的一类功能材料，通常按传热原理将其分为建筑保温材料和建筑隔热材料。建筑保温材料一般是指导热系数小于 0.3 W/（m·K），即热阻较大的绝热材料，按材质将其分为有机类建筑保温隔热材料、无机类建筑保温材料和复合型保温隔热材料；建筑隔热材料一般是指对辐射热有阻隔作用或低辐射（Low-E）率的绝热材料，通常作为遮阳材料。建筑保温材料一般兼具保温和隔热功能，建筑隔热材料一般不具备保温功能。

（1）有机类建筑保温隔热材料。

有机类建筑保温隔热材料是指采用有机材料制成的绝热材料。常见的有聚苯乙烯泡沫、聚氨酯泡沫、酚醛树脂泡沫、脲醛树脂泡沫等。其特点是保温隔热性能优异，但耐久性、防火性能较差。

（2）无机类建筑保温隔热材料。

无机类建筑保温隔热材料是指采用无机材料制成的绝热材料。其主要优点是价格低、耐久性和防火性能好，缺点是保温隔热性能较差，易吸水，吸水后保温隔热性能急剧降低等。常见的有闭孔膨胀珍珠岩、膨胀玻化微珠、泡沫玻璃、玻璃棉、矿渣棉、陶粒、泡沫混凝土、蒸压加气混凝土等。

（3）复合型保温隔热材料。

复合型保温隔热材料是指采用两种及以上不同特性的保温隔热材料制成的绝热材料。有无机-有机复合型、无机-无机复合型、有机-有机复合型 3 类。

（4）建筑隔热材料。

建筑隔热材料是指对太阳光、红外光反射率较高的热反射材料，对红外光反射率低的低辐射材料，即对热辐射阻隔性能突出的建筑节能材料。常见的有金属铝箔、反射隔热涂料、反射隔热膜、镀膜玻璃等。

2）节能墙体材料

节能墙体材料是一类主要用作建筑外墙的节能建筑材料，具有表观密度低、孔隙率大、导热系数或传热系数小的特点，按外形尺寸大小，墙体材料可分为空心砖（砌块）和板材 2 种。

3）节能门窗（幕墙）材料

通常把满足现行建筑节能设计标准的外门窗（幕墙）称为节能门窗（幕墙），它主要由高性能的门窗型材、中空玻璃、密封材料等构成，具有良好的保温、遮阳、隔声、通风等性能。一般按型材的材质将门窗分为木门窗、塑料门窗、金属门窗、复合门窗。

4）遮阳材料

遮阳材料是指可阻隔太阳光、调节采光、低辐射率的一类隔热材料，按其在建筑中放置的位置分为外遮阳材料、内遮阳材料和窗体遮阳材料。目前，外遮阳材料主要包括固定式遮阳构件和活动遮阳设施，固定式遮阳构件一般采用水泥基材料、复合高分子材料和玻璃材料，活动遮阳设施主要有遮阳篷、卷帘、活动百叶帘等；内遮阳材料主要有织物遮阳帘、活动百叶帘等；窗体遮阳材料主要有热反射玻璃、低辐射玻璃、隔热薄膜、活动百叶帘等。

2.1.1.3　建筑保温系统

建筑保温系统是指适用于安装在建筑围护结构相应部位的非承重建筑保温构造，其构造通常由基层、粘结层、保温层、保护层及根据需要采用的固定材料（如胶粘剂、增强网、锚固件等）构成。建筑保温系统主要包括墙体保温系统、屋面保温系统和地面保温（隔声）系统，墙体保温系统又分为外墙外保温系统、外墙内保温系统和外墙自保温系统。

1）外墙外保温系统

外墙外保温系统是指设置在外墙外表面，由界面层、保温层、抗裂防护层、饰面层及固定材料构成，起保温隔热、防护和装饰作用的构造系统总称。

2）外墙内保温系统

外墙内保温系统是指设置在外墙内表面，由界面层、保温层、防护层、饰面层及固定材料构成，起保温隔热、防护和装饰作用的构造系统总称。

3）外墙自保温系统

外墙自保温系统是指采用保温性能优良的节能墙体材料，辅以热桥保温的一种新型复合节能墙体。它具有两个特点：一是通过提高墙体材料的热工性能来满足建筑节能要求，使节能墙体的构造简约化；二是减少了墙体上大面积的外保温层，提高外墙保温系统的耐久性和安全性。

4）屋面保温系统

屋面保温系统是指设置在屋顶外表面，由防水层、界面层、保温层、防护层构成，起保温隔热、防护作用的构造系统总称。

5）地面保温（隔声）系统

地面保温（隔声）系统是指设置在室内地面，由界面层、保温层、防护层构成，起保温、隔声、防护作用的构造系统总称。

2.1.2 常用节能建筑材料分类及性能特征

1）建筑绝热材料分类及热工性能特征

（1）建筑绝热材料分类。建筑绝热材料包括建筑保温材料和建筑隔热材料，按材质可分为无机绝热材料、有机绝热材料和金属绝热材料三大类，其分类见表 2-1。其中，建筑保温材料是使用种类和用量最多的建筑绝热材料，具有轻质、疏松、多孔的特点，按形态可分为纤维状、微孔状、纳米孔状、气泡状、真空状、片状。

表 2-1 建筑绝热材料分类

<table>
<tr><th>形态</th><th colspan="2">材质</th><th>材料</th></tr>
<tr><td rowspan="4">纤维状</td><td rowspan="2">无机</td><td>天然</td><td>石棉纤维</td></tr>
<tr><td>人造</td><td>矿物纤维（矿渣棉、岩棉、玻璃棉、硅酸铝棉）</td></tr>
<tr><td rowspan="2">有机</td><td>天然</td><td>软质纤维板（木纤维板、草纤维板）</td></tr>
<tr><td>人造</td><td>聚酯纤维</td></tr>
<tr><td rowspan="2">微孔状</td><td rowspan="2">无机</td><td>天然</td><td>硅藻土</td></tr>
<tr><td>人造</td><td>硅酸钙、碳酸镁</td></tr>
<tr><td>纳米孔状</td><td>无机</td><td>人造</td><td>纳米孔气凝胶复合保温材料</td></tr>
<tr><td rowspan="3">气泡状</td><td rowspan="2">有机</td><td>天然</td><td>软木</td></tr>
<tr><td>人造</td><td>泡沫聚苯乙烯塑料、泡沫聚氨酯塑料、橡塑保温材料</td></tr>
<tr><td>无机</td><td>人造</td><td>膨胀珍珠岩、蒸压加气混凝土、泡沫混凝土、泡沫玻璃、泡沫陶瓷等</td></tr>
<tr><td>真空状</td><td>无机</td><td>人造</td><td>真空绝热板</td></tr>
<tr><td rowspan="2">片状</td><td>金属</td><td rowspan="2">人造</td><td>铝箔</td></tr>
<tr><td>有机</td><td>隔热膜、热反射涂层</td></tr>
</table>

（2）影响建筑绝热材料热工性能的主要因素。

① 材质种类。不同材质的自身热传导性能不同，差异较大，其特性用导热系数来表征，表 2-2 中列出几种常用材料（物质）的导热系数值，比较可知，金属材料导热系数最大，无机材料的导热系数较大，有机材料的导热系数较小，空气的导热系数最小。因此，保温材料一般选择有机类、无机类和有机-无机复合类材质，相同条件下，有机类保温材料热工性能最优。

表 2-2　几种常用材料（物质）的导热系数值　　单位：W/（m·K）

品种	空气	松木、杉木	塑料	钢	铝合金	水泥砂浆
导热系数	0.04	0.14～0.29	0.10～0.25	58.2	174.4	0.93

② 材料的表观密度和孔结构。材料的表观密度表征其分子之间的疏密程度，一般而言，对于同材质的保温材料，其表观密度越大，导热系数越大，反之导热系数越小。因为表观密度越小，孔隙率越大，其中填充空气就越多，通过利用导热系数小的空气来提高材料的保温性能。因此，保温材料大多呈现多孔状或纤维状结构。另外，在相同材质、相同孔隙率的条件下，其平均孔径尺寸越小，导热系数越小。空气的导热系数是指在空气分子相对静止的状态下的热传导性能，当其产生对流后就失去了这种阻热特性，形成对流换热，从而极大地降低其保温性能。因此，孔径越大，空气分子在孔中的流动性越大，从而降低了材料的保温性能，反之，保温性能更好。由此可知，纳米孔状材料的保温性能最好，如纳米孔气凝胶复合保温材料。

③ 真空度。众所周知，真空状态下没有热传导，导热系数趋近于零，因此，材料的真空度越大，导热系数越小。真空绝热板、真空玻璃就是利用这个原理生产的新型绝热材料。

④ 含水率。水的导热系数较大，流动时或水汽状态会产生强烈的对流换热，故水是热的良导体。当保温材料吸水后会极大地降低其保温性能，因此保温材料的含水率越低，其保温性能越好。由于大多数无机保温材料是多孔形态，极易吸水、吸湿，故保持无机保温材料干燥、降低含水率对保证材料的保温性能十分重要。

⑤ 材料表面光学特性。对于典型的隔热材料而言，其表面的太阳光反射（或吸收）能力和热辐射能力是影响材料隔热性能的主要因素，太阳光反射率越大（或吸收率越低）、热辐射率越低，其隔热性能越好。

（3）常用绝热材料种类。

① 膨胀珍珠岩及其制品。膨胀珍珠岩由玻璃质火山熔岩矿砂经膨胀、玻化等工艺制成，表面玻化封闭、呈不规则球状，内部为多孔结构的无机颗粒材料，其堆积密度在 70～250 kg/m^3，导热系数在 0.047～0.072 W/（m·K）。它一般不单独使用，通常与水泥基胶凝材料混合制成膨胀珍珠岩保温板，产品规格、性能执行现行国家和行业标准《膨胀珍珠岩绝热制品》（GB/T 10303）、《建筑用膨胀珍珠岩保温板》（JC/T 2298），导热系数为 0.055～0.072 W/（m·K）。

② 陶粒轻骨料。陶粒轻骨料分为烧结陶粒和非烧结陶粒，是堆积密度不大于 1 200 kg/m^3 的轻粗骨料、轻细骨料的总称，属于多孔状保温材料。目前市场上以烧结陶粒为主，主要采用黏土、页岩、粉煤灰、煤矸石为原材料，经焙烧、膨胀制成内部为多孔结构的颗粒材料，其产品性能执行现行国家标准《轻集料及其试验方法　第 1 部分：轻集料》（GB/T 17431.1）。该产品一般包括作为轻粗骨料的陶粒和作为轻细骨料的陶砂，用轻粗骨料和普通砂配制的混凝土称为砂轻混凝土，用轻粗骨料和轻砂配制的混凝土称为全轻混凝土，相对而言，全轻混凝土的热工性能更为优越。

③ 泡沫混凝土。泡沫混凝土是一种轻质多孔水泥基材料，也称发泡混凝土。按其泡沫形成的原理不同，分为物理引泡和化学发泡。物理引泡是采用物理方法将泡沫剂水溶液制备成泡沫，再将泡沫加入由水泥基胶凝材料、外加剂和水等制成的料浆中，经混合搅拌、

输送、浇注成型、保湿养护而成的多孔混凝土；化学发泡是将化学发泡剂（如铝粉、双氧水）加入由水泥基胶凝材料、外加剂和水等制成的料浆中，经混合搅拌、输送、浇注成型、静停发泡、保湿养护而成的多孔混凝土。其产品性能执行现行行业标准《水泥基泡沫保温板》（JC/T 2200），导热系数为 0.060～0.085 W/（m • K）。

④ 建筑用岩棉制品。以玄武岩、矿渣等为主要原材料，经高温熔融，用离心法制成矿物纤维（棉）及以热固性树脂为粘结剂生产的纤维状绝热制品，按其纤维分布方向分为平行岩棉和垂直岩棉，其产品性能应符合现行国家标准《建筑外墙外保温用岩棉制品》（GB/T 25975）的规定，导热系数为 0.040～0.046 W/（m • K）。

⑤ 绝热用玻璃棉制品。以硅质矿石等为主要原材料，经高温熔融，用火焰法或离心法制成的棉及以热固性树脂为粘结剂生产的绝热制品，其产品规格、性能执行现行国家标准《绝热用玻璃棉及其制品》第 1 号修改单（GB/T 13350/XG1），导热系数为 0.040 W/（m •K）左右。

⑥ 真空绝热板。真空绝热板是在真空状态下将芯材用阻气隔膜封装的板状材料，是一种新型高性能保温材料。其中，芯材由无机纤维、粉末、泡沫材料等一种或多种材料混合而成，阻气隔膜由多层高分子聚合物和（或）金属薄膜复合而成，能够阻隔周围环境中的气体或水汽渗透、扩散进入真空绝热板内部，长期保持预期真空状态并提供机械防护。其产品性能执行现行国家标准《真空绝热板》（GB/T 37608），导热系数为 0.0025～0.0120 W/（m • K）。

⑦ 纳米孔气凝胶复合绝热制品。纳米孔气凝胶复合绝热制品是采用溶胶凝胶法，将凝胶沉积在一定的增强材料上，然后用一定的干燥方式使气体取代凝胶中的液相组分形成的纳米级多孔复合制品，是一种新型高性能保温材料，其产品性能执行现行国家标准《纳米孔气凝胶复合绝热制品》（GB/T 34336），导热系数为 0.021～0.084 W/（m • K）。

⑧ 绝热用模塑聚苯乙烯泡沫塑料。绝热用模塑聚苯乙烯泡沫塑料（EPS）是采用可发性聚苯乙烯珠粒经加热预发泡后，在模具中加热成型而制成的具有多孔结构的塑料板材或颗粒。其产品性能执行现行国家标准《绝热用模塑聚苯乙烯泡沫塑料（EPS）》（GB/T 10801.1），导热系数为 0.033～0.037 W/（m •K），燃烧性能可达到 B1 级，使用温度一般不能超过 70℃。

⑨ 绝热用挤塑聚苯乙烯泡沫塑料。绝热用挤塑聚苯乙烯泡沫塑料（XPS）是采用物理发泡工艺，将聚苯乙烯颗粒在模具中加热、发泡挤塑成型的具有闭孔结构的塑料板材。其产品规格、性能执行现行国家标准《绝热用挤塑聚苯乙烯泡沫塑料（XPS）》（GB/T 10801.2），导热系数为 0.024～0.034 W/（m • K），燃烧性能可达到 B1 级，使用温度一般不能超过 70℃。

⑩ 建筑绝热用硬质聚氨酯泡沫塑料。建筑绝热用硬质聚氨酯泡沫塑料是采用物理发泡工艺，将聚苯乙烯颗粒在模具中加热、发泡成型的具有闭孔结构的塑料板材。其产品性能执行现行国家标准《建筑绝热用硬质聚氨酯泡沫塑料》（GB/T 21558），导热系数为 0.024 W/（m • K）左右，燃烧性能可达到 B1 级，使用温度一般不能超过 70℃。

⑪ 不燃型聚苯颗粒复合保温板。不燃型聚苯颗粒复合保温板以聚苯乙烯泡沫颗粒、硅酸盐水泥、矿物掺合料、阻燃剂等为主要原材料，经混合搅拌、压制成型或浇注成型、养

护、切割等工艺制成的板状保温材料，是一种典型的有机-无机复合材料，其产品性能执行现行地方标准《现浇混凝土免拆模板建筑保温系统应用技术标准》（DBJ 50/T—412），导热系数为 0.060～0.085 W/（m・K），其燃烧性能可达到 A2 级。

2）节能墙体材料分类及热工性能特征

（1）节能墙体材料分类。节能墙体材料一般按其外形尺寸分为空心砖（砌块）和板材，按其作用分为承重墙体材料和非承重墙体材料（也称填充材料），其主要类型和品种如下所述。

① 空心砖（砌块）。砖和砌块的空心化是绿色建筑材料的发展趋势和基本要求。与实心砖相比，空心砖由于空心化，可节省原料、缩短烧结时间、减小自重、节约能源，并因空心砖中空气热阻的作用，其导热系数比实心砖低 20%～35%，可显著改善其热工性能。按生产工艺的不同，空心砖（砌块）的种类分为烧结砖和非烧结砖，主要种类和品种见表 2-3。

表 2-3　我国空心砖（砌块）的主要种类和品种

种类	主要品种	用途
烧结多孔砖	黏土多孔砖、页岩多孔砖、煤矸石多孔砖、粉煤灰多孔砖等	承重墙
烧结空心砌块	承重黏土和页岩空心砖、非承重黏土和页岩空心砖等	非承重墙
混凝土多孔砖	煤矸石多孔砖、矿渣多孔砖、灰砂多孔砖、粉煤灰多孔砖、水泥多孔砖等	承重墙
混凝土空心砌块	轻骨料混凝土空心砌块、混凝土自保温砌块	非承重墙
轻质多孔混凝土砌块	泡沫混凝土砌块、蒸压加气混凝土砌块	非承重墙
石膏砌块	石膏空心砌块	非承重墙

② 轻质墙板。轻质墙板的主要类型和品种见表 2-4。

表 2-4　轻质墙板的主要类型和品种

类型	主要品种
石膏板	纸面石膏板、纤维石膏板、石膏空心条板、石膏刨花板
纤维水泥板	玻璃纤维增强水泥板（GRC）、无石棉水泥板、硅酸钙板
混凝土条板	轻质陶粒混凝土条板、蒸压加气混凝土条板
金属复合轻板	铝合金复合板、铝塑复合板、铝蜂窝复合板、彩钢复合板

（2）改善墙体材料的技术措施。

① 适度提高材料的空心化率。通常密实无机非金属材料的导热系数均在 1.0 W/（m・K）以上，空气的导热系数约为 0.023 W/（m・K），前者的导热能力远大于后者，其密度越大，导热性越好，导热系数越大，保温性能越差。因此，提高材料的空心化率，降低材料密度是增强其保温性能且经济有效的技术手段。但材料密度降低的同时会降低其力学性能，因此必须适度提高材料的空心化率，以确保墙体材料的力学性能。

② 合理的孔洞结构。对于含有孔洞的材料，其导热性取决于材料的孔洞率与孔径分布。由于空气的导热系数小，因而一般情况下孔洞率越大，表观密度越低，导热系数越小。

但在表观密度相同的条件下，孔洞尺寸越大，导热系数就越大；孔洞（隙）相互连通的导热系数比封闭而不连通的导热系数要高，这是因为空气产生对流，会使材料的导热性提高。对于密度很小的材料，特别是纤维状材料，当密度低于某一限值时，导热系数反而增大，这是因为孔隙增大且相互连通的孔隙增多，而使对流作用加强，导热系数增大。因此，在控制适当密度的同时还应考虑合理的孔洞结构。

③ 控制含水率。由于水的导热系数约为 0.581 W/（m・K），比空气大约 25 倍，因而当材料的含水率增大时，其导热系数随之增大。干燥材料在受潮后其导热系数随之增大，而受潮后再产生冰冻，导热系数会进一步增大。因为冰的导热系数为 2.326 W/（m・K），比水的导热系数大。因此，材料的吸水率越大、吸湿性越强，其保温隔热性能越不稳定。

④ 材料复合。一般而言，无机材料的力学性能优于高分子聚合物材料，而高分子聚合物材料的保温性能优于无机材料，因而可将这两类材料进行复合，制成复合型墙体材料，以满足墙体材料的力学性能和热工性能。

（3）常用节能墙体材料种类。

① 蒸压加气混凝土砌块。蒸压加气混凝土主要以石灰、硅质原料、铝粉等为原料，经磨细、搅拌浇注、发气膨胀、静停切割、蒸压养护、成品加工等工序制成多孔材料。它具有质轻、保温、防火、可锯、可刨加工等特点，适用于建筑内外墙体。其产品性能应符合《蒸压加气混凝土砌块》（GB/T 11968）的规定。

② 烧结页岩多孔砖。以页岩为主要原料的烧结页岩多孔砖的孔洞率应不小于 25%，产品性能执行现行国家标准《烧结多孔砖和多孔砌块》（GB 13544）。以黏土、煤矸石、粉煤灰等为主要原料的烧结多孔砖也执行上述标准。

③ 烧结页岩空心砌块。烧结页岩空心砌块按其热工性能的优劣分为普通烧结页岩空心砌块和节能型烧结页岩空心砌块，其孔洞率均应不小于 40%，产品性能执行现行国家标准《烧结空心砖和空心砌块》（GB 13545）。普通烧结页岩空心砌块一般孔洞数为 13，孔洞尺寸较大，其导热系数为 0.54 W/（m・K）；节能型烧结页岩空心砌块的孔洞数大于 40，孔洞尺寸较小，其导热系数不大于 0.30 W/（m・K）。

④ 轻集料混凝土小型空心砌块。采用页岩陶粒、黏土陶粒、粉煤灰陶粒、煤矸石陶粒及符合现行国家标准《轻集料及其试验方法　第 1 部分：轻集料》（GB 17431.1）规定的其他轻集料制成的轻集料混凝土小型空心砌块，其产品性能执行现行国家标准《轻集料混凝土小型空心砌块》（GB/T 15229），目前重庆市主要以页岩陶粒混凝土小型空心砌块为主。

⑤ 混凝土复合砌块。混凝土复合砌块是在混凝土小型空心砌块的基础上，通过在混凝土中复合轻质骨料或在砌块孔洞中填插保温材料等工艺生产的一种新型混凝土复合砌块。其热工性能比普通混凝土砌块显著提高，所砌筑墙体自身一般能够满足当地建筑节能指标的要求，是一种极具发展前景的自保温墙体材料，其产品性能执行现行行业标准《自保温混凝土复合砌块》（JG/T 407）。

⑥ 石膏砌块。以建筑石膏和各种外加剂为主要原料的石膏砌块产品性能执行现行行业标准《石膏砌块》（JC/T 698）。建筑石膏可采用天然石膏或化学石膏来制备，其中化学

石膏包括烟气脱硫石膏、磷石膏、氟石膏、有机酸石膏等。石膏砌块主要用作建筑内隔墙。

⑦ 石膏空心条板。以建筑石膏和各种外加剂为主要原料的石膏空心条板产品性能执行现行行业标准《石膏空心条板》（JC/T 829）。石膏空心条板主要用作非承重建筑内隔墙。

⑧ 蒸压加气混凝土条板。蒸压加气混凝土条板是以石灰、砂、粉煤灰、水泥、铝粉等为原料经磨细、搅拌浇注、内置增强钢筋、发气膨胀、静停切割、蒸压养护等工序制造而成的多孔混凝土条板。它具有质轻、保温、防火、可锯、可刨加工等特点，可用于建筑内外墙体，产品性能应符合现行国家标准《蒸压加气混凝土板》（GB/T 15762）的规定。

⑨ 金属面聚苯乙烯夹芯板。以阻燃型聚苯乙烯泡沫塑料作芯材，彩色涂层钢板为面材，用粘结剂复合而成的金属面聚苯乙烯夹芯板，其产品性能执行现行行业标准《金属面聚苯乙烯夹芯板》（JC 689）。其他金属面材的夹芯板也可参照该标准执行。金属面聚苯乙烯夹芯板可用作建筑内外隔墙。

3）节能门窗分类及热工性能特征

（1）节能门窗分类。节能门窗通常按其型材的材质进行分类，其类型和品种见表 2-5。

表 2-5　节能门窗类型和品种

类型	主要品种
木门窗	各种实木门窗
塑料门窗	PVC 塑料门窗、玻纤增强聚氨酯门窗、玻纤增强塑料门窗
金属复合门窗	断热铝合金门窗、铝木复合门窗、铝塑复合门窗、节能彩钢（钢塑）复合门窗

（2）影响节能门窗热工性能的因素。

① 提高玻璃的阻热性能。采用中空玻璃和镀膜玻璃可显著提高门窗的热工性能。中空玻璃就是利用空气间隔层阻热作用来改善玻璃的保温性能，单个空气层厚度在 9～20 mm 较为适宜，空气层数量越多保温性能越好。镀膜玻璃包括热反射玻璃和 Low-E 玻璃，能较好地提高玻璃材料的隔热性能。

② 提高门窗框料的阻热性能。影响门窗框料传热阻的因素主要有 3 个，一是窗框材料的导热系数，二是窗框材料中隔热腔室的体积与数量，三是金属材料断热技术。由表 2-2 可知，木材、塑料材料的导热系数较小，应首选；钢、铝合金材料一般不能单独作为节能门窗的框料，应采用隔热材料进行断热处理来提高其阻热性能。

③ 减少门窗的空气渗透量。门窗框与扇、扇与玻璃之间的装配缝隙会产生室内外空气交换，从建筑节能的角度来讲，在满足室内卫生换气的条件下，通过门窗缝隙的空气渗透量过大，就会导致冷、热耗增加，因此必须采用性能良好的密封材料，减少门窗缝隙的空气渗透量。

（3）常用节能门窗的性能特点。

① 木门窗。采用优质的且经特殊防腐工艺处理的木材制作的门窗叫作木门窗。由于木材的导热系数为 0.14 W/（m·K）左右，与塑料接近，所以木门窗的隔热保温性能十分优良，节能效果突出，同时其密封性能较好，产品性能执行现行行业标准《建筑木门、木窗》（JG/T 122）。因天然木材资源短缺，木门窗价格昂贵，且易受潮变形引起气密性不良，我

国目前使用较少。

② 塑料门窗。未增塑硬聚氯乙烯（PVC-U）塑料门窗、玻纤增强聚氨酯塑料门窗是常用的塑料门窗，其中，由于PVC-U塑料自身的强度、刚性较差，通常禁止单独用作建筑外窗，应在其型材腔室中放入增强型钢，达到增强的目的，故又称塑钢窗。塑料型材的导热系数为0.16 W/（m·K）左右，其保温性能十分优良，节能效果突出，同时其气密性、装饰性也较好。聚氨酯节能门窗执行现行行业标准《玻纤增强聚氨酯节能门窗》（JG/T 571）。

③ 铝合金复合门窗。由于铝合金的阻热性能差，故其型材应作断热处理，才能获得较好的保温性能。节能铝合金复合门窗主要品种有断热铝合金门窗、铝木复合门窗、铝塑复合门窗，具有良好的保温隔热性能、耐久性和装饰性，也是我国门窗市场的主要品种之一，相应产品执行现行国家标准《铝合金门窗》（GB/T 8478）、《建筑用节能门窗　第1部分：铝木复合门窗》（GB/T 29734.1）和《建筑用节能门窗　第2部分：铝塑复合门窗》（GB/T 29734.2）。

④ 节能彩钢门窗。节能彩钢门窗也称钢塑复合门窗，它是采用特殊隔热处理技术制作的隔热型材，能明显提高其隔热保温性能，一般分为组合式节能彩钢门窗和灌注式节能彩钢门窗，其突出的性能保持彩钢门窗强度高、抗风压性能好的特点，特别适用于在风速较大的地区或超高层建筑。产品执行现行国家标准《建筑用节能门窗　第3部分：钢塑复合门窗》（GB/T 29734.3）和现行地方标准《节能彩钢门窗应用技术标准》（DBJ 50/T—089）。

2.1.3　节能建筑材料基本热工参数及定义

1）导热系数

导热系数通常用λ表示，单位为W/（m·K），是材料的固有特性。导热系数的基本定义：在稳定传热的情况下，通过材料单位面积传导的热量与材料两个表面的温度之差成正比，其比例系数即为导热系数，一般按现行国家标准《绝热材料稳态热阻及有关特性的测定　防护热板法》（GB/T 10294）或《绝热材料稳态热阻及有关特性的测定　热流计法》（GB/T 10295）进行测定，主要适用于均质材料的测定。

2）当量导热系数

当量导热系数通常用λ_c表示，单位为W/（m·K），是材料的固有特性，主要用于表征非均质材料的热传导性能。其基本概念与导热系数相同，但不同的非均质材料的测试方法不同，如空心砖（砌块）可按现行国家标准《墙体材料当量导热系数测定方法》（GB/T 32981）进行测试，门窗型材料可按现行国家标准《建筑外门窗保温性能检测方法》（GB/T 8484）进行测试。

3）比热容

比热容又称热容量系数，通常用c表示，单位为kJ/（kg·K），是材料的固有特性。其含义：单位质量的材料升高或降低1 K所吸收或放出的热量。材料的比热容对保持建筑物室内的温度稳定性具有重要作用。

4）导温系数

导温系数又称热扩散率，通常用α表示，单位为m^2/h。导温系数是绝热材料传播温度变化能力大小的指标，当材料受热时，导温系数越大，材料中温度传播得越快。

5）蓄热系数

蓄热系数通常用 S 表示，单位为 W/（m^2 • K）。其含义：在周期性波动的热作用下，材料有蓄存热量或释放热量的能力，蓄热系数就是衡量材料蓄热能力的参数，其蓄热系数越大，热稳定性越好。通常使用的是热流波动周期为 24 h 的蓄热系数，记为 S_{24}。

6）传热系数

传热系数（也称热导率）一般以 K 表示，单位为 W/（m^2 • K），是表征材料保温性能的特征参数。其物理定义：在稳定传热条件下，围护结构两侧空气温差为 1℃（或 K），1 h 内在 1 m^2 面积中所传递的热量。通常用于表征某种建筑构件或建筑构造的热传导能力，其值越小，保温性能越好。

7）平均传热系数

平均传热系数是指由不同材料组成的某种围护结构构造或构件的总传热系数，单位为 W/（m^2 • K），其值可以通过试验直接测定，也可根据构成材料的厚度、导热系数进行计算。

8）热阻系数

热阻系数单位为（m^2 • K）/W，是表征材料阻隔热传导能力和保温性能的特征参数。其值为传热系数 K 的倒数，具有加和性。

9）辐射系数

表征材料表面辐射热量能力大小的参数，也是隔热材料的特征参数。

10）可见光透射比

通过玻璃或其他透明材料的可见光光通量与投射在其表面上的可见光光通量之比，按现行国家标准《建筑玻璃　可见光透射比、太阳光直接透射比、太阳能总透射比、紫外线透射比及有关窗玻璃参数的测定》（GB/T 2680）进行测试。

11）可见光反射比

被玻璃或其他材料表面反射的可见光光通量与投射在其表面上的可见光光通量之比。

12）太阳能透射比

太阳能透射比也称太阳得热系数（SHGC），在太阳光全波长范围内，通过玻璃或其他透明材料的太阳能量与投射在其表面上的太阳能量之比，是隔热材料的特征参数。

13）材料遮阳系数

遮阳系数（S_c）是指太阳辐射能量透过材料的量与投射到相同面积材料表面能量之比，是隔热材料的特征参数。太阳能得热系数等于 0.87 遮阳系数。

14）玻璃遮阳系数

玻璃遮阳系数是指太阳辐射能量透过窗玻璃的量与透过相同面积 3 mm 透明玻璃的能量之比。

15）综合遮阳系数

综合遮阳系数是指通过窗户（包括窗户、遮阳设施）的太阳辐射量与照射到窗户上的太阳辐射量的比值。

2.2 建筑传热概述

传热学是研究热量传递规律的一门科学。在自然界中，只要存在温差，就会出现传热现象，而且热量总是自发地由高温物体传到低温物体。传热是自然界和工程领域中非常普遍的现象，传热学的应用领域也十分广泛。特别是在供热通风空调及建筑节能工程专业领域中更是不乏传热问题。例如，建筑各种围护结构及其材料的合理设计、选择与性能评价；建筑物整体的热工性能分析和节能计算，各种供热设备管道的保温材料和建筑围护结构材料的研制及其热物理性质的检测、热损失分析计算等，都要求工作人员具备一定的建筑传热学理论知识。

2.2.1 建筑传热的基本方式

为了由浅入深地认识和掌握建筑传热的规律，先分析一个常见的建筑传热现象，例如，建筑外墙在冬季的散热。整个建筑外墙的传热过程（图 2-1）可以分为 3 个阶段，首先，热量由室内空气以对流换热和室内物体与墙间的辐射方式传给外墙内表面；其次，由外墙内表面以固体导热方式传递到外墙外表面；最后，由外墙外表面以空气对流换热和外墙与室外物体间的辐射方式把热传递给室外环境。在其他条件不变时，室内外温度差越大，传热量也越大。从该传热现象可以看出，建筑传热过程主要是由导热、热对流、热辐射 3 种基本传热方式组合形成的。因此，要了解建筑传热的规律，就必须先了解 3 种基本传热方式的特点和表征参数。

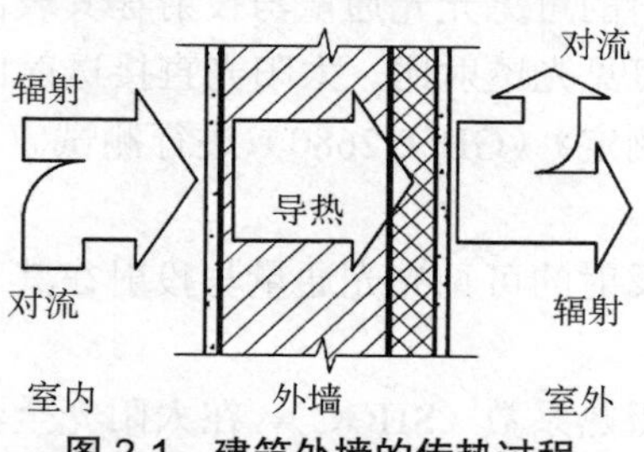

图 2-1 建筑外墙的传热过程

1）热传导

热传导又称导热，是物体不同温度的各部分直接接触时，由质点（分子、原子、自由电子）热运动引起的热传递现象。在固体、液体和气体中都能发生导热现象，但机理有所不同。固体中，非金属材料导热是由保持平衡位置不变的质点振动引起的，而金属材料导热是自由电子迁移所引起的；液体中的导热是通过平衡位置间歇移动的分子振动引起的；气体中的导热则是通过分子无规则运动时互相碰撞而发生的。单纯的导热现象一般仅在密实的固体物质中发生，实际上，液体和气体的导热过程中不单是有单纯的导热方式，而是伴随不同程度的热对流传热方式。

固体中发生的热传导既有大小又有方向。热传导的大小用单位时间通过单位面积的传热量表示，称为传热密度或热流密度，单位为 W/m^2。热传导的方向为物体中温度降低的方向。由于热传导是由温度差引起的，因此发生热传导的物体中出现了由等温线（面）构成的温度梯度。热流方向垂直于等温线（面），并且跨过温度梯度从温度高指向温度低，如图 2-2 所示。

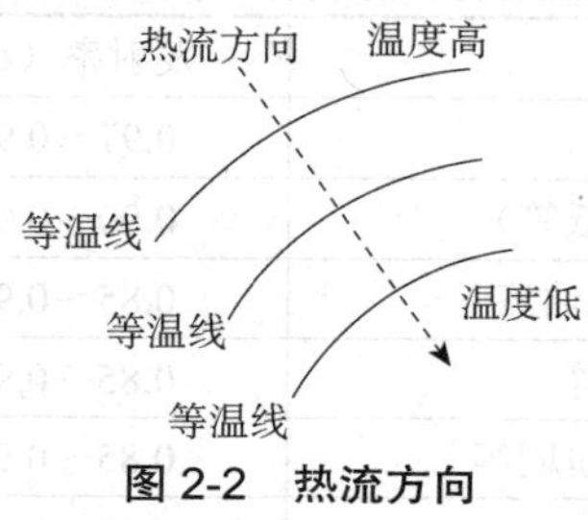

图 2-2　热流方向

2）热对流

热对流是指依靠流体的运动，把热量由一处传递到另一处的现象，它是传热的另一种基本方式。因为流体之间存在温差，故热对流的同时必然伴随热传导。而且实际工程中所遇到的对流大都是流体与固体直接接触时的换热，故通常将流体与固体壁面间的换热称为对流换热。与热对流不同的是，对流换热过程既包含热对流作用，也包含热传导作用。

对流可分为自然对流和受迫对流。自然对流由温差产生，受迫对流由外力产生。当环境中存在空气温差时，温度低、密度大的空气与温度高、密度小的空气之间形成压力差，使空气产生自然对流，流动方向为热空气上升、冷空气下沉。而受迫对流的方向和速度取决于外力的方向和大小，外力越大，对流越强。

在建筑传热中所涉及的对流换热主要是空气沿围护结构表面流动时与壁面之间所产生的热交换过程。其换热量的大小除与温度差成正比外，还与热流方向（从上到下、从下到上或水平方向）、气流速度及物体表面状况（如形状、粗糙程度）等因素有关。

3）热辐射

热辐射是依靠物体表面对外发射可见和不可见的射线（电磁波）传递热量。与导热或对流都是以冷、热物体的接触来传递热量不同，热辐射不需要中间介质。凡是绝对温度高于 0℃的物体，都会从表面向外辐射电磁波，同时也会接收其他物体发来的电磁波。物体间靠热辐射进行的热量传递伴随能量形式的转换（物体内能→电磁波能→物体内能），而不需要与冷、热物体直接接触。不论温度高低，物体都在不停地相互辐射能量，高温物体辐射给低温物体的能量大于低温物体辐射给高温物体的能量，故总的结果是热量从高温传到低温。

物体发射热辐射的大小与物体的温度有关，温度越高，辐射的热量越多。但在同样温度下，不同物体具有各自不同的辐射能力。物体发射热辐射的特性用发射率 ε 表示，其值在 0～1。ε 等于 1 的称为黑体，ε 小于 1 的称为灰体，建筑材料一般为灰体。

物体接收热辐射的特性表现为对入射能量的分配，其特性参数为吸收系数、反射系数和透射系数。不同波长的电磁波落到物体上可产生不同的效应，其中产生显著热效应的电磁波称为热射线，主要包括可见光和红外线的短波部分。在常温范围，物体发出的热辐射为红外线，这时物体发射和接收红外热辐射的能力相同，即发射率 ε 和吸收率 ρ 大小相等。

但值得注意的是，物体发射热辐射的能力与接收太阳辐射的吸收能力是不同的。常用建筑材料的发射率 ε 和太阳辐射热吸收系数 ρ_s 见表 2-6。

表 2-6 常用建筑材料的发射率和太阳辐射热吸收系数

建筑材料	发射率（ε）	太阳辐射热吸收系数（ρ_s）
开在大空腔上的小孔	0.97～0.99	0.97～0.99
黑色非金属表面（如沥青、纸等）	0.90～0.98	0.85～0.98
红砖、红瓦、混凝土、深色油漆	0.85～0.95	0.65～0.80
黄色的砖、石、耐火砖等	0.85～0.95	0.50～0.70
白色或浅奶油色砖、油漆、粉刷等	0.85～0.95	0.30～0.50
涂料	0.90～0.95	—
窗玻璃	0.40～0.65	0.30～0.50
光亮的铝粉漆	0.20～0.30	0.40～0.65
铜、铝、镀锌铁皮、研磨铁板	0.02～0.05	0.30～0.50
研磨的黄铜、铜	0.02～0.04	0.10～0.40

2.2.2 平壁传热的类型

在建筑上，外墙、屋顶、楼板等围护结构中发生的传热，大多可以近似看成热流沿厚度方向传递的平壁传热，如图 2-3 所示。此外，平壁中传热情况还根据热流及各部分温度分布是否随时间而改变，又分为平壁稳定传热和平壁不稳定传热。

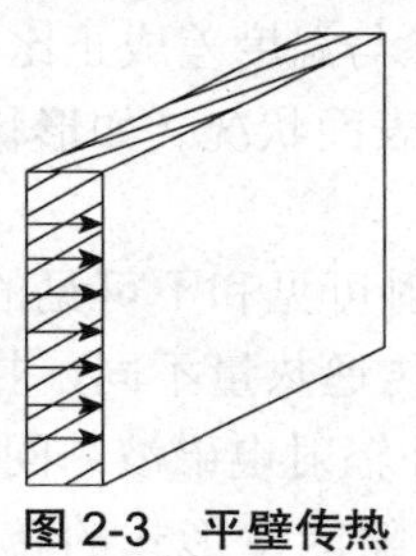

图 2-3 平壁传热

1）平壁稳定传热

在平壁稳定传热各部分温度分布不随时间而改变，并且根据能量守恒定律，沿厚度方向各截面热流密度大小相等。这时平壁内温度分布为直线，如图 2-4 所示。通过平壁的传热量大小，一方面与表面温度差成正比，温度差越大，传热量也越大；另一方面与平壁对热量传递的阻力成反比，阻力越大，传热量就越小。通常把平壁传热的阻力称为热阻，单位为（$m^2 \cdot K$）/W，通过平壁的热流密度大小可用式（2-1）计算：

$$q=\frac{\theta_H-\theta_L}{R} \tag{2-1}$$

式中：q——热流密度，W/m^2；

θ_H——高温表面温度，℃；

θ_L——低温表面温度，℃；

R——平壁热阻，（m^2 • K）/W。

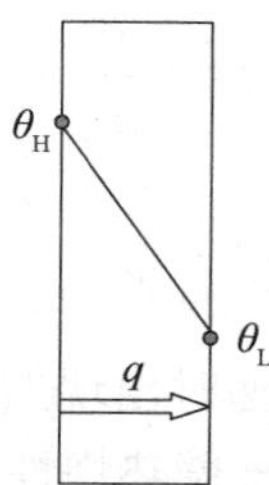

图 2-4　平壁稳定传热的温度分布

平壁热阻是平壁稳定传热的性能参数。在平壁两侧同样的温度情况下，平壁热阻越大，热流密度越小，传热量也越少，平壁保温性能越好。

平壁热阻大小与平壁厚度成正比，与平壁材料导热系数成反比，可用式（2-2）计算：

$$R = \frac{d}{\lambda} \tag{2-2}$$

式中：R——平壁热阻，（m^2 • K）/W；

d——平壁厚度，m；

λ——材料导热系数，W/（m • K）。

平壁的保温性能是由平壁厚度和材料导热系数决定的。在达到同样的热阻情况下，采用导热系数小的材料可以减小平壁厚度，否则需要增大平壁厚度。因此导热系数反映了壁体材料的导热能力。

2）平壁不稳定传热

在自然界和建筑工程上很多传热过程是不稳定的，即温度场是随时间而变化的。例如，室外空气温度和太阳辐射的周期性变化所引起的建筑围护结构（如外墙、屋顶等）温度场随时间的变化，采暖空调设备间歇运行时引起房间墙面温度随时间的变化，这些都属于不稳定传热过程。按照过程进行的特点，不稳定传热又可分为周期性不稳定传热和瞬态不稳定传热。

其中，在周期性不稳定传热过程中，物体的温度将按照一定的周期发生变化。如以 24 h 为周期，或以 8 760 h 为周期。平壁周期传热作为不稳定传热中的一种特例，与建筑围护结构实际传热情况相似。

平壁一侧壁面温度随时间作周期性变化，并沿平壁厚度方向传递时具有以下基本特征：

① 平壁表面和内部各点温度都按同样的周期进行波动变化。

② 温度波动振幅逐渐减小，如图 2-5 所示，其中 A_i、A_o 为两侧壁面温度波动振幅。这种现象称为温度波幅衰减。

③ 温度变化波形中最大值出现的时间逐渐延迟，图 2-6 为两侧壁面温度波动及波形延时。

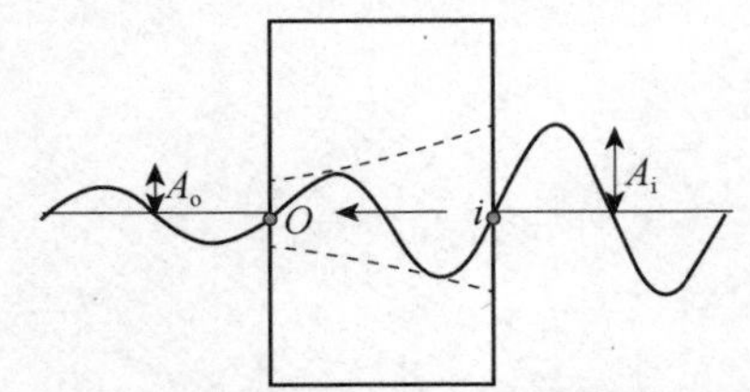

图 2-5　壁面温度波动传递中的波幅衰减

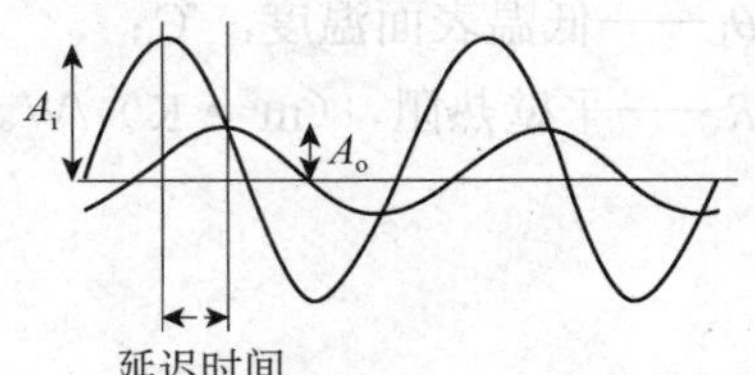

图 2-6　两侧壁面温度波动及波形延时

周期性变化的温度波动在平壁中传递时出现的衰减、延迟特性称为平壁的热惰性，即固体材料抵抗温度变化传递的能力，用平壁热惰性指标 D 表示。平壁热惰性指标越大，对温度波动传递的衰减和延迟能力就越强，平壁一侧的温度变化对另一侧的影响就越小。当平壁热惰性指标足够大时，平壁一侧的温度变化对另一侧几乎没有影响。这种特性对维持房间温度稳定有利，也称热稳定性。

平壁热惰性指标 D 是平壁周期传热的性能参数，它描述的是材料层受波动热作用时，抵抗温度波动的能力。其单位量纲为 1，其值为平壁热阻与材料蓄热系数的乘积[式（2-3）]，即

$$D = R \cdot s \tag{2-3}$$

式中：D——平壁热惰性指标；

R——平壁热阻，（$m^2 \cdot K$）/W；

s——材料蓄热系数，W/（$m^2 \cdot K$）。

2.2.3　材料热物理性质

1）材料导热系数

材料导热系数是表示材料导热难易程度的热物理量。材料的这一基本参数通常用专门的试验测定。各种不同的材料或物质在一定的条件下都具有确定的导热系数。空气的导热系数最小，在 27℃状态下仅为 0.026 24 W/（m・K）；而纯银在 0℃时，导热系数达 410 W/（m・K），两者相差约 1.56 万倍，可见材料或物质的导热系数值变动范围之大。常用建筑材料的导热系数值见表 2-7。

表 2-7　常用建筑材料的导热系数值

建筑材料	干密度/（kg/m^3）	导热系数（λ）/[W/（m・K）]
钢筋混凝土	2 500	1.740
碎石混凝土、卵石混凝土	2 300	1.510
加气混凝土、泡沫混凝土	700	0.220
粉煤灰陶粒混凝土	1 700	0.950
水泥砂浆	1 800	0.930
空心砖砌体	1 400	0.560
纤维板	1 000	0.340
聚乙烯泡沫塑料	100	0.047

续表

建筑材料	干密度/（kg/m³）	导热系数（λ）/[W/（m·K）]
聚氨酯硬泡沫塑料	50	0.037
平板玻璃	2 500	0.760
建筑钢材	7 850	58.200

材料导热系数的大小受多种因素影响，主要有以下几个方面。

（1）材质的影响。由于不同材料的组成成分或结构有所不同，其导热性能也各不相同，甚至相差悬殊，前面所说的空气与纯银就是明显的例子。就常用非金属建筑材料而言，其导热系数值的差异仍然明显，如矿棉、泡沫塑料等材料的导热系数较小，而砖砌体、钢筋混凝土等材料的导热系数较大。至于金属建筑材料（如钢材、铝合金等）的导热系数就更大了。工程上常把导热系数小于 0.2 W/（m·K）的材料称为绝热材料，作保温、隔热之用，以充分发挥其材料的特性。

（2）材料干密度的影响。材料的干密度反映了材料的密实程度，材料越密实，干密度越大，材料内部的孔隙越小，其导热性能也越强。因此，在同一类材料中，干密度是影响其导热性能的重要因素。在建筑材料中，一般来说，干密度大的材料导热系数也大，尤其像泡沫混凝土、加气混凝土等一类多孔材料，表现得很明显；但是也有某些材料例外，当干密度降低到某一程度后，如果再继续降低，其导热系数不仅不会随之变小，反而会增大，如图 2-7 所示。显然，这类材料存在一个最佳干密度，即在该干密度时，其导热系数最小。在实际应用中应充分注意这一特点。

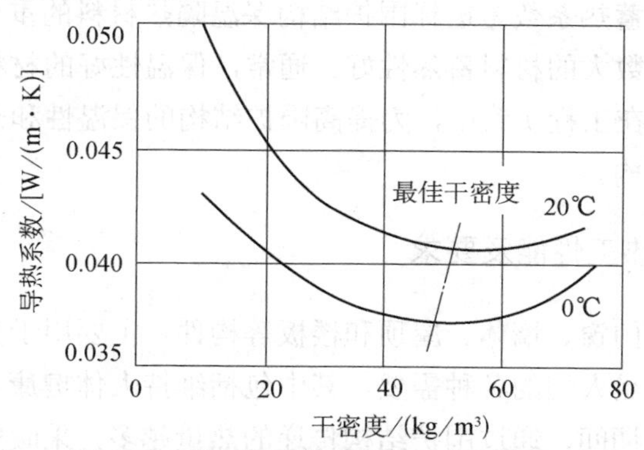

图 2-7　玻璃棉导热系数与干密度的关系

（3）材料含湿量的影响。在自然条件下，一般非金属建筑材料并非绝对干燥，都不同程度地含有水分，表明在材料中水分占据了一定体积的孔隙。含湿量越大，水分所占有的体积越多。水的导热性能约比空气高 20 倍，因此，材料含湿量的增大必然使导热系数值增大，如图 2-8 所示。从图 2-8 中可以看出，当砖砌体的重量湿度由 0 增至 4%时，导热系数由 0.5 W/（m·K）增至 1.04 W/（m·K），可见影响之大。因此，在工程设计中，材料的生产、运输、堆放、保管及施工过程对湿度的影响都必须予以重视。

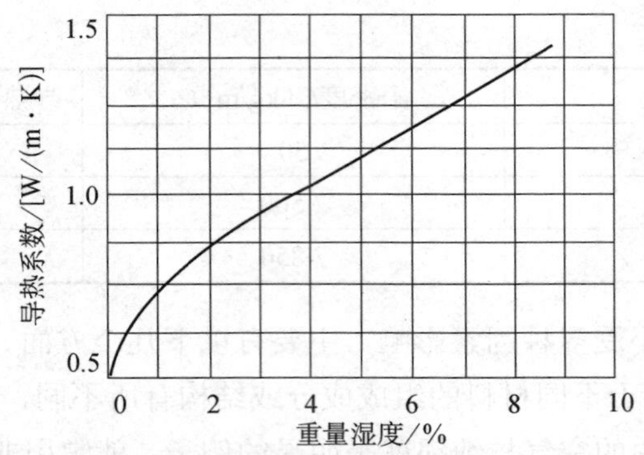

图 2-8　砖砌体导热系数与重量湿度的关系

2）蓄热系数

建筑材料在周期性波动的热作用下，均有蓄存热量或放出热量的能力，借以调节材料层表面温度。在建筑热工学中，材料的蓄热系数表示材料在周期热作用下，表面反抗温度变化的性质。以一天 24 h 为周期的材料蓄热系数定义见式（2-4）：

$$s=\sqrt{\frac{2\pi}{T}\lambda c\rho} \tag{2-4}$$

式中：s——材料蓄热系数，W/（m^2·K)；

T——热作用的周期，h，取为 24 h；

c——材料比热容，kJ/（kg·K)；

ρ——材料的密度，kg/m^3。

材料的导热系数和蓄热系数是选择围护结构保温隔热材料的重要参数。导热系数小的材料保温性好，蓄热系数大的材料蓄热性好。通常，保温性好的材料轻质、多孔，蓄热性好的材料重质、密实。在工程实践中，为提高围护结构的保温性和热惰性，通常采用多种材料组成的复合围护结构。

2.2.4　围护结构热工性能及要求

建筑围护结构包括门窗、墙体、屋顶和楼板等构件，主要用于分隔室内、外空间和室内不同的功能空间，满足人们的各种需要，其中包括维持人体健康、舒适的热环境。在冬季采暖期间和夏季空调期间，通过围护结构传递的热量越多，采暖空调能耗就越大。因此建筑围护结构节能设计的目的就是减少热量传递，即冬季减少室内热量传出室外，夏季减少室外热量传入室内；同时还要减小室外热作用的波动变化对室内环境的影响，维持室内热稳定性。建筑围护结构的节能效果通过控制热工性能参数来实现。

1）热阻

墙体、屋顶、楼板等围护结构的主体部位均可看成多层复合平壁，其热工性能参数为热阻 R，表示围护结构对热量传递的阻力。节能设计的任务就是确定合理的热阻和构造方案，节能检测的任务就是测量热阻大小并检查是否达到节能设计要求。

根据围护结构两侧温差、热流、热阻三者之间的关系，可以得到热阻的表达式（2-5）：

$$R=\frac{\theta_{\mathrm{H}}-\theta_{\mathrm{L}}}{q} \tag{2-5}$$

式中：R——平壁热阻，（m^2·K）/W；

θ_{H}——高温表面温度，℃；

θ_{L}——低温表面温度，℃；

q——热流密度，W/m^2。

由式（2-5）可知，在围护结构两侧造成稳定的温差，通过测量两侧的表面温度和热流密度，便可得到热阻。

对于均质材料层，通过测量材料层的热阻，便可由式（2-6）得到材料的导热系数：

$$\lambda=\frac{d}{R} \tag{2-6}$$

式中：λ——材料导热系数，W/（m·K）；

d——平壁厚度，m；

R——材料层热阻，（m^2·K）/W。

2）传热系数

在实际建筑中，热量总是从围护结构的一侧空间传递到另一侧空间，如图 2-9 所示，这时通过围护结构的热流密度与两侧空间的环境温度之差成正比，可得表达式（2-7）：

$$q=K(t_{\mathrm{i}}-t_{\mathrm{e}}) \tag{2-7}$$

式中：K——围护结构的传热系数，W/（m^2·K）；

q——热流密度，W/m^2；

t_{i}——室内空气温度，℃；

t_{e}——室外空气温度，℃。

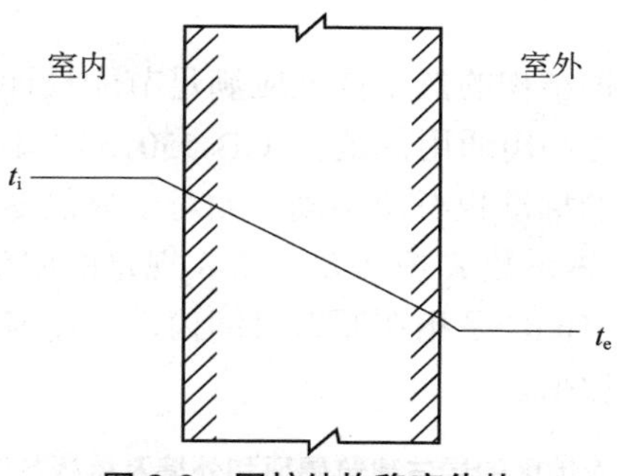

图 2-9　围护结构稳定传热

传热系数是指在单位温差作用下通过围护结构的传热密度，因此也是围护结构的热工性能参数。

对于墙体、屋顶、楼板等围护结构，热阻和传热系数都是热工性能参数，两者关系见式（2-8）～式（2-11）：

$$K = \frac{1}{R_0} \tag{2-8}$$

$$R_0 = R_i + R + R_e \tag{2-9}$$

$$R_i = 1/\alpha_i \tag{2-10}$$

$$R_e = 1/\alpha_e \tag{2-11}$$

式中：K——围护结构的传热系数，W/（m²·K）；

R_0——围护结构的传热阻，（m²·K）/W；

R_i——围护结构内表面换热阻，（m²·K）/W；

R——围护结构的热阻，（m²·K）/W；

R_e——围护结构外表面换热阻，（m²·K）/W；

α_i——围护结构内表面换热系数，W/（m²·K）；

α_e——围护结构外表面换热系数，W/（m²·K）。

其中，围护结构内表面换热阻、外表面换热阻 R_i、R_e 的取值与表面的对流和辐射换热情况有关，也可以用内表面换热系数、外表面换热系数 α_i、α_e 换算。

对于窗户，其热工性能参数是传热系数而不是热阻，因为窗户由玻璃和窗框构成，两者差别较大，不能用玻璃的热阻来表述，而用传热系数则可以表示两者的综合作用。此外，窗户的热工参数还有遮阳系数，表示窗户遮挡太阳辐射的能力。

根据式（2-7），围护结构的传热系数可写为热流与两侧环境温差的比值，即

$$K = \frac{q}{t_i - t_e} = \frac{Q}{(t_i - t_e)F} \tag{2-12}$$

式中：Q——单位时间通过围护结构的传热量，W；

F——围护结构的传热面积，m²。

因此，在围护结构两侧空间维持稳定温差的情况下，测量通过围护结构的传热量，便可由式（2-12）计算出围护结构的传热系数。

3）热工性能的标准要求

在建筑节能设计中，围护结构的热工性能应满足节能设计标准的要求。根据现行国家标准《建筑节能与可再生能源利用通用规范》（GB 55015），不同建筑热工设计区划、建筑类型对其围护结构热工性能的标准也有所不同。如对于夏热冬冷地区的居住建筑来说，其建筑屋顶、外墙和楼板的传热系数 K 应满足表 2-8 规定的限值，外窗传热系数 K 应满足表 2-9 规定的限值。表中的 SHGC 是指在照射时间内，通过窗户的太阳辐射室内的热量与窗户接收到的太阳辐射量的比值。

表 2-8　夏热冬冷地区的居住建筑屋顶和外墙及楼板热工性能参数限值

二级区划名称	围护结构部位	传热系数（K）/［W/（m²·K）］	
		热惰性指标 $D \leqslant 2.5$	热惰性指标 $D > 2.5$
夏热冬冷 A 区（如成都）	屋顶	≤0.40	≤0.40
	外墙	≤0.60	≤1.00
	楼板	≤1.80	≤1.80

续表

二级区划名称	围护结构部位	传热系数（K）/［W/（m²·K）］	
		热惰性指标 $D\leqslant2.5$	热惰性指标 $D>2.5$
夏热冬冷 B 区（如重庆）	屋顶	≤0.40	≤0.40
	外墙	≤0.80	≤1.20
	楼板	≤1.80	≤1.80

表 2-9　夏热冬冷地区的居住建筑外窗热工性能参数限值

二级区划名称	外窗	传热系数（K）/［W/（m²·K）］	太阳得热系数（SHGC）（东、西向/南向）
夏热冬冷 A 区（如成都）	窗墙面积比≤0.25	≤2.80	≤0.40
	0.25＜窗墙面积比≤0.40	≤2.50	≤1.00
	0.40＜窗墙面积比≤0.60	≤2.00	夏季≤0.25/冬季≥0.50
	天窗	≤2.80	≤1.80
夏热冬冷 B 区（如重庆）	窗墙面积比≤0.25	≤2.80	≤0.40
	0.25＜窗墙面积比≤0.40	≤2.80	—
	0.40＜窗墙面积比≤0.60	≤2.50	≤1.20
	天窗	≤2.80	≤1.80

综上所述，在进行节能设计时，围护结构热工性能的要求与建筑所在的区划、围护结构的不同部位有关，屋顶的围护结构热工性能要求较高。此外，严寒及寒冷地区的围护结构传热系数限值还与建筑层数、体形系数等因素有关；外窗的传热系数限值还与窗墙面积比、太阳得热系数有关。因此，节能检测中应包括围护结构传热系数的检测，且在检测结果评价中需充分考虑各相关因素。

2.3　温度和热流的测量

温度和热流的测量在许多领域都有广泛的应用，如气象学、材料科学、工程学和医学等。在建筑材料及构件热物理性能的检测中，都需要测量相应部位的温度或热流，并根据测得的结果计算其相应的热工性能参数，故温度和热流的测量在建筑节能检测中具有重要的意义和应用。

2.3.1　温度的测量

1）温度的测量方式

温度的测量主要分为接触式测温和非接触式测温两大类。接触式测温的优点是简单、可靠，且测温精度较高。但由于测温元件需要与被测介质进行充分接触才能达到热平衡，需要一定的时间，因此可能会产生滞后现象，并可能与被测对象发生化学反应。非接触式测温的优点在于传感器不与被测对象接触，因此测温范围很广，测温上限不受限制，测温速度较快，而且可以对运动的物体进行测量。但不能直接测得被测对象的真实温度，且易受到介质的影响，测温精度不高。因此，需要根据不同的测温需求与场景选择合适的温度测量方式。

接触式测温是指通过传感器与被测对象直接接触进行热交换来测量物体的温度。按照测温原理，接触式测温又可以分为热膨胀式测温、热电阻式测温和热电偶式测温三大类。其中，热膨胀式测温使用的温度计（如双金属温度计、玻璃温度计等），由于其感温面较大，适用于测量空气温度。而热电阻式测温和热电偶式测温使用的温度计，由于其感温面可以做得很小，所以既可用于测量空气温度又能测量表面温度；同时，热电偶式测温使用的温度计具有结构简单、制作方便、准确度高等优点，是建筑热工中测量温度的常用仪器。

非接触式测温主要是指通过接收被测物体发出的辐射热来测定物体表面的温度，测温原理主要是辐射测温。主要包括红外测温、紫外测温等方式。其中，因为低温物体发出的紫外线辐射较弱，紫外测温技术通常适用于高温物体的测量；而红外测温技术因其灵敏度高、测温范围广、可靠性高等优点，是建筑围护结构热工缺陷检测中推荐的检测方法。

2）热电偶式测温原理

热电偶式测温是一种由两种不同材质的金属导体组成的温度传感器。两种金属导体的一端连接在一起，另一端连接到热电偶温度计或其他热电偶设备上，使其构成闭合回路，如图 2-10 所示。当 A、B 两个接触点的温度 t_A、t_B 不同时，在回路中就会产生电动势。这种现象称为热电效应，该电动势简称为热电势。回路中热电势的大小与两端点的温度差之间存在一定的关系，可用式（2-13）表示：

$$E = C(t_A - t_B) \tag{2-13}$$

式中：E——回路中的热电势，mV；

C——热电系数，mV/℃，与热电偶的材料有关，通过试验方法确定。

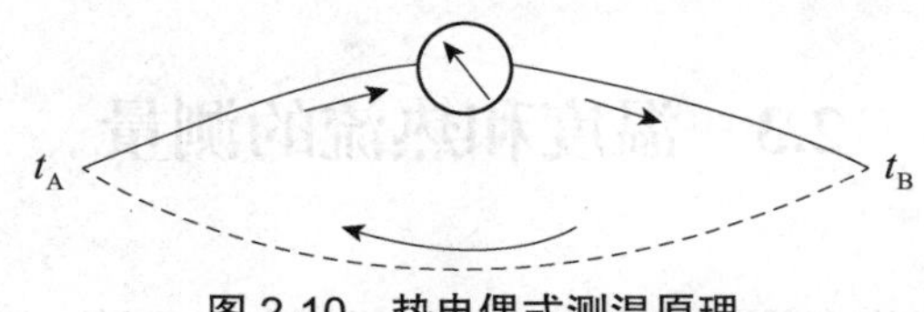

图 2-10　热电偶式测温原理

若将 B 点放置在 0℃的冰水溶液中，A 点放置在待测温处时，则回路中热电势的大小仅取决于待测温处的温度。这样，在回路中接入一个电位差计，测得热电势值 E 就可换算出待测处的温度 t_A。通常称 B 点为冷点，A 点为热点。

热电偶有不同的金属或“分度”组合，故种类很多，最常见的有 K 型、T 型、J 型、E 型、N 型的基金属热电偶，还有一些 S 型、R 型、B 型的贵金属热电偶。其中，T 型（铜–康铜）热电偶的测温范围为−200～350℃，测温精度为±0.5℃，具有精度较高、稳定性好、抗干扰能力强、响应速度快等优点，是建筑热工节能检测中最为常用的温度传感器。

在进行多点或连续温度测量时，通常采用热电偶式测温系统进行检测，热电偶式测温系统主要由热电偶传感器和二次仪表两部分组成，如图 2-11 所示。二次仪表通常使用数据采集仪，可以对热电偶冷端温度进行补偿，并直接输出或存储温度数据。

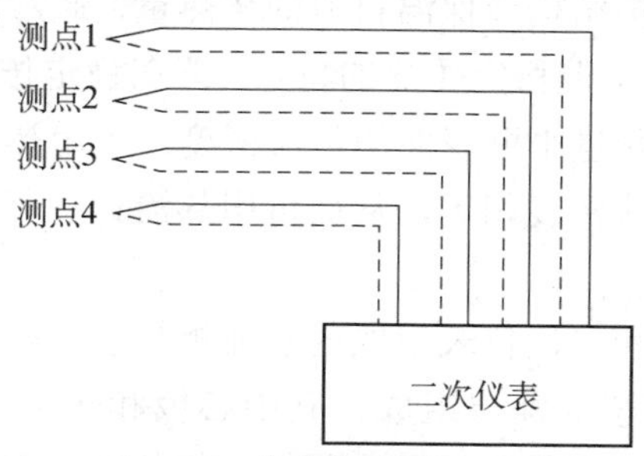

图 2-11　热电偶式测温系统

3）红外测温原理

建筑物的表面因具有温度而不停地发出热辐射，所发出的辐射能大小与物体本身的温度存在对应关系。红外测温仪的测温原理就是通过接收建筑物表面发出的红外热射线，将其具有的辐射能转变成电信号，再根据电信号的大小及预置地表面发射率换算出物体地表面温度。

红外测温仪主要有红外温度计和红外热像仪 2 种。其中，红外温度计只能测量 1 个点的温度，而红外热像仪能测量 1 个面的温度，并快速对目标进行扫描成像。

采用红外测温仪测量建筑物表面温度时，需要预先知道该表面的发射率，表 2-6 中列出了常用建筑材料的发射率 ε 供参考。

4）测量方法

当测量物体表面温度时，可以根据测试需求或场景选用接触式的热电偶传感器或非接触式的红外测温仪进行测量。当测量空气温度时，往往采用接触式的温度传感器。

无论采用何种测量方法，检测前均应预先进行校验或检定。常用的校验方法为比较法。对于热电偶，用被检热电偶和标准热电偶同时测量同一对象的温度，然后比较二者示值，确定被检热电偶的基本误差等质量指标；对于红外测温仪，应采用表面式温度计在被检测的围护结构表面测出参照温度，以此调整红外热像仪的发射率，使红外热像仪的测量结果等于参照温度。

测量表面温度时宜采用热电偶传感器，应将表面温度传感器连同 0.1 m 长的引线与受检表面紧密接触，传感器表面的辐射系数应与受检表面基本相同；当采用红外测温仪时，应在与目标距离相等的不同方向扫描同一个部位，检查邻近物体是否会对被测的围护结构表面产生影响，必要时可采取遮挡措施或关闭室内辐射源。

测量空气温度时，无论采用哪种温度计，都应设置防辐射罩，避免太阳辐射或室内热源对温度传感器的辐射影响，如用铝箔覆盖温度计的感温部位。测量室内温度时，一般将测点设置于室内活动区域，且距地面或楼面 700～1 800 mm 有代表性的位置；当受检房间使用面积≥30 m^2 时，应设置 2 个测点。测量室外温度时，一般应将温度计置于百叶箱内，百叶箱应安置在被测建筑的背阴面，离外墙 5 m 以外的空旷区，如因条件限制，也可将温度计置于离外墙或窗口 0.5 m 左右的阴影下。

2.3.2 热流的测量

为了测量建筑非透明围护结构或保温材料的传热量，通常需要测量通过这些物体的热流密度。本章 2.2.2 节介绍了平壁稳定传热的特点，即在稳定传热状态下，通过平壁各截面的热流密度相等，因此需要测量平壁表面的热流密度。采用热流传感器紧贴被测表面，达到热平衡后，通过两者的热流密度相等，从而可用热流计进行测量。

1）测量原理

热流计是由热流传感器和二次仪表组成的热流测量仪。热流传感器由芯板、热电堆、面板、热电堆引出接线板和覆面涂层组成，其中芯板和热电堆是热流传感器的主要部件（图 2-12）。芯板采用不吸湿、不导电、各向同性、热均匀的材料，板面平整，厚度相同。热电堆是由多个热电偶串接组成的一种温度测量元件，输出的热电势为多个热电偶热电势的叠加。

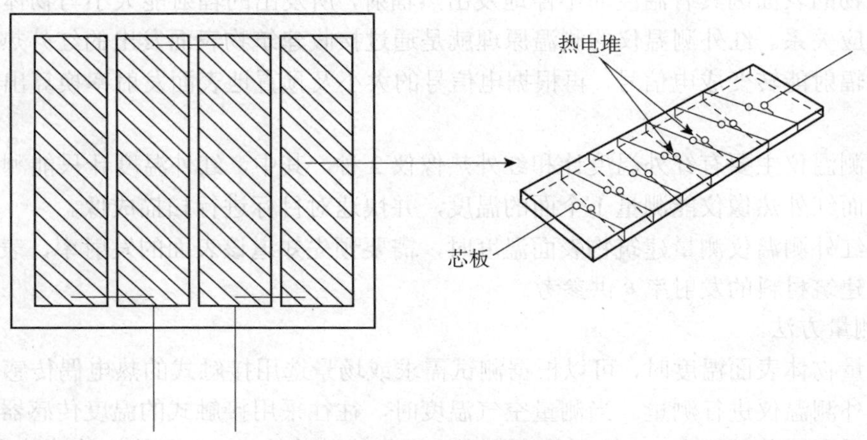

图 2-12 热流传感器构造

在稳定传热条件下，通过芯板的热流密度 q 计算如式（2-14）所示：

$$q = \frac{t_A - t_B}{R} \tag{2-14}$$

式中：t_A、t_B——芯板两侧表面的温度，℃；

R——芯板热阻，（$m^2 \cdot K$）/W。

使用多个热电偶串接组成的热电堆，测量芯板两侧表面的温度差产生的热电势 E，则热流密度计算如式（2-15）所示：

$$q = \frac{E}{NCR} = C_0 E \tag{2-15}$$

式中：C_0——热流系数，与芯板热阻 R、热电偶数量 N 和热电系数 C 等有关，通过标定试验确定热流系数。

当热流传感器有单位热电势输出时，热流系数即为通过热流传感器的热流密度。

2）测量方法

在测量物体表面的热流时，热流传感器表面为等温面，安装时应尽量避开所测物体表面温度异常点。热流传感器表面应与所测表面紧密接触，不得有空隙并尽量与所测表面平齐。热流传感器表面的辐射系数应与所测表面基本相同。

由于热流传感器改变了所测物体原有的热阻值和传热情况，热流传感器与所测物体都要经过一个热量传递的过渡过程才能达到稳定，所以在传热过渡过程结束后才能读取数据进行分析。

第3章　保温绝热材料

3.1　绝热用挤塑聚苯乙烯泡沫塑料

绝热用挤塑聚苯乙烯泡沫塑料（XPS）是指以聚苯乙烯树脂或共聚物和发泡剂为主要成分，通过加热挤塑成型而制得的具有闭孔结构的硬质泡沫塑料。XPS具有特有的微细闭孔蜂窝状结构，与EPS相比，具有密度大、压缩性能高、导热系数小、吸水率低、水蒸气渗透系数小等特点。在长期高湿度或浸水环境下，XPS板仍能保持其优良的保温性能，XPS还具有很好的耐冻融性能及较好的抗压缩蠕变性能。

XPS的技术指标包括表观密度、压缩强度、垂直于表面的抗拉强度、导热系数、燃烧性能等。

3.1.1　表观密度

3.1.1.1　试验依据及环境要求

1）试验依据

现行国家标准《泡沫塑料与橡胶　线性尺寸的测定》（GB/T 6342）。

现行国家标准《泡沫塑料及橡胶　表观密度的测定》（GB/T 6343）。

现行国家标准《塑料　试样状态调节和试验的标准环境》（GB/T 2918）。

2）环境要求

标准环境条件应符合现行国家标准（GB/T 2918）的要求：

（1）温度（23±2）℃，相对湿度（50±10）%；

（2）温度（23±5）℃，相对湿度（50^{+20}_{-10}）%；

（3）温度（27±5）℃，相对湿度（65^{+20}_{-10}）%。

干燥环境：（23±2）℃或（27±2）℃。

3.1.1.2　主要仪器设备

天平：称量精确度为0.1%；

量具：符合现行国家标准（GB/T 6342）的规定。

（1）测微计：测量面积约为10 cm^2，测量压力为（100±10）Pa，读数精度为0.05 mm。

（2）千分尺：测量面最小直径为5 mm，但在任何情况下不得小于泡孔平均直径的

5 倍，允许读数精度为 0.05 mm；千分尺仅适用于硬质泡沫材料。

（3）游标卡尺：允许读数精度为 0.1 mm。

（4）金属直尺与金属卷尺：允许读数精度为 0.5 mm。

3.1.1.3　样品制备

（1）测试用样品材料生产后，应至少放置 72 h，才能进行制样。如果经验数据表明，材料制成后放置 48 h 或 16 h 测出的密度与放置 72 h 测出的密度相差小于 10%，放置时间可减少至 48 h 或 16 h。样品应在规定的标准环境或干燥环境（干燥器中）下至少放置 16 h，这段状态调节时间可以是在材料制成后放置的 72 h 中的一部分。

（2）试样的形状应便于体积计算。切割时，应不改变其原始泡孔结构。试样总体积至少为 100 cm^3，在仪器允许及保持原始形状不变的条件下，尺寸尽可能大。在测定样品的密度时会用到试样的总体积和总质量。试样应制成体积可精确测量的规整几何体。

（3）至少测试 5 个试样。

3.1.1.4　试验步骤

（1）用游标卡尺测量时，应逐步将游标卡尺预先调节至较小的尺寸，并将其测量面对准试样，当游标卡尺的测量面恰好接触到试样表面而又不压缩或损伤试样时，调节完成，记下长度的测量值，单位为 mm。对于板状的硬质材料，在中部每个尺寸测量 5 个位置。测量宽度、厚度时重复以上步骤。分别计算每个尺寸平均值，并计算试样体积。

（2）称量试样，精确到 0.5%，单位为克（g）。

3.1.1.5　试验结果

按式（3-1）计算表观密度，以 5 个试验结果的算术平均值表示，并精确至 0.1 kg/m^3。

$$\rho=\frac{m}{V}\times10^{6} \tag{3-1}$$

式中：ρ——表观密度，kg/m^3；

m——试样的质量，g；

V——试样的体积，mm^3。

3.1.2　压缩强度

3.1.2.1　试验依据及环境要求

1）试验依据

现行国家标准《硬质泡沫塑料　压缩性能的测定》（GB/T 8813）。

现行国家标准《泡沫塑料与橡胶　线性尺寸的测定》（GB/T 6342）。

2）环境要求

状态调节按下列条件中的一个，至少调节 6 h：

（1）温度（23±2）℃，相对湿度（50±10）%；

（2）温度（23±5）℃，相对湿度（50^{+20}_{-10}）%；

（3）温度（27±5）℃，相对湿度（65^{+20}_{-10}）%。

试验条件应与试样状态调节条件相同。

3.1.2.2　主要仪器设备

压缩试验机：使用的压缩试验机力和位移的范围应满足相关要求。需配有两块表面抛光且不会变形的方形或圆形的平行板，板的边长（或直径）至少为 100 mm，且大于试样的受压面，其中一块为固定的，另一块可按下述试验步骤规定的条件以恒定的速率移动。两板应始终保持水平状态。

位移测量装置：

方法 A：压缩试验机应装有一个能够连续测量移动板位移量 x 的装置，准确度为±5%或±0.1 mm，如果后者的准确度更高则选择后者。

方法 B：位移的测量结果应由固定在样品上的引伸计或相似的可以直接测量样品形变的装置获得，其准确度为±1%。

力的测量装置：在压缩试验机的一块平板上安装一个力传感器，可连续测量试验时试样对平板的反作用力 F，准确度为±1%，传感器在测量时所产生的自身形变忽略不计。

注：推荐使用可以同时记录力 F 和位移 x 的装置，以获得 $F=f(x)$曲线。

测量试样尺寸的量具：符合现行国家标准（GB/T 6342）的规定。

（1）测微计：测量面积约为 10 cm^2，测量压力为（100±10）Pa，读数精度为 0.05 mm。

（2）千分尺：测量面最小直径为 5 mm，但在任何情况下不得小于泡孔平均直径的 5 倍，允许读数精度为 0.05 mm；千分尺仅适用于硬质泡沫材料。

（3）游标卡尺：允许读数精度为 0.1 mm。

（4）金属直尺与金属卷尺：允许读数精度为 0.5 mm。

3.1.2.3　样品制备

（1）试样厚度应为（50±1）mm，若使用时需带有模塑表皮的制品，其试样应取整个制品的原厚度，但厚度最小为 10 mm，最大不得超过试样的宽度或直径。试样的受压面为正方形或圆形，最小面积为 25 cm^2，最大面积为 230 cm^2。首选使用受压面为（100±1）mm×（100±1）mm 的正四棱柱试样。试样两平面的平行度误差不应大于 1%。不准许几个试样叠加进行试验。不同几何形状和厚度的试样测得的结果不具可比性。

（2）制取试样应使其受压面与制品使用时要承受压力的方向垂直。如需了解各向异性材料完整的特性或不知道各向异性材料的主要方向时，应制备多组试样。通常，各向异性体的特性用一个平面及其正交面表示，因此考虑用两组试样。制取试样应不改变泡沫材料的结构，制品在使用中不保留模塑表皮的，应除去表皮。

（3）从硬质泡沫塑料制品的块状材料或厚板中制取试样时，取样方法和数量应参照有关泡沫塑料制品标准中的规定，在缺乏相关规定时，至少要取 5 个试样。

3.1.2.4　试验步骤

（1）试验条件应与试样状态调节条件相同。

（2）按现行国家标准（GB/T 6342）的规定，测量每个试样的三维尺寸。

（3）将试样放置在压缩试验机的两块平行板之间的中心，尽可能以每分钟压缩试样初始厚度 10%的速率压缩试样，直至测得压缩强度 σ_m 和（或）10%相对形变时的压缩应力 σ_{10}。

注：采用方法 B 时，应变由引伸计标距长度计算得出。对于接触式引伸计，厚度 50 mm 的试样可采用标距长度 25 mm。

（4）如果要测定压缩弹性模量，应记录力—位移曲线，并找出曲线上线性斜率最大的部分。

（5）每个试样按上述步骤进行测试。

3.1.2.5　试验结果

按式（3-2）计算压缩强度 σ_m（kPa），以 5 个试样试验结果的算术平均值表示。

$$\sigma_m = 10^3 \times \frac{F_m}{A_0} \tag{3-2}$$

式中：F_m——相对形变 ε＜10%时的最大压缩力，N；

A_0——试样初始横截面积，mm^2。

3.1.3　垂直于表面的抗拉强度

3.1.3.1　试验依据及环境要求

1）试验依据

现行国家标准《建筑用绝热制品　垂直于表面抗拉强度的测定》（GB/T 30804）。

现行国家标准《塑料　试样状态调节和试验的标准环境》（GB/T 2918）。

2）环境要求

试验应在温度（23±5）℃环境下进行。有争议时，试验应在温度（23±2）℃和相对湿度（50±5）%的环境下进行。

3.1.3.2　主要仪器设备

拉伸试验机：合适的载荷和位移量程，能以（10±1）mm/min 的恒定速度加载且载荷测量精度在±1%范围内。

刚性板或刚性块：能自动调节对中避免在试验过程中拉伸应力分布不均。

3.1.3.3　样品制备

（1）试样厚度为制品原厚度，应包括表皮、面层和（或）涂层。试样应为正方形，推荐采用的试样尺寸有 50 mm×50 mm、100 mm×100 mm、150 mm×150 mm、200 mm×200 mm、300 mm×300 mm。试样尺寸应在相关产品标准中规定。在没有产品标准或技术规范时，试样尺寸由各相关方商定。试样线性尺寸依据《建筑设施用绝热产品——试样线性尺寸的测定》（ISO 29768）进行测量，精度在±0.5%范围内。

（2）试样数量应按相关产品标准的规定进行。如未规定试样数量，应至少有 5 个试样。在没有产品标准或技术规范时，试样数量由各相关方商定。

（3）试样从制品上裁取，确保试样的底面就是制品在使用过程中施加拉伸载荷的面。制备试样时不应破坏制品原有的结构。任何表皮、面层和（或）涂层都应保留。试样应具有代表性，为了避免因任何搬运引起的破坏，最好不要在靠近制品边缘 15 mm 内裁取试样。制品表面不平整或表面不平行或包含表皮、面层和（或）涂层时，试样制备应符合相关产品标准的规定。试样两表面的平行度和平整度应不大于试样长度的 0.5%，最大允许偏差 0.5 mm。在状态调节前，先将试样用合适的粘结剂粘结到两刚性板或刚性块上。用于将试样粘结在刚性板或刚性块之间，并满足以下要求：

——粘结剂对制品表面应不会产生增强或破坏作用；

——应避免使用对制品产生破坏的高温粘结剂；

——使用的任何溶剂应能与制品相容。

（4）试样（包括两刚性板或刚性块）应在温度（23±5）℃环境下至少放置 6 h。有争议时，试样应在温度（23±2）℃和相对湿度（50±5）%的环境条件下放置产品标准规定的时间。若证明能获得相同的试验结果可采用其他环境进行状态调节。

3.1.3.4　试验步骤

（1）依据 ISO 29768 测量试样截面积。试样截面积的测量最好在将试样粘结到两刚性板或刚性块之前进行。

（2）将试样安装到试验机夹具上，以恒定的速度（10±1）mm/min 施加拉伸载荷直至试样破坏记录最大载荷，用 kN 表示。

（3）记录破坏方式，材料破坏或表皮、面层和（或）涂层破坏。当试样和刚性板或刚性块之间的粘结剂层发生整体或部分破坏时，舍弃该试样。

3.1.3.5　试验结果

按式（3-3）计算垂直于板面方向的抗拉强度 σ_{mt}（kPa）。

$$\sigma_{mt}=\frac{F_m}{A}=\frac{F_m}{l\times b} \tag{3-3}$$

式中：F_m——最大拉伸载荷，kN；

A——试样截面积，m^2；

l、b——试样长度和宽度，m。

将所有测量值的平均值作为试验结果，保留两位有效数字。

注：采用不同尺寸的试样获得的试验结果可能是不同的。

3.1.4　导热系数

3.1.4.1　试验依据及环境要求

1）试验依据

现行国家标准《绝热用挤塑聚苯乙烯泡沫塑料（XPS）》（GB/T 10801.2）。

现行国家标准《绝热材料稳态热阻及有关特性的测定　防护热板法》（GB/T 10294）。

现行国家标准《绝热材料稳态热阻及有关特性的测定　热流计法》（GB/T 10295）。

2）环境要求

试验前试样在温度（23±2）℃和相对湿度（50±10）%的环境条件下至少放置 16 h。

实验环境：环境温度（23±2）℃，相对湿度（50±10）%。

试件的调节和试验环境条件应按照被测材料的产品标准进行，无材料标准时按相关要求进行调节。

3.1.4.2　主要仪器设备

1）防护热板法

根据原理可建造两种型式的防护热板装置：双试件式（和一个中间加热单元）和单试件式。双试件装置中，由两个几乎相同的试件中夹一个加热单元，加热单元由一个圆形或方形的中间加热器和两块金属面板组成。热流量由加热单元分别经两侧试件传给两侧冷却单元（圆形或方形的、均温的平板组件）。单试件式装置中，加热单元的一侧用绝热材料和背防护单元代替试件和冷却单元。绝热材料的两表面应控制温差为 0℃。

电热鼓风干燥箱。

2）热流计法

热流计装置由加热单元、1 个（或 2 个）热流计、1 块（或 2 块）试件和冷却单元组成。加热单元、冷却单元及热流计的工作表面（与试件接触的表面）应该涂漆或进行其他处理，以满足在工作温度下其总半球辐射率大于 0.8 的要求。

（1）加热和冷却单元。

加热和冷却单元的工作表面应是等温表面。加热和冷却单元的工作表面应该由导热系数高的金属组成，并且工作表面的平整度应在 0.025%以内。冷却单元尺寸至少和加热单元的工作表面一样大，冷却单元可以和加热单元相同。

加热和冷却单元的工作表面上温度不均匀性应小于试件温差的 1%。如果热流计直接与加热或冷却单元工作表面接触，并且热流传感器对沿表面的温差敏感，则温度均匀性要求更高，应保证热流量测误差小于 0.5%。测定时工作表面温度的波动或漂移应不超过试件温差的 0.5%。另外，热流计与试件接触的表面，其温度波动应小于试件温差的 0.5%。热流计由于表面温度波动引起的输出波动应不大于 2%，这些波动是由于自动控制系统质量较差加上热流计的热容而产生的，必要时可在热流计与加热或冷却单元的工作表面间插入薄层绝热材料作为阻尼。

（2）热流计。

热流计是利用穿过试件和热流计的热流而产生温差来测量通过试件的热流密度的装置。

热流计由均质芯板、表面温差传感器和表面温度传感器组成。测量区域是芯板，温差传感器就位于此处。在此可用盖板起保护及热阻尼作用。有时使用金属板（箔）做成的均温板来改善或简化测量，但是不应设置在使热流计的输出会受试件热性能影响的地方。通常热流计分为高阻型和低阻型两种。

① 芯板。应由不吸湿、热均质、各向同性、长期稳定和硬质的（可压缩性较小的）材料制作。在使用的温、湿度条件下及正常的装卸后，芯板材料的性质不会发生有影响的变化。软木复合物、硬橡胶-塑料、陶瓷、酚醛层压板、环氧或硅酮填充的玻璃纤维布等可用于制作芯板。芯板的两个表面应平行，以保证热流均匀地垂直于表面。

② 热电堆。应采用灵敏且稳定的温差检测器测量芯板上的微小温差。常用多接点的热电堆。接点位于热流计芯板表面，可测量通过芯板的温差。热电堆的热电势e与流过芯板的热流密度q有关。$q = f \cdot e$，其中f称为标定常数。它与温度有关，在一定程度上还与热流密度有关。

为了避免沿元件一面到另一面热传导的影响，热电堆导体的横截面宜小于0.2 mm直径导线的横截面。建议用产生热电势高、导热系数低的热电元件。

为了确保热流计内均匀的热阻，温差检测器应均匀分布在热流计测量区域，其面积为整个表面积的10%～40%，或者集中布置在不小于10%的整个区域内，并且这个区域在热流计中心的40%范围内。

③ 表面板。为了防止温差检测器的损坏而影响标定，热流计的两个表面应予以覆盖。在满足防止温差检测器导线热分流的前提下，覆盖材料应尽量薄。表面板也可起阻尼作用减少温度波动。表面板应采用与芯板类似的材料，用胶膜或易熔材料等方法粘合到芯板上。热流计的测量区域应确保平整度在0.025%以内。

④ 表面温度传感器。测量热流计靠试件一侧表面的平均温度。可用粘在表面板上的80 μm铜箔来平均热流计计量区域的表面温度，箔片应该超出该区域大约等于热流计的厚度。箔片可作为铜-康铜热电偶电路的一部分或者配置一个铂电阻传感器。铜和康铜丝的直径应不大于0.2 mm，穿过表面板后附在芯板上。康铜丝焊在箔片中心，而铜线焊在靠近一边缘处。应清除热电偶丝焊接的焊锡球，保证表面平整。表面板应经打磨，去除隆起。为了确保表面光滑平整，对于没有覆盖金属箔的热流计，其表面应覆盖一层80 μm厚的非金属薄片。

（3）其他测量装置。

测量加热和冷却单元（或热流传感器）工作表面的温度差应准确到1%。加热和冷却单元工作表面的温度可用永久安装在槽内或直接装在工作表面之下的热电偶测量。当采用双试件对称布置时，置于加热和冷却单元的工作表面上的温度传感器可用差动连接。此时温度传感器必须与板电气绝缘，金属板应接地，建议绝缘电阻应大于1 MΩ。

热阻大于0.5（m^2 • K）/W，且表面能很好地贴合到工作表面的软质试件，通常采用固定在加热和冷却单元或热流计的工作表面上的温度传感器进行测量。

使用热电偶作温度传感器时，装在加热和冷却单元表面上的热电偶直径应不大于0.6 mm，小尺寸装置宜不大于0.2 mm。装在试件表面或埋入试件的热电偶直径应不大于0.2 mm。用于测量试件表面温度的热电偶应采用经过标定的偶线制成。

采用其他温度传感器（如铂热电阻），必须具有相当的或更好的准确度、灵敏度和稳定性。由于温度传感器周围的热流歪曲、温度传感器的漂移等引起的温差测量的总误差应小于±1%。

（4）电气测量系统。

装置的整个测量系统（包括计算电路）应满足下列要求：

① 灵敏度、线性、准确度和输入阻抗应满足测量试件温差的误差小于±0.5%，测量热电堆热电势的误差小于±0.6%。

② 灵敏度高于温差检测器最小输出的 0.15%。

③ 在温差检测器预期输出范围内非线性误差小于 0.1%。

④ 由于输入阻抗引起的读数误差应不大于 0.1%，一般大于 1 MΩ 足以满足要求。

⑤ 稳定性应满足在两次标定之间或 30 d 内（取大者）读数变化小于 0.2%。

⑥ 在温差和热电堆输出中，噪声电压的有效值应小于 0.1%。

（5）厚度测量装置。

测量厚度的误差应小于±0.5%。可用装在板四角或边缘中心的垂直于板面的测量针或测微螺栓测量试件厚度。使用电子式传感器时，必须定期检查传感器的线性和电路，线性检查至少一年一次。

（6）机械装置。

框架应能在一个或几个方向固定装置。框架上应设置施加可重复的恒定夹紧力的机构，以保证良好的热接触或者在冷、热板表面间保证准确的间距。稳定的夹紧力可用恒力弹簧、杠杆系统或恒重产生，对试件施加的压力一般不大于 2.5 kPa。测定易压缩材料时，必须在加热和冷却单元的角或边缘上使用小截面的低导热系数的支柱限制试件的压缩。也可用其他方法控制两个工作表面间的距离；对于这种测试，不需要恒压。

（7）边缘绝热和边缘热损失。

热流计装置应该用边缘绝热材料、控制周围空气温度或者同时使用两种方法来限制边缘损失的热量。尤其在测定平均温度与实验室空气温度有显著差异时，应该用箱体或外壳包围热流计装置，保持箱内温度等于试件的平均温度。作为温度控制系统一部分的冷却器应提供一个比冷却单元至少低 5 K 的点温度，以防止水汽凝结和试件吸湿。

所有布置形式的边缘热损失灵敏度与热流计对沿主表面的温差都有关。因此，只有用试验才能检查边缘热损失对测量热流量的影响。边缘热损失的误差应小于±0.5%。为得到较小的热边缘损失误差，通过边缘的热流量应小于通过试件热流量的 20%。

3.1.4.3　样品制备

1）防护热板法

（1）试件尺寸。

根据所使用装置的形式从每个样品中选取 1 块或 2 块试件，当需要 2 块试件时，它们应尽可能一样，最好从同一试样上截取，厚度差别应小于 2%。试件的尺寸要能够完全覆盖加热单元表面。试件厚度应是实际使用的厚度或大于能给出被测材料热性质的最小厚度。试件厚度与加热单元尺寸的关系应把不平衡和边缘热损失误差之和限制在 0.5%之内。目前利用防护热板法测试材料的导热系数，两种典型仪器所使用的试件为圆形双试件（试件直径为 300 mm，厚度为 20 mm）和正方形双试件（试件边长为 300 mm，厚度为 10～40 mm）。

试件的制备和调节应按照被测材料的产品标准进行，无材料标准时按下述方法调节。

（2）试件制备。

① 除松散试件外的材料：试件的表面应当用适当方法（常用砂纸、车床切削和研磨）加工平整，使试件与面板或插入的薄片能紧密接触。刚性材料表面应制作成与面板一样平整，并且整个表面的不平行度应在试件厚度的 2%以内。

② 松散材料：测定松散材料时，建议试件的厚度至少为松散材料中的珠、颗粒、小薄片等平均尺寸的 10 倍，可能有时为 20 倍。当不能满足要求时，应考虑用其他试验方法，如防护或标定热箱法。从样品中取出比试验所需的量稍多的有代表性的试件，再按下述试件状态调节（如可采用）前后，分别测定其质量。称出一些经过状态调节的试件，按材料产品标准的规定制成 1 个（或 2 个）要求密度的试件。如果没有标准，则按下述两种方法之一制作。由于已知试件的最终体积，所以能够确定需要的质量。然后将试件很快放入装置或按前述的方法，放在标准的实验室环境中达到平衡。当使用方法 A 或方法 B 的盖子的热阻可忽略不计时，试件的表面温度应认为等于加热单元和冷却单元面板的温度。

方法 A：装置在垂直位置运行时推荐使用本方法。

在加热面板和各冷却面板间设立要求的间隔柱，组装好防护热板组件。在周围或防护单元与冷却面板的边缘之间铺设适合封闭样品的低导热系数材料，形成 1 个（或 2 个）顶部开口的盒子（加热单元两侧各 1 个）。把称重过的状态调节好的材料分成 4 个（或 8 个）相等部分，每个试件 4 份。依次将每份材料放入试件的空间中。在此空间内振动、装填或压实，直到占据它相应的 1/4 空间体积，制成密度均匀的试件。

方法 B：装置在水平位置运行时推荐使用本方法。

用低导热系数材料做成 1 个（或 2 个）外部尺寸与加热单元相同的薄壁盒子。盒子的深度等于被测试件的厚度。用不超过 50 μm 的塑料薄片或耐热且不反射的薄片（石棉纸或其他适当的均匀薄片材料）制作盒子开口面的盖子和底板，以粘贴或其他方法把底板固定到盒子的壁上。从试件方向看到的表面，在工作温度下的半球辐射系数应大于等于 0.8。如果盖子和底板有可观的热阻，可用测量试件温度差的方法中所述的用于确定硬质试件的试件纯热阻的方法。将已称过质量并经过状态调节的材料分为相等的 2 份，每份做 1 个试件，把具有一面盖子的盒子水平放在平整表面上，盒子内放入试件。注意使（或 2 个）试件具有（相等并且）均匀的密度。然后盖上另一个盖板，形成能放入防护热板装置的封闭的试件。在放置可压缩的材料时，蓬松材料使盖子稍凸起，这样能在要求的密度下使盖子与装置的板有良好的接触。某些材料，在试件准备过程中的材料损失，可能要求在测定前重称试件，这种情况下，测定后确定盒子和盖子的质量以计算测定时材料的密度。

（3）试件状态调节。

测定试件质量后，必须把试件放在干燥器或通风的烘箱里，以材料产品标准中规定的温度或对材料适宜的温度将试件调节到恒定的质量。热敏感材料（如 EPS 板）不应暴露在会改变试件性质的温度中。当试件在给定的温度范围内使用时，应在这个温度范围的上限、空气流动并控制的环境下调节到恒定的质量。

如果使用吸附剂或吸收剂，系统可以是封闭的。例如，在封闭的干燥器中，以 330～335 K 的搅拌空气调节某些泡沫塑料。

从测量干燥前后的质量计算相对质量损失。当测量传热性质所需的时间比试件从实验室空气中吸收显著的湿气所需的时间短时（如混凝土试件），建议在干燥结束时，很快将试件放入装置中以避免吸收湿气。反之（例如，测量低密度的纤维材料或泡沫塑料试件），建议把试件留在标准的实验室空气[（296±1）K，（50%±10%）RH]中持续调节到与室内空气平衡（质量衡定）。中间情况（如高密度纤维材料试件）对试件的调节过程按操作者的经验确定。

为缩短试验时间，试件可在放入装置前调节到试验平均温度。防止测定过程中湿气渗入（或溢出）试件，可将试件封闭在防水汽的封套中。如果封套的热阻不可忽略，封套的热阻必须按照试件的温差方法中刚性试件使用的薄片一样进行单独测量。

2）热流计法

（1）试件尺寸。

根据装置的类型从每个样品中选择一块或两块试件，两块试件的厚度差应小于 2%。

试件的尺寸应能完全覆盖加热和冷却单元及热流计的工作表面，并且应具有实际使用的厚度，或者足以确定被测材料平均热性质的厚度。

试件的制备和状态调节应按相应的产品标准要求进行，当没有相应的标准要求时，可按相关标准的要求进行。

（2）试件制备。

试件表面应该用适当的方法加工平整，使试件和工作表面之间获得紧密的接触。对于硬质材料，试件的表面应该做得和与其接触的工作表面一样平整，并且在整个表面上不平行度应在样品厚度的±2%。

当试件是用硬质材料制成的，并且（或者）热阻小于 0.1（m^2・K）/W 时，插入薄片或采用在试件上的热电偶测量试件的温差。如果分别使用多个热偶，试件的有效厚度应取两侧热电偶中心之间垂直于试件表面的平均距离。

松散材料按照防护热板法中试件制备的要求。

（3）试件状态调节。

按照防护热板法中试件状态调节的要求。

把试件调节到恒定质量之后，试件应冷却并贮存在封闭的干燥器或者封闭的部分抽真空的聚乙烯袋中。在试验时，试件应取出称重，放入装置中立即测试。为了缩短测试时间，试件应在调节到合适的平均温度后立即放入装置之中。

3.1.4.4　试验步骤

按现行国家标准（GB/T 10294）或（GB/T 10295）的规定，现行国家标准（GB/T 10294）为仲裁试验方法。

1）防护热板法

（1）质量测量。

在试样放入装置前测定试样质量，准确度为±0.5%。

（2）厚度和密度测量。

试样在测定状态的厚度（以及试验状态的容积）由加热单元和冷却单元位置确定或在开始测定时测得的试样厚度。测量试样厚度方法的准确度应小于 0.5%。由于热膨胀或板的压力，试样的厚度可能变化。建议尽可能在装置里、在实际的测定温度和压力下测量试样厚度。可用装在冷板四角或边缘的中心的垂直于板面的测量针或测微螺栓测量试样厚度。有效厚度由试样在装置内和不在装置内时（冷板用相同的力相对紧压）测得距离的差值的平均值确定。或在装置之外用能够重现测定时试样上所受压力的仪表测得。从这些数据和状态调节过的试样质量可计算出试样在测定状态的密度。

（3）温差的选择。

按照下列之一选择温差：

① 按照特定材料、产品或系统的技术规范的要求；

② 被测定的特定试件或样品的使用条件（如果温差很小，准确度可以降低。如果温差很大，则不可能预测边缘热损失和不平衡误差，因为理论计算假定试件导热系数与温度无关）；

③ 确定温度与传热性质之间的未知关系时，温差尽可能小（5～10 K）；

④ 当要求试件内的传质减到最小时，按测定值的所需准确度选择最低的温差。

（4）环境条件。

在空气中测定：当需要测定试样在空气（或其他气体）中的传热性质时，调节防护热板组件周围气体的相对湿度，使其露点温度至少比冷却单元温度低 5 K。为了实验室间的相互比较，建议以露点温度比冷却单元的温度低 5～10 K 的气体作为标准大气。把试样封入气密性封袋内避免水分进入（或逸出）试样时，试验时封袋与试样冷面接触的部分不应出现凝结水。

在其他气体或真空中测定：如在低温下测定，装有试件的装置应该在冷却之前用干气体吹除空气。温度在 77～230 K 时，用干气体而不是空气作为填充气体，并将装置放入密封箱中。如冷却单元温度低于 125 K 时使用氮气，应小心调节氮气压力以避免凝结。温度在 21～77 K 时，通常要求用低冷凝温度的气体（如氮气）作为密封箱的大气，有时使用氢气。

空气、氮、氢和氦气的导热系数差异较大，所以会显著影响被测材料的传热性质。应该小心记录环境气体的种类、压力和温度，并在报告中包含这些资料。

当需要测定试件在真空中的热性质时，在冷却之前应先把系统抽真空。

（5）热流量的测定。

测量施加于计量部分的平均电功率，准确度不低于 0.2%，强烈建议使用直流电。用直流时，通常使用有电压和电流端的四线制电位差计测定。

推荐自动稳压的输入功率。输入功率的随机波动、变动引起的热板表面温度波动或变化应小于热板和冷板间温差的 0.3%。

调节并维持防护部分的输入功率（最好用自动控制），以得到满足要求的计量单元与防护单元之间的温度不平衡程度。

（6）冷面控制。

当使用双试件装置时，调节冷却单元或冷面加热器使两个试样的温度差异不大于 2%。

（7）温差控制。

采用已证明有足够精密度和准确度、满足本方法的全部要求的方法来测定加热面板和冷却面板的温度或试件表面温度和计量到防护的温度平衡。用试件温差测量方法来确定试件的温差。还要对薄片进行附加热阻的确定。

（8）最终质量和厚度测量。

按照标准方法规定的读取数据完成以后，立即测量试样的最终质量。强烈推荐操作人员重复测量厚度，并报告试样体积的变化。

2）热流计法

（1）按照防护热板法中试件质量测量、厚度和密度测量、温差的选择、最终质量和厚度测量的要求。

（2）环境条件。根据装置的类型和测定温度，按要求施加边缘绝热和（或）环境的特殊条件。周围环境温度控制系统中常设置制冷器，以维持封闭空气的露点温度至少比冷却单元温度低 5 K，放置冷凝和试件吸湿。

（3）热流和温度测量。观察热流计平均温度和输出电势、试件的平均温度以及温差来检查热平衡状态。

3.1.4.5　试验结果

1）防护热板法

（1）密度。

试件的密度 ρ 按式（3-4）计算：

$$\rho = \frac{m}{V} \tag{3-4}$$

式中：ρ——测定时干试件或调节后试件的密度，kg/m³；

m——干燥后试件或调节后试件的质量，kg；

V——干燥或调节后试件所占体积，m³。

（2）传热性质。

热阻 R 按式（3-5）计算：

$$R = \frac{A(T_1 - T_2)}{\Phi} \tag{3-5}$$

导热系数 λ 按式（3-6）计算：

$$\lambda = \frac{\Phi \cdot d}{A(T_1 - T_2)} \tag{3-6}$$

式中：R——试件的热阻，（m² • K）/W；

λ——材料的导热系数，W/（m • K）；

Φ——加热单元计量部分平均加热功率，W；

T_1——试件热面温度平均值，K；

T_2——试件冷面温度平均值，K；

A——计量面积（双试件装置需乘以 2），m^2；

d——试件平均厚度，m。

2）热流计法

（1）密度。

试件的密度 ρ 按式（3-4）计算。

（2）传热性质。

① 单试件布置。

a. 不对称布置。

试件热阻 R 按式（3-7）计算：

$$R = \frac{\Delta T}{f \cdot e} \tag{3-7}$$

导热系数 λ 或热阻系数 γ 按式（3-8）计算：

$$\lambda = \frac{1}{\gamma} = f \cdot e \cdot \frac{d}{\Delta T} \tag{3-8}$$

式中：R——试件的热阻，（m^2・K）/W；

λ——材料的导热系数，W/（m・K）；

γ——材料的热阻系数，（m・K）/W；

f——热流计的标定系数，W/（m^2・V）；

ΔT——试件热面和冷面温差，K；

e——热流计的输出，V；

d——试件的平均厚度，m。

b. 双热流计对称布置。

试件热阻 R 按式（3-9）计算：

$$R = \frac{\Delta T}{0.5\left(f_1 \cdot e_1 + f_2 \cdot e_2\right)} \tag{3-9}$$

导热系数 λ 或热阻系数 γ 按式（3-10）计算：

$$\lambda = \frac{1}{\gamma} = 0.5\left(f_1 \cdot e_1 + f_2 \cdot e_2\right) \cdot \frac{d}{\Delta T} \tag{3-10}$$

式中：f_1——第一个热流计的标定系数，W/（m^2・V）；

f_2——第二个热流计的标定系数，W/（m^2・V）；

e_1——第一个热流计的输出，V；

e_2——第二个热流计的输出，V。

式中其他符号意义同上。

② 双试件布置

试件总热阻 R_t 按式（3-11）计算：

$$R_t = \frac{1}{f \cdot e}\left(\Delta T' + \Delta T''\right) \tag{3-11}$$

平均导热系数 λ_{avg} 或热阻系数 γ_{avg} 按式（3-12）计算：

$$\lambda_{\text{avg}} = \frac{1}{\gamma_{\text{avg}}} = \frac{f \cdot e}{2}\left(\frac{d'}{\Delta T'} + \frac{d''}{\Delta T''}\right) \tag{3-12}$$

式中符号意义同上，角标代表两个试件（′表示第一块试件，″表示第二块试件）。

3.1.5　燃烧性能

3.1.5.1　试验依据及环境要求

1）试验依据

现行国家标准《建筑材料可燃性试验方法》（GB/T 8626）。

现行国家标准《建筑材料或制品的单体燃烧试验》（GB/T 20284）。

2）环境要求

（1）可燃性。

试样和滤纸状态调节：温度（23±2）℃，相对湿度（50±5）%。

实验环境：环境温度（23±5）℃，相对湿度（50±20）%。

（2）单体燃烧。

试样状态调节：温度（23±2）℃，相对湿度（50±5）%。

3.1.5.2　主要仪器设备

1）可燃性

燃烧箱：燃烧箱由不锈钢钢板制作，并安装有耐热玻璃门，以便至少从箱体的正面和一个侧面进行试验操作和观察。燃烧箱通过箱体底部的方形盒体进行自然通风，方形盒体由厚度为 1.5 mm 的不锈钢制作，盒体高度为 50 mm，开敞面积为 25 mm×25 mm（图 3-1）。为达到自然通风目的，箱体应放置在高 40 mm 的支座上，以使箱体底部存在一个通风空隙。箱体正面两支座之间的空隙应予以封闭。在只点燃燃烧器和打开抽风罩的条件下，测量的箱体烟道（图 3-1）内的空气流速应为（0.7±0.1）m/s。燃烧箱应放置在合适的抽风罩下方。

气体燃烧器：气体燃烧器结构如图 3-2 所示，燃烧器的设计应使其能在垂直方向使用或与垂直轴线成 45° 角。燃烧器应安装在水平钢板上，并可沿燃烧箱中心线方向前后平稳移动。燃烧器应安装有一个微调阀，以调节火焰高度。

燃气：纯度≥95%的商用丙烷。为使燃烧器在 45° 方向上保持火焰稳定，燃气压力应在 10～50 kPa。

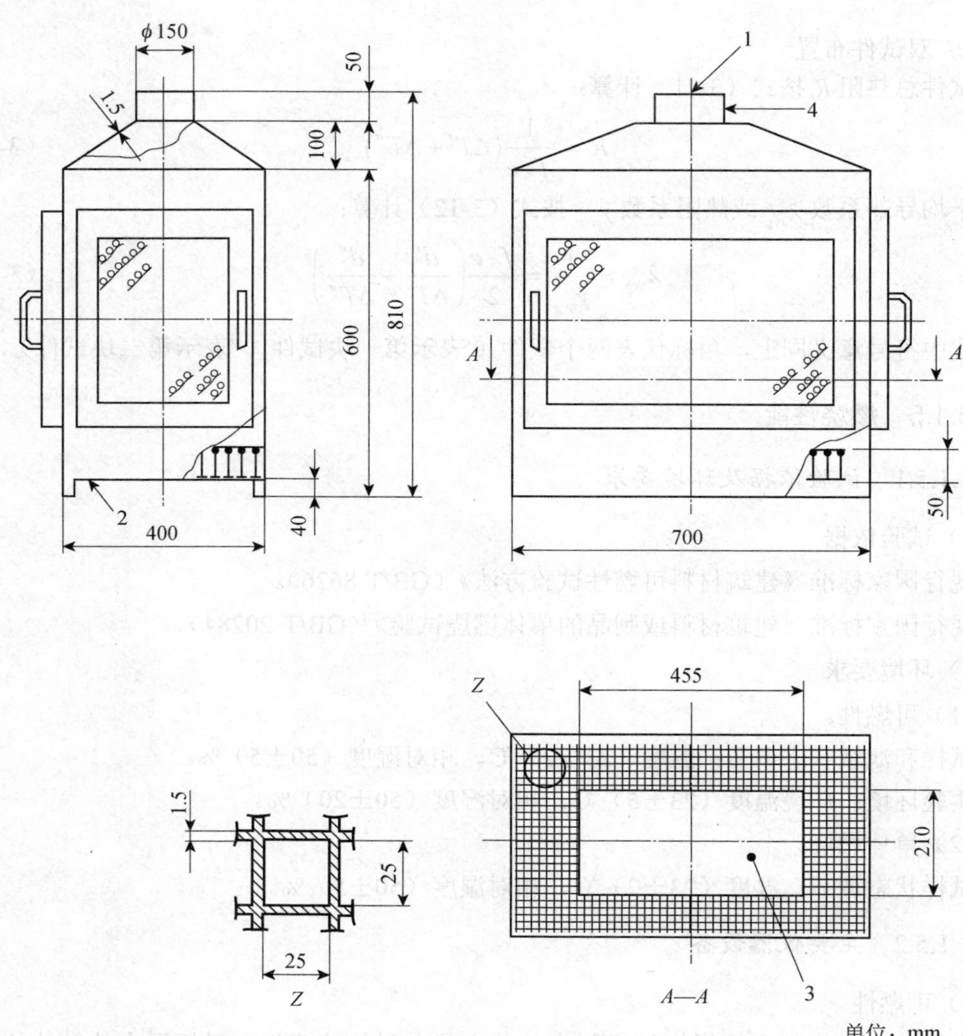

1—空气流速测量点；2—金属丝网格；3—水平钢板；4—烟道。

注：除规定了公差外，全部尺寸均为公称值。

图 3-1　燃烧箱

试样夹：试样夹由两个 U 形不锈钢框架构成，宽 15 mm，厚（5±1）mm，其他尺寸如图 3-3 所示。框架垂直悬挂在挂杆（图 3-4）上，以使试样的底面中心线和底面边缘可以直接受火（图 3-5～图 3-7）。为避免试样歪斜，用螺钉或夹具将两个试样框架卡紧。采用的固定方式应能保证试样在整个试验过程中不会移位，这一点非常重要。

注：在与试样贴紧的框架内表面上可嵌入一些长度约 1 mm 的小销钉。

挂杆：挂杆固定在垂直立柱（支座）上，以使试样夹能垂直悬挂，燃烧器火焰能作用于试样（图 3-4）。对于边缘点火方式和表面点火方式，试样底面与金属网上方水平钢板的上表面之间的距离应分别为（125±10）mm 和（85±10）mm。

计时器：计时器应能持续记录时间，并显示到秒，精度≤1 s/h。

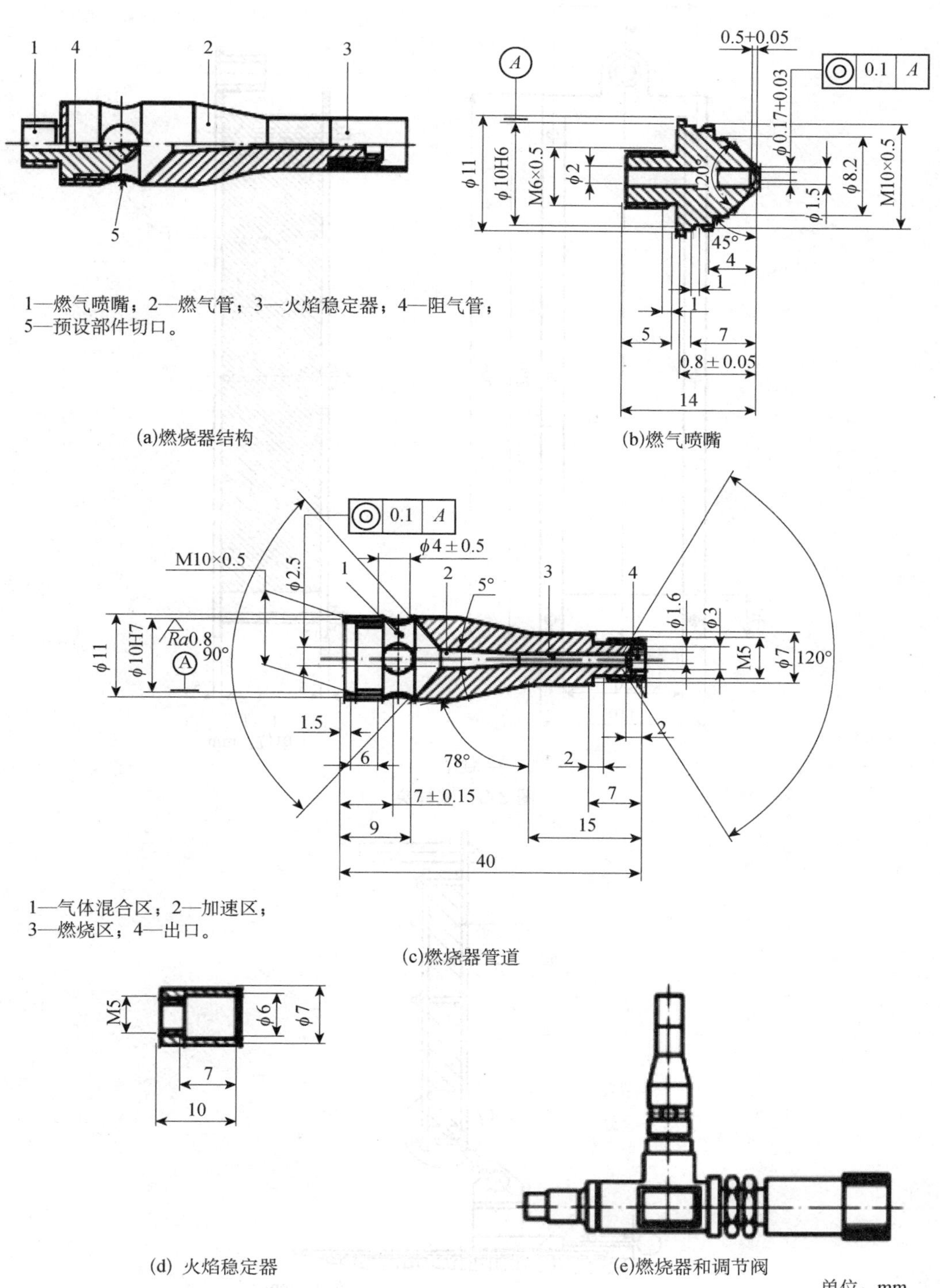
1—燃气喷嘴；2—燃气管；3—火焰稳定器；4—阻气管；
5—预设部件切口。
(a)燃烧器结构
(b)燃气喷嘴
1—气体混合区；2—加速区；
3—燃烧区；4—出口。
(c)燃烧器管道
(d) 火焰稳定器
(e)燃烧器和调节阀
单位：mm

图 3-2　气体燃烧器

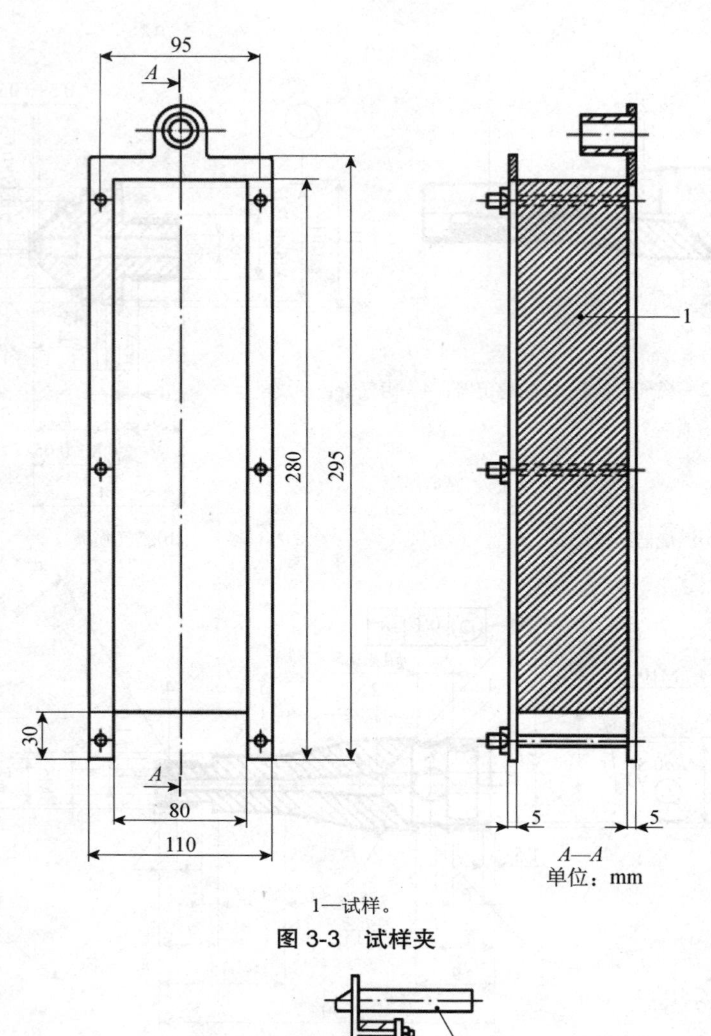

1—试样。

图 3-3　试样夹

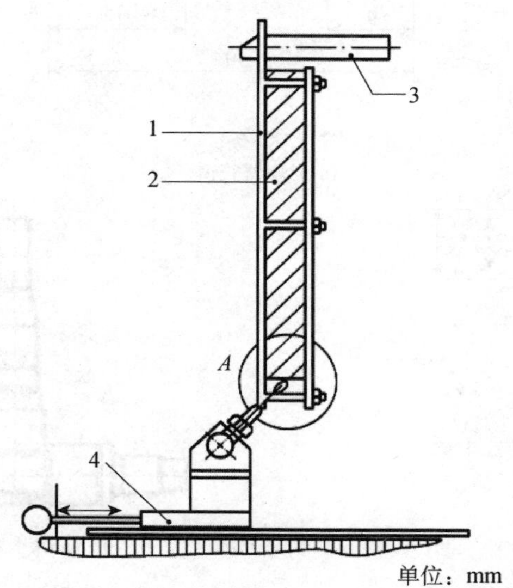

1—试样夹；2—试样；3—挂杆；4—燃烧器底座。

注：A 见图 3-5。

图 3-4　典型的挂杆和燃烧器定位（侧视图）

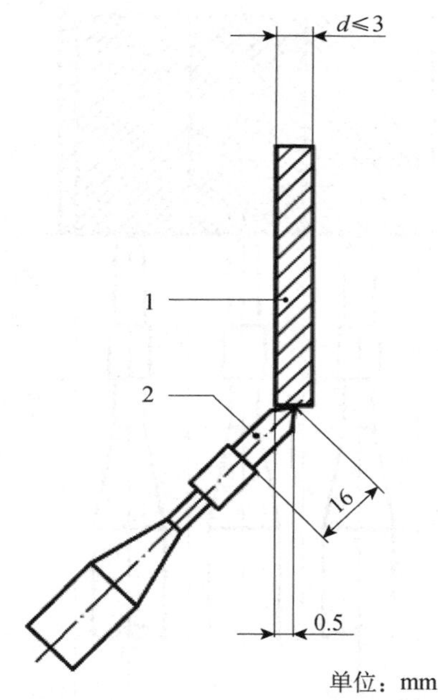

1—试样；2—燃烧器定位器；d—厚度。

图 3-5　厚度≤3 mm 的制品的火焰冲击点

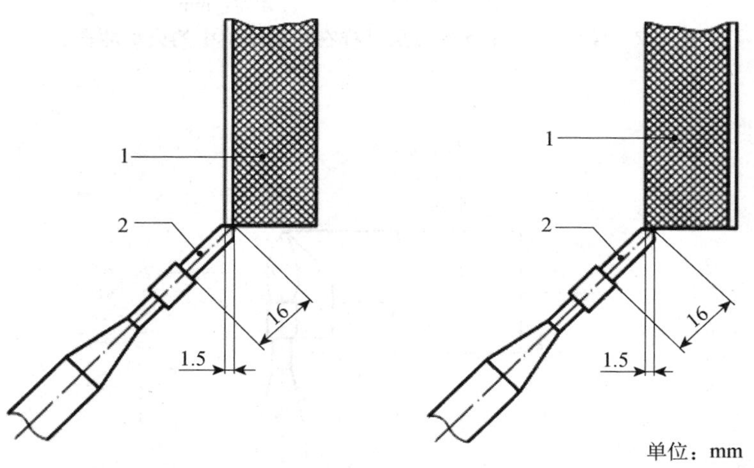

1—试样；2—燃烧器定位器。

图 3-6　厚度＞3 mm 的制品的典型火焰冲击点

试样模板：两块金属板，其中一块长 250_{-1}^{0} mm，宽 90_{-1}^{0} mm；另一块长 250_{-1}^{0} mm，宽 180_{-1}^{0} mm。若采用熔化收缩制品的试验程序，则选用较大尺寸的模板。

火焰检查装置：火焰高度测量工具以燃烧器上某一固定点为测量起点，能显示火焰高度为 20 mm 的合适工具（图 3-8）。火焰高度测量工具的偏差应为±0.1 mm。用于边缘点火的点火定位器能插入燃烧器喷嘴的长 16 mm 的抽取式定位器，用以确定同预先设定火焰在试样上的接触点的距离。用于表面点火的点火定位器能插入燃烧器喷嘴的抽取式锥形定位器，用以确定燃烧器前端边缘与试样表面的距离为 5 mm（图 3-9）。

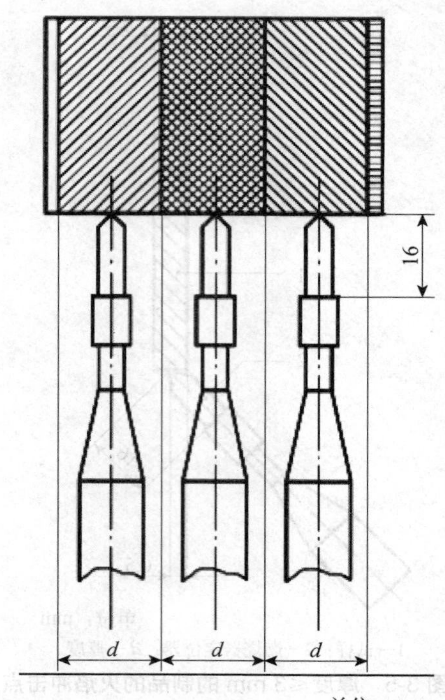

单位：mm

图 3-7　厚度＞10 mm 的多层试样在附加试验中的火焰冲击点

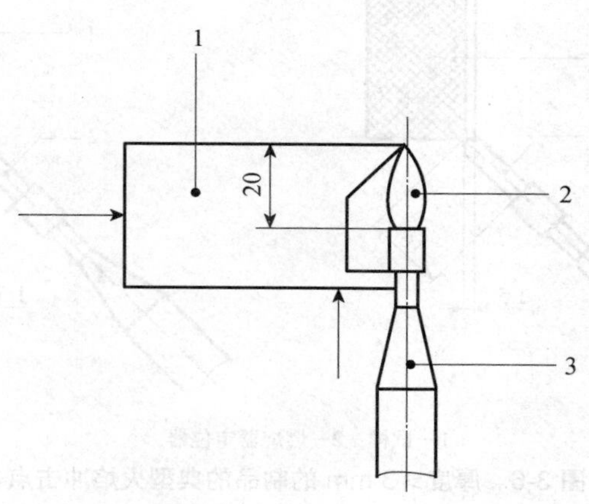

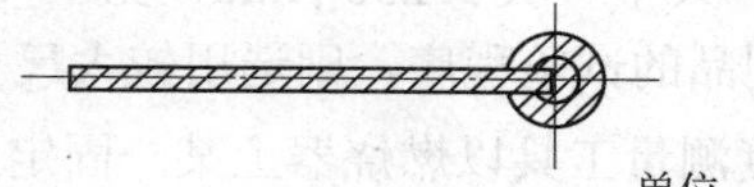

单位：mm

1—金属片；2—火焰；3—燃烧器。

图 3-8　典型的火焰高度测量工具

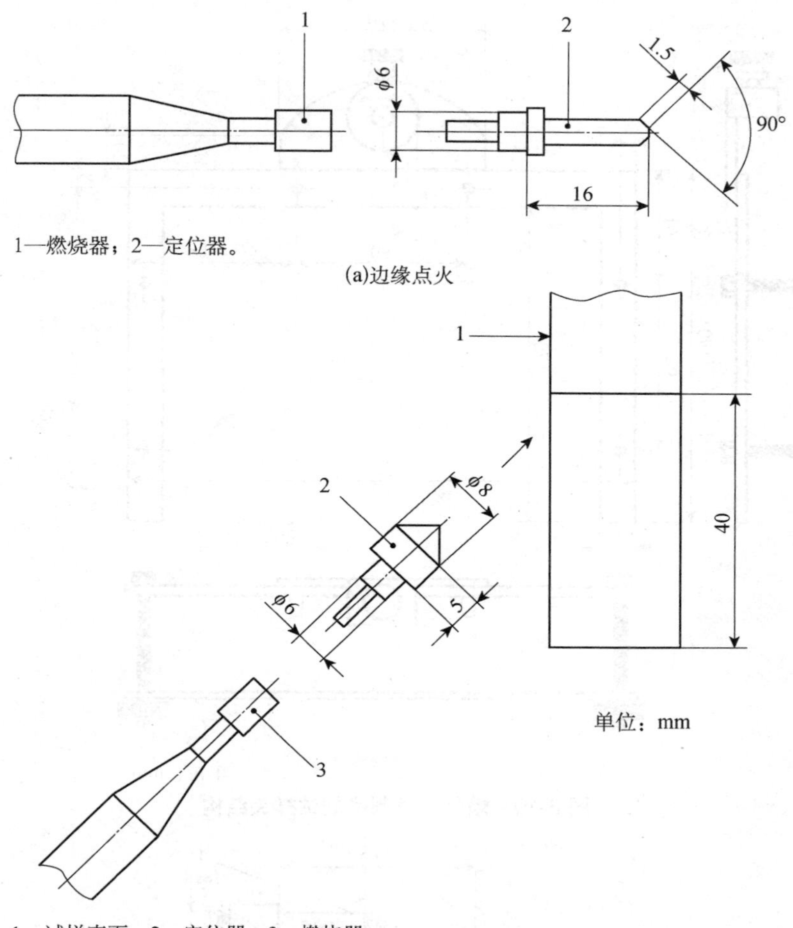

1—燃烧器；2—定位器。

(a)边缘点火

1—试样表面；2—定位器；3—燃烧器。

(b)表面点火

图 3-9　燃烧器定位器

风速仪：精度为±0.1 m/s，用以测量燃烧箱顶部出口的空气流速。

滤纸和收集盘：未经染色的崭新滤纸，面密度为 60 kg/m^2，含灰量小于 0.1%。采用铝箔制作的收集盘，尺寸为 100 mm×50 mm，深 10 mm。收集盘放在试样正下方，每次试验后应更换收集盘。

熔化收缩制品的试验装置：未着火就熔化收缩的制品应采用特殊试样夹（图 3-10）进行试验。试样夹应能夹紧试样，试样尺寸为宽 250 mm，高 180 mm。试样框架为两个宽（20±1）mm、厚（5±1）mm 的不锈钢 U 形框架，且垂直悬挂在挂杆上。试样夹应能相对燃烧器方向水平移动。图 3-11 和图 3-12 所示的是一种移动试样的方法，试样夹安装在滑道系统上，从而试样可通过手动或自动方式相对燃烧器方向移动。

2）单体燃烧

试验装置包括燃烧室、试验设备（小推车、框架、燃烧器、集气罩、收集器和导管）、排烟系统和常规测量装置。

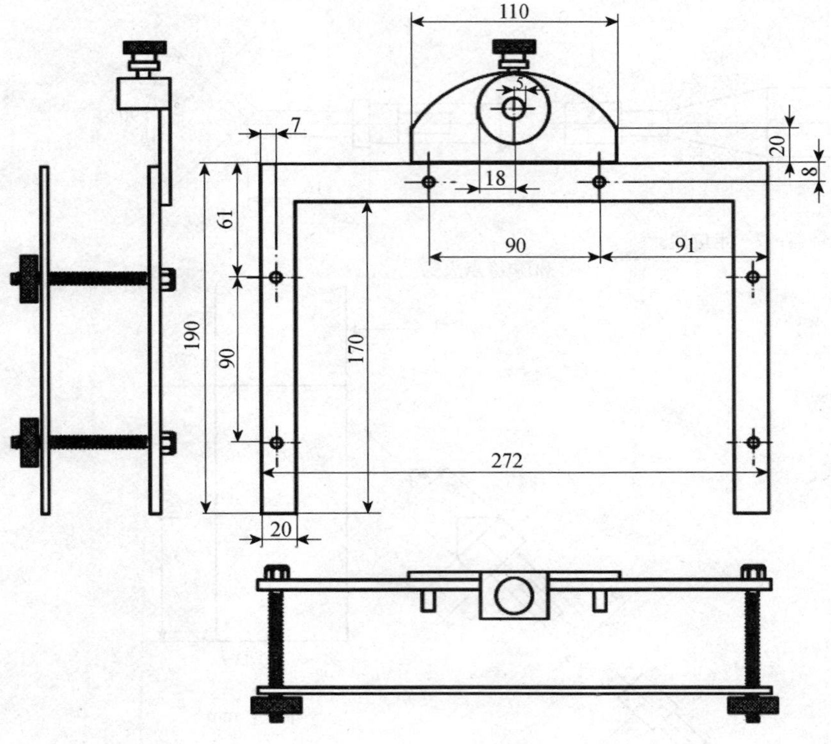

图 3-10　熔化收缩制品的试样夹结构

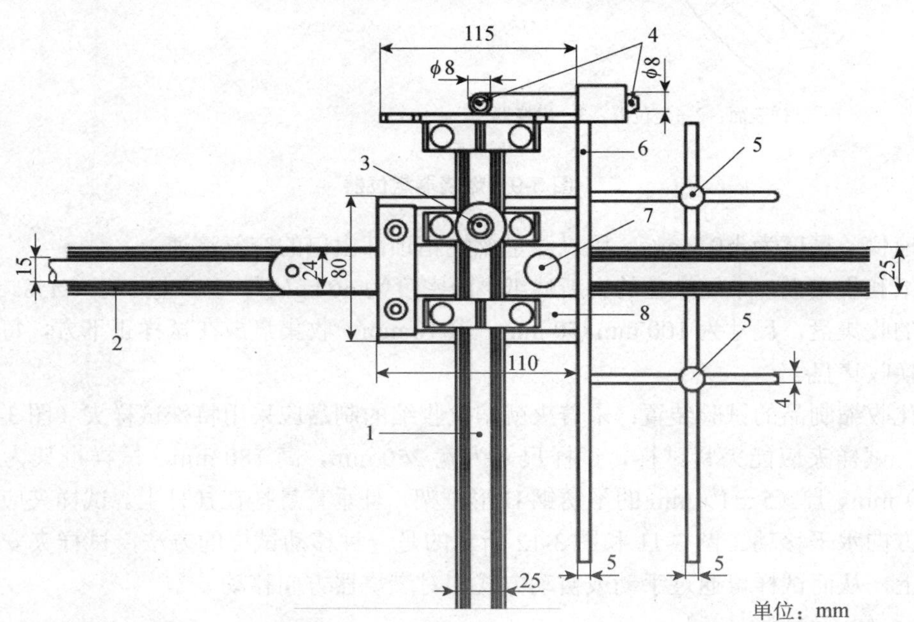

1—垂直滑道；2—水平滑道；3—高度控制旋钮；4—试样夹；5—夹紧螺钉；6—90° 安装的试样夹（上标° 表示度）；7—用于水平固定的夹紧螺钉；8—滑块。

图 3-11　熔化收缩制品的典型试样夹支撑机构

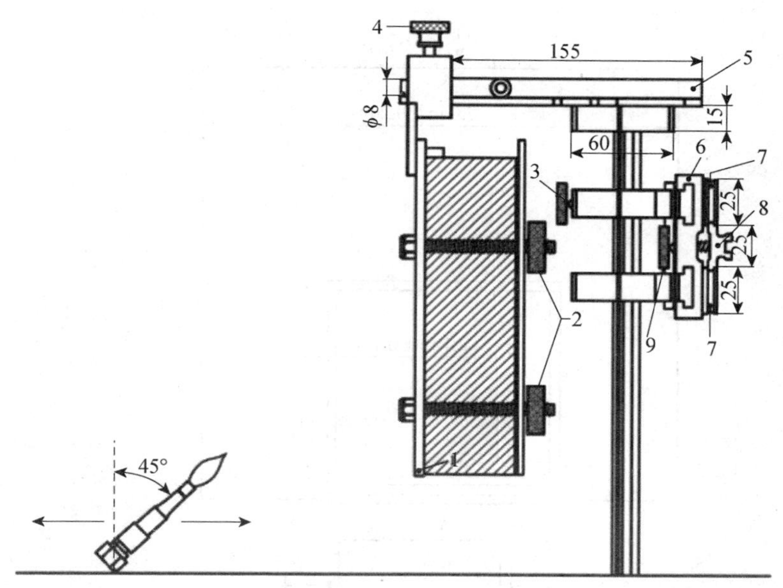

1—试样夹；2—夹紧螺钉；3—高度调节螺钉；4—定位螺钉；5—试样夹安装挂片；6—滑块；7—轴衬；8—水平滑道；9—调节螺钉。

图 3-12　典型试样夹组件侧视图

燃烧室：燃烧室的室内高度为（2.4±0.1）m，室内地板面积为（3.0±0.2）m×（3.0±0.2）m。墙体应由砖石砌块（如多孔混凝土）、石膏板、硅酸钙板或根据欧洲建筑行业标准《建筑产品和部件燃烧性能的分类　第 1 部分：根据燃烧试验反应的试验数据进行分类》（EN 13501-1）划分为 A1 或 A2 级的其他类板材建成。燃烧室的一面墙上应设一开口，以便将小推车从毗邻的实验室移入该燃烧室内。开口的宽度至少为 1 470 mm，高度至少为 2 450 mm（框架的尺寸）。应在垂直试样板的两前表面正对的两面墙上分别开设窗口。为便于在小推车就位后能调控好 SBI 装置和试件，还需增设一道门。小推车在燃烧室就位后，和 U 形卡槽接触的长翼试样表面与燃烧室墙面之间的距离应为（2.1±0.1）m。该距离为长翼与所面对的墙面的垂直距离。燃烧室的开口面积（不含小推车底部的空气入口及集气罩里的排烟开口）不应超过 0.05 m^2。如图 3-13 所示，样品采用左向或右向安装均可（图 3-13 中的小推车与垂直线成镜面对称即可）。

注 1：为在不移动收集器的情况下，能将集气罩的侧板移开，应注意 SBI 框架与燃烧室天花板之间的连接情况。应能在底部将侧板移出。

注 2：燃烧室中框架的相对位置应根据燃烧室和框架之间连接的具体情况而定。

燃料：商用丙烷气体，纯度≥95%。

小推车：其上安装两个相互垂直的样品试件，在垂直角的底部有一砂盒燃烧器。小推车的放置位置应使小推车背面正好封闭燃烧室墙上的开口；为使气流沿燃烧室地板均匀分布，在小推车底板下的空气入口处配设有多孔板（其开孔面积占总面积的 40%～60%；孔眼直径为 8～12 mm）。

固定框架：小推车被推入其中进行试验并支撑集气罩；框架上固定有辅助燃烧器。

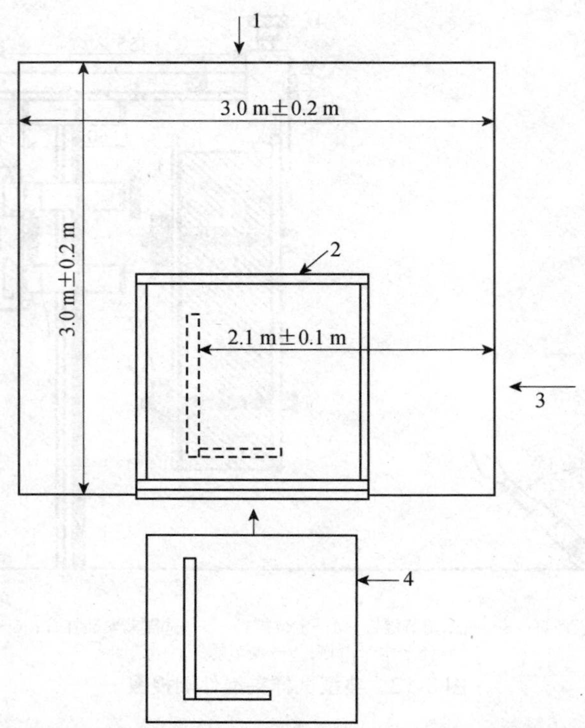

1—试验观察位置；2—固定框架；3—试验观察位置（左向安装的试样）；4—小推车（带左向安装的试样）。
注：样品既可左向安装也可右向安装。对于右向安装的试样而言，图形与垂直线成镜面对称即可。

图 3-13　SBI 燃烧室设计

集气罩：位于固定框架顶部，用以收集燃烧产生的气体。

收集器：位于集气罩的顶部，带有节气板和连接排烟管道的水平出口。

J 形排烟管道：内径为（315±5）mm 的隔热圆管，用 50 mm 厚的耐高温矿物棉保温，并配有与收集器相连的接头、与排烟管道相连的接头、管道、8 支热电偶、2 个 90° 的弯头、导流器、压力探头、气体取样探头和白光消光系统等部件（沿气流方向）。

两个相同的砂盒燃烧器，其中一个位于小推车的底板上（为主燃烧器），另一个固定在框架柱上（为辅助燃烧器），满足现行国家标准（GB/T 20284）的要求。

矩形屏蔽板、质量流量控制器、供气开关、背板、活动板、排烟系统、综合测量装置（3 支热电偶、双向探头、气体取样探头、二氧化碳分析仪和光衰减系统）、其他通用装置（热电偶、测量环境压力的装置、测量室内空气相对湿度的装置）满足现行国家标准（GB/T 20284）的要求。

数据采集系统（用以自动记录数据）：对于 O_2 和 CO_2，精度至少为 100×10^{-6}（0.01%）；对于温度测量，精度为 0.5℃；对于所有其他仪器，为仪器满量程输出值的 0.1%；对于时间，为 0.1 s。数据采集系统应每 3 s 记录、储存以下有关数值：

① 时间，s；

② 通过燃烧器的丙烷气体的质量流量，mg/s；

③ 双向探头的压差，Pa；

④ 相对光密度；

⑤ O_2 浓度，（$V_{氧气}/V_{空气}$）%；

⑥ CO_2 浓度，（$V_{二氧化碳}/V_{空气}$）%；

⑦ 小推车底部空气导入口处的环境温度，K；

⑧ 综合测量区的三点温度值，K。

3.1.5.3　样品制备

1）可燃性

（1）使用试样模板在代表制品的试验样品上切割试样。

（2）试样尺寸为长 $250_{-1}^{\ 0}$ mm，宽 $90_{-1}^{\ 0}$ mm。名义厚度不超过 60 mm 的试样应按其实际厚度进行试验。名义厚度大于 60 mm 的试样，应从其背火面将厚度削减至 60 mm，按 60 mm 厚度进行试验。若需要采用这种方式削减试样尺寸，该切削面不应作为受火面。对于通常生产尺寸小于试样尺寸的制品，应制作适当尺寸的样品专门用于试验。

（3）对于非平整制品，试样可按其最终应用条件进行试验（如隔热导管）。应提供完整制品或长 250 mm 的试样。

（4）基本平整制品应具有以下某一特征：

① 平整受火面。

② 如果制品表面不规则，但整个受火面均匀体现这种不规则特性，只要满足以下规定要求，就可视为平整受火面：

a. 在 250 mm×250 mm 的代表区域表面上，至少应有 50%的表面与受火面最高点所处平面的垂直距离不超过 6 mm；

b. 对于有缝隙、裂纹或孔洞的表面，缝隙、裂纹或孔洞的宽度不应超过 6.5 mm，且深度不应超过 10 mm，其表面积也不应超过受火面（250 mm×250 mm）代表区域的 30%。

（5）对于每种点火方式，至少应测试 6 块具有代表性的制品试样，并应分别在样品的纵向和横向上切制 3 块试样。若试验用的制品厚度不对称，在实际应用中两个表面均可能受火，则应对试样的两个表面分别进行试验。若制品的几个表面区域明显不同，但每个表面区域均符合基本平整制品规定的表面特性，则应再附加一组试验来评估该制品。如果制品在安装过程中四周封边，但仍可以在未加边缘保护的情况下使用，应对封边的试样和未封边的试样分别试验。

（6）若制品在最终应用条件下是安装在基材上，则试样应能代表最终应用状况。且应根据欧洲建筑行业标准《建筑制品对火反应试验状态条件程序及基本材料选择的一般规定》（EN 13238）选取基材。

注：对于应用在基材上且采用底部边缘点火方式的材料，在试样制备过程中应注意：由于在实际应用中基材可能伸出材料底部，基材边缘本身不受火，因此试样的制作应能反映实际应用状况，如基材类型，基材的固定件等。

（7）试样和滤纸应根据欧洲建筑行业标准 EN 13238 进行状态调节。

（8）当观察到制品未着火就因受热出现熔化收缩现象时，试验应改用尺寸为长 $250_{-1}^{\ 0}$ mm、宽180_{-1}^{0} mm 的试样，并在距试样底部边线 150 mm 的试样受火面上画一条水平线。

2）单体燃烧

（1）试样尺寸。

角型试样有两个翼，分别为长翼和短翼。试样的最大厚度为 200 mm。

板式制品的尺寸如下：

① 短翼：（495±5）mm×（1 500±5）mm；

② 长翼：（1 000±5）mm×（1 500±5）mm。

注：若使用其他制品制作成试样，则给出的尺寸指的是试样的总尺寸。

除非在制品说明里有规定，否则若试样厚度超过 200 mm，则应将试样的非受火面切除掉以使试样厚度为200_{-10}^{0} mm。

应在长翼的受火面距试样夹角最远端的边缘且距试样底边高度分别为（500±3）mm 和（1 000±3）mm 处画两条水平线，以观察火焰在这两个高度边缘的横向传播情况。所画横线的宽度值≤3 mm。

（2）试样的安装。

实际应用安装方法：对样品进行试验时，若采用制品要求的实际应用方法进行安装，则试验结果仅对该应用方式有效。

标准安装方法：采用标准安装方法对制品进行试验时，试验结果除对以该方式进行实际应用的情况有效外，对更广范围内的多种实际应用方式也有效。采用的标准安装方法及其有效性范围应符合相关的制品规范及现行国家标准（GB/T 20284）的规定。

（3）试样翼在小推车中的安装。

试样翼在小推车中应按现行国家标准（GB/T 20284）的要求安装。

（4）试样数量。

用 3 组试样（3 组长翼加短翼）进行试验。

（5）状态调节。

状态调节应根据 EN 13238 以及下述的要求进行。

组成试样的部件既可分开也可固定在一起进行状态调节。但是，对于胶合在基材上进行试验的试样，应在状态调节前将试样胶合在基材上。

注：对于固定在一起的试样，状态调节需要更长的时间才能达到质量恒定。

3.1.5.4 试验步骤

1）可燃性

（1）确认燃烧箱烟道内的空气流速符合（0.7±0.1）m/s 的要求。

（2）将 6 个试样从状态调节室中取出，并在 30 min 内完成试验。若有必要，也可将试样从状态调节室中取出，放置于密闭箱体中的试验装置内。

（3）将试样置于试样夹中，这样试样的两个边缘和上端边缘被试样夹封闭，受火端距离试样夹底端 30 mm。

注：操作员可在试样框架上做标记以确保试样底部边缘处于正确位置。

（4）将燃烧器角度调整至 45°，使用用于边缘点火的点火定位器或用于表面点火的点火定位器，来确认燃烧器与试样的距离。

（5）在试样下方的铝箔收集盘内放两张滤纸，这一操作应在试验前的 3 min 内完成。

（6）点燃位于垂直方向的燃烧器，待火焰稳定，调节燃烧器微调阀，并采用火焰高度测量工具规定的测量器具测量火焰高度，火焰高度应为（20±1）mm。应在远离燃烧器的预设位置上进行该操作，以避免试样意外着火。在每次对试样点火前应测量火焰高度。

注：光线较暗的环境有助于测量火焰高度。

（7）沿燃烧器的垂直轴线将燃烧器倾斜 45°，水平向前推进，直至火焰抵达预设的试样接触点。当火焰接触到试样时开始计时，点火时间为 15 s 或 30 s，然后平稳地撤回燃烧器。

（8）点火方式：试样可能需要采用表面点火方式或边缘点火方式，或这两种点火方式都要采用。

注：建议的点火方式可能在相关的产品标准中给出。

表面点火：对所有的基本平整制品，火焰应施加在试样的中心线位置，底部边缘上方 40 mm 处。应分别对实际应用中可能受火的每种不同表面进行试验。

边缘点火：对于总厚度不超过 3 mm 的单层或多层基本平整制品，火焰应施加在试样底面中心位置处。对于总厚度大于 3 mm 的单层或多层基本平整制品，火焰应施加在试样底边中心且距受火表面 1.5 mm 的底面位置处。对于所有厚度大于 10 mm 的多层制品，应增加试验，将试样沿其垂直轴线旋转 90°，火焰施加在每层材料底部中线所在的边缘处。

（9）对于非基本平整制品和按实际应用条件进行测试的制品，应按照表面点火和边缘点火规定进行点火，并应在试验报告中详尽阐述使用的点火方式。

注：试验装置和（或）试验程序可能需要修改，但对于多数非平面制品，通常只需要改变试样框架。然而在某些情况下，燃烧器的安装方式可能不适用，这时需要手动操作燃烧器。

在最终应用条件下，制品可能自支撑或采用框架固定，这种固定框架可能和实验室用的夹持框架一样，也可能需要更结实的特制框架等。

（10）如果在对第一块试样施加火焰期间，试样并未着火就熔化或收缩，则按照熔化收缩制品的规定进行试验。

（11）试验时间：如果点火时间为 15 s，总试验时间是 20 s，从开始点火计算。如果点火时间为 30 s，总试验时间是 60 s，从开始点火计算。

（12）熔化收缩制品的试验程序：

① 用试样夹将试样夹紧，受火的试样底边与试样夹底边处于同一水平线上。

② 将燃烧器沿其垂直轴线倾斜 45°，并水平推进燃烧器，直至火焰接触试样底部边缘的预先设置点位置，且距试样框架的内边缘 10 mm。

③ 在火焰接触试样的同一时刻启动计时装置。对试样点火 5 s，然后平稳地移开燃烧器。

④ 重新调整该试样位置，使新的火焰接触点位于上次点火形成的任意试样燃烧孔洞的边缘。在上次试样火焰熄灭后的 3～4 s 重新对试样点火，或在上次试样未着火后的 3～4 s 重新对试样点火。

⑤ 重复该操作，直至火焰接触点抵达试样的顶部边缘。

注：在该程序中，由于试样向燃烧器火焰作相对移动，所以试样的熔化滴落物会聚积在滤纸上的同一位置点。

⑥ 若制品为未着火就熔化收缩的层状材料，所有层状材料都需进行试验。

⑦ 继续试验，直至火焰接触点抵达试样的顶部边缘结束试验，或从点火开始计时的 20 s 内火焰传播至 150 mm 刻度线时结束试验。

2）单体燃烧

（1）将试样安装在小推车上，主燃烧器已位于集气罩下的框架内，按下述步骤依次进行试验，直至试验结束。整个试验步骤应在试样从状态调节室中取出后的 2 h 内完成。

（2）将排烟管道的体积流速 V_{298}（t）设为（0.60±0.05）m^3/s（根据 GB/T 20284 附录 A 中 A.5.1.1a 计算得出）。在整个试验期间，该体积流速应控制在 0.50～0.65 m^3/s。

注：在试验过程中，因热输出的变化，需对一些排烟系统（尤其是设有局部通风机的排烟系统）进行人工或自动重调；以满足规定的要求。

（3）记录排烟管道中热电偶 T_1、T_2 和 T_3 的温度以及环境温度且记录时间至少应达 300 s。环境温度应在（20±10）℃内，管道中的温度与环境温度相差不应超过 4℃。

（4）点燃两个燃烧器的引燃火焰（如使用了引燃火焰）。试验过程中引燃火焰的燃气供应速度变化不应超过 5 mg/s。

（5）记录试验前的情况。需记录的数据为环境大气压力（Pa）和环境相对湿度（%）。

（6）采用精密计时器开始计时并自动记录数据。开始的时间 t 为 0 s。需记录的数据见数据采集系统中记录和储存的有关数值。

（7）当 t 为（120±5）s 时，点燃辅助燃烧器并将丙烷气体的质量流量 $m_{气}(t)$调至（647±10）mg/s，此调整应在 t 为 150 s 前进行。整个试验期间丙烷气体的质量流量应在此范围内。

注：210 s$<t<$270 s 这一时间段是测量热释放速率的基准时段。

（8）当 t 为（300±5）s 时，丙烷气体从辅助燃烧器切换到主燃烧器。观察并记录主燃烧器被引燃的时间。

（9）观察试样的燃烧行为，观察时间为 1 260 s 并在记录单上记录数据。需记录的数据为火焰在长翼上的横向传播和燃烧颗粒物或滴落物的滴落现象。

注：试样暴露于主燃烧器火焰下的时间规定为 1 260 s。在 1 200 s 内对试样进行性能评估。

（10）当 $t\geqslant$1 560 s 时：

① 停止向燃烧器供应燃气；

② 停止数据的自动记录。

（11）当试样的残余燃烧完全熄灭至少 1 min 后，应在记录单上记录试验结束时的情况。应记录的数据为排烟管道中“综合测量区”的透光率（%）、排烟管道中“综合测量区”的 O_2 摩尔分数和排烟管道中“综合测量区”的 CO_2 摩尔分数。

注：应在无残余燃烧影响的情况下记录试验结束时的现象。若试样很难彻底熄灭，则需将小推车移出。

（12）整个试验步骤应记录以下现象：

① 表面的闪燃现象；

② 在试验过程中，试样生成的烟气没被吸进集气罩而从小推车中逸出并流进旁边的燃烧室；

③ 部分试样发生脱落；

④ 夹角缝隙的扩展（背板间相互固定的失效）；

⑤ 试验提前结束的一种或多种情况；

⑥ 试样的变形或垮塌；

⑦ 对正确解释试验结果或对制品应用领域具有重要性的所有其他情况。

（13）试验的提前结束。

若发生以下任一种情况，则可在规定的受火时间结束前关闭主燃烧器。

① 一旦试样的热释放速率超过 350 kW，或 30 s 的平均值超过 280 kW。

② 一旦排烟管道温度超过 400℃，或 30 s 的平均值超过 300℃。

③ 滴落在燃烧器砂床上的滴落物明显干扰了燃烧器的火焰或火焰因燃烧器被堵塞而熄灭。若滴落物堵塞了一半的燃烧器，则可认为燃烧器受到实质性干扰。

记录停止向燃烧器供气时的时间以及停止供气的原因。

若试验提前结束，则分级试验结果无效。

注 1：温度和热释放速率的测量值包含一定的噪声。因此，建议不要仅根据仪表上的一个测量值或连续两个测量值超过最大规定值便停止试验。

注 2：使用符合标准要求的格栅可防止因 c）中的原因而导致试验提前结束。

3.1.5.5　试验结果

1）可燃性

（1）记录点火位置。

（2）对于每块试样，记录以下现象：

① 试样是否被引燃；

② 火焰尖端是否到达距点火点 150 mm 处，并记录该现象发生的时间；

③ 是否发生滤纸被引燃；

④ 观察试样的物理行为。

（3）对每个试样，熔化收缩制品的试验结果记录以下信息：

① 滤纸是否着火；

② 火焰尖端是否到达距最初点火点 150 mm 处，并记录该现象发生的时间。

2）单体燃烧

（1）每次试验中，样品的燃烧性能应采用平均热释放速率 $HRR_{av}(t)$、总热释放量 $THR(t)$ 和 $1\ 000\times HRR_{av}(t)/(t-300)$的曲线图表示，试验时间为 $0\leqslant t\leqslant 1\ 500$ s；还可采用根据现行国家标准（GB/T 20284）附录 A 的 A.5 计算得出的燃烧增长速率指数 $FIGRA_{0.2MJ}$ 和 $FIGRA_{0.4MJ}$ 以及在 600 s 内的总热释放量 THR_{600s} 的值以及根据（在试验开始后的 1 500 s 内，在 500～1 000 mm 的任何高度，持续火焰到达试样长翼远边缘处时，火焰的横向传播应予以记录。火焰在试样表面边缘处至少持续 5 s 为该现象的判据）判定是否发生了火焰横向传播至试样边缘处的这一现象来表示。

注：当试样安装于小推车中时，是看不见试样的底边缘的。安装好试样后，试样在小推车的 U 形卡槽顶部位置的高度约为 20 mm。

（2）每次试验中，样品的产烟性能应采用$SPR_{av}(t)$，生成的总产烟量$TSP(t)$和$1\,000\times SPR_{av}(t)/(t-300)$的曲线图表示，试验时间为$0\leqslant t\leqslant 1\,500$ s；还可根据现行国家标准（GB/T 20284）附录 A 的 A.6 计算得出的烟气生成速率指数 SMOGRA 的值和 600 s 内生成的总产烟量$TSP_{600\,s}$的值来表示。

（3）每次试验中，关于制品的燃烧滴落物和颗粒物生成的燃烧行为，应分别按照下述情况进行判定：

① 在给定的时间间隔和区域里，滴落后仍在燃烧但燃烧时间不超过 10 s 的燃烧滴落物/颗粒物的滴落情况；

② 在给定的时间间隔和区域里，滴落后仍在燃烧但燃烧时间超过 10 s 的燃烧滴落物/颗粒物的滴落情况；

③ 以是否有燃烧滴落物和颗粒物这两种产物生成或只有其中一种产物生成来表示。

3.2 岩棉制品

岩棉制品是以优质玄武岩、白云石等为主要原材料，经 1 450℃以上高温熔化后高速离心成纤维，同时喷入一定量粘结剂、防尘油、憎水剂后经集棉机收集、通过摆锤法工艺，加上三维法铺棉后进行固化、切割，形成不同规格和用途的岩棉制品。岩棉制品的种类丰富，形态多样，可分为条、带、绳、毡、毯、席、垫、管、板状等，应用于建筑外墙保温、屋面及幕墙保温、隔离带、管道保温等。

本节主要以岩棉板为例。岩棉板又称岩棉保温装饰板，具有保温隔热、防火、吸音降噪、安全环保的特点。岩棉板技术指标包括密度、压缩强度、垂直于表面的抗拉强度、体积吸水率、导热系数、燃烧性能等。

3.2.1 密度

3.2.1.1 试验依据及环境要求

1）试验依据

现行国家标准《建筑用岩棉绝热制品》（GB/T 19686）。

现行国家标准《矿物棉及其制品试验方法》（GB/T 5480）。

2）环境要求

实验可在实验室内的自然环境下进行。推荐采用环境条件为室温 16～28℃，相对湿度 30%～80%。

3.2.1.2　主要仪器设备

天平：量程满足试样称量要求，分度值不大于被称质量的 0.5%。

针形厚度计：分度值为 1 mm，压板压强（50±1.5）Pa，压板尺寸为 200 mm×200 mm，如图 3-14 所示。

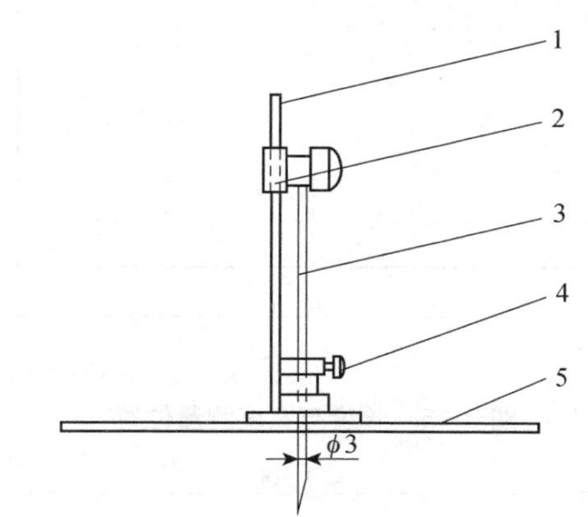

1—标尺；2—滑标；3—测针；4—止动螺丝；5—压板。

图 3-14　针形厚度计

金属尺：分度值不大于 1 mm。

3.2.1.3　样品制备

试样应制成体积可精确测量的规整几何体，试样的形状应便于体积计算。在仪器允许及保持原始形状不变的条件下，尺寸尽可能大。

3.2.1.4　试验步骤

（1）样品抵达实验室后可立即开始试验，样品无须在试验前进行状态调节。

（2）板状制品尺寸的测量。

长度和宽度：把试样小心地平放在平面上，用精度为 1 mm 的量具测量长度 L，测量位置在距试样两边约 100 mm 处，测量时要求与对应的边平行及与相邻的边垂直。每块试样测 2 次，以 2 次测量结果的算术平均值作为该试样的长度，结果精确到 1 mm。对表面有贴面的制品，应按制品基材的长度进行测量。试样宽度 b 测量 3 次，测量位置在距试样两边约 100 mm 及中间处，测量时要求与对应的边平行及与相邻的边垂直。以 3 次测量结果的算术平均值作为该试样的宽度，结果精确到 1 mm。长度、宽度测量位置如图 3-15 虚线所示。

厚度：厚度 h 测量在经过长度和宽度测量的试样上进行。将针形厚度计的压板轻轻平放在试样上，小心地将针插入试样。当测针与玻璃板接触 1 min 后读数。在操作过程中应避免加外力于针形厚度计的压板上。对于厚度测量需包括贴面层的试样，应将贴面向下放置。但若是金属网贴面，则应将金属网除去后再测量。如果试样的长度不大于 600 mm，厚度测量应在两个位置进行；如果试样的长度大于 600 mm 且不大于 1 500 mm，厚度测量应在 4 个位置进行；如果试样的长度大于 1 500 mm，每超过 500 mm，厚度测量应增加 1 个位置。厚度测量点的位置如图 3-16 所示，以各测量值的算术平均值作为该试样的厚度，结果精确到 1 mm。

（3）称出试样的质量。对于有贴面的制品，应分别称出试样的总质量以及扣除贴面后的质量。

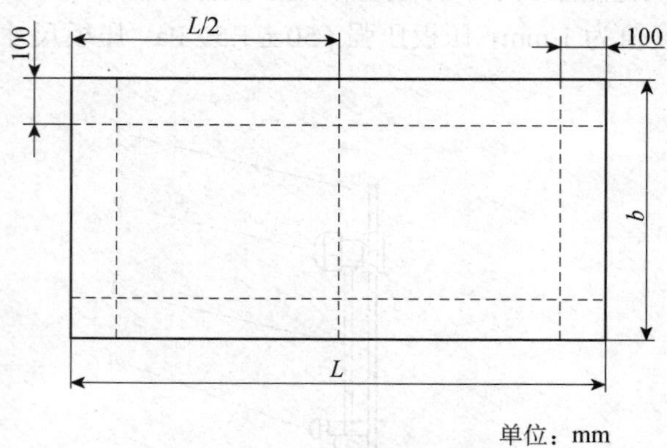

图 3-15　长度与宽度测量位置

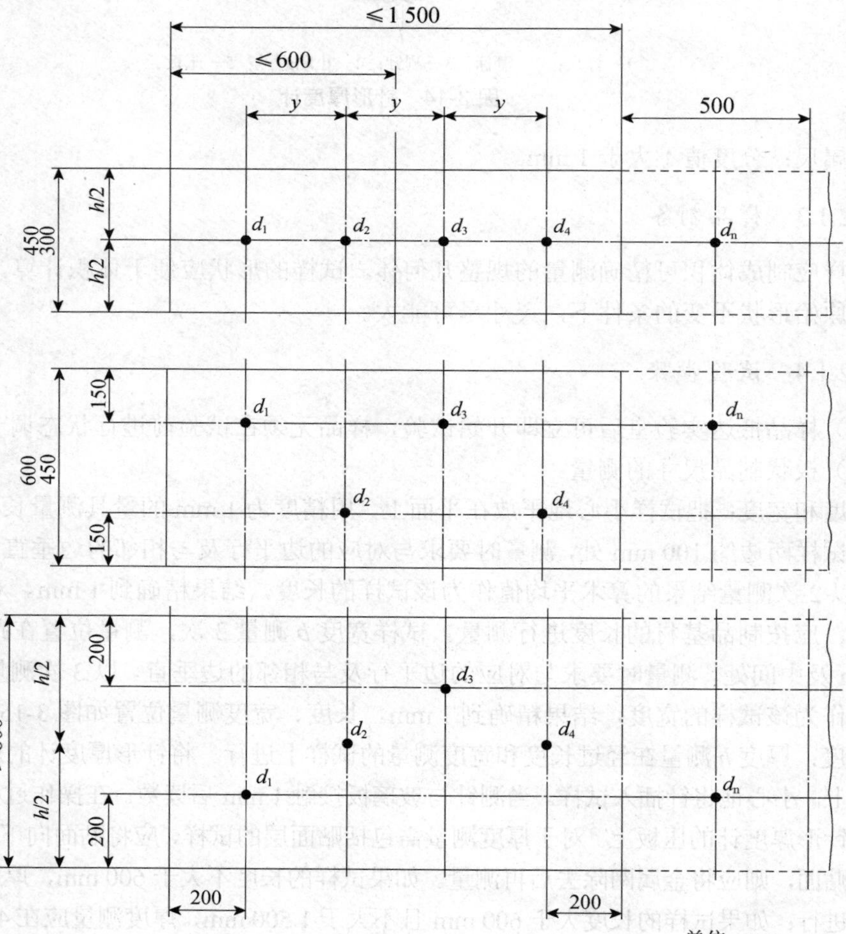

图 3-16　制品测量点位置

3.2.1.5　试验结果

岩棉板的密度按式（3-13）计算，其中厚度按实测厚度计算。

$$\rho_1 = \frac{m_1 \times 10^9}{L \times b \times h} \tag{3-13}$$

式中：ρ_1——试样的体积密度，kg/m³；

m_1——试样的质量，kg；

L——试样的长度，mm；

b——试样的宽度，mm；

h——试样的厚度，mm。

3.2.2　压缩强度

3.2.2.1　试验依据及环境要求

1）试验依据

现行国家标准《建筑用岩棉绝热制品》（GB/T 19686）。

现行国家标准《建筑用绝热制品　压缩性能的测定》（GB/T 13480）。

2）环境要求

试验应在温度为（23±5）℃的环境下进行，有争议时，试验应在温度（23±2）℃和相对湿度（50±5）%的环境下进行。

3.2.2.2　主要仪器设备

压缩试验机：合适的载荷和位移量程，带有两个刚性的、光滑的方形或圆形的平行压板，至少有一个面的长度（或直径）与测试试样的长度（或对角线）相等。一块压板应固定，另一块压板能以 0.1d /min（±25%以内，d 为试样厚度）的恒定速度移动。若必要，其中一块压板应通过中心的球形支座与试验机连接，确保只有轴向的力施加到试样上。

位移测量装置：安装在压缩试验机上，能够连续地测量可移动压板的位移，测量精度为±5%或±0.1 mm（取较小者）。

载荷测量装置：一个安装在仪器压板上的载荷传感器，用来测量试样对压板的作用力。传感器应满足在测量操作过程中所产生的自身变形与被测试样的变形相比可忽略不计或其所产生的变形可计算。此外，还应满足连续测量载荷的精度在±1%范围内。

记录装置：能够同时记录载荷 F 和位移 X，给出 F-X 曲线。

注：曲线能给出产品性能的其他信息并能用于测定压缩弹性模量。

3.2.2.3　样品制备

（1）试样应在（23±5）℃的环境中放置至少 6 h。有争议时，在温度（23±2）℃和相对湿度（50±5）%的环境中放置产品标准规定的时间。

（2）试样在切割时应确保试样的底面就是制品在使用过程中受压的面。采用的试样切割方法应不改变产品原始的结构。选取试样的方法应符合相关产品标准的规定。若没有产品标准时，试样选取方法由各相关方商定。

如需更完整地了解各向异性材料的特性或各向异性材料的主方向未确定时，应制备多组试样。

（3）试样尺寸为（200±1）mm×（200±1）mm，当岩棉条的宽度小于 200 mm 时，试样尺寸为以岩棉条宽度为边长的正方形，厚度均为样品原厚度，试样数量 5 块。

3.2.2.4 试验步骤

（1）依据 ISO 29768 测量试样尺寸。

（2）将试样放在压缩试验机的两块压板正中央。预加载（250±10）Pa 的压力。

（3）当试样在 250 Pa 的预压力下出现明显变形，可施加 50 Pa 的预压力。在该种情况下，厚度 d_0 应在相同压力下测定。

（4）以 $0.1d$/min（±25%以内）的恒定速度压缩试样，d 为试样厚度，单位为 mm。

（5）连续压缩试样直至试样屈服得到压缩强度值，或压缩至 10%变形时得到 10%变形时的压缩应力。

（6）绘制载荷-位移曲线。

3.2.2.5 试验结果

以所有测量值的平均值作为试验结果，保留三位有效数字。结果不能外推到其他厚度。根据变形情况计算 σ_m。按式（3-14）计算压缩强度 σ_m，单位为 kPa。

$$\sigma_m = 10^3 \times \frac{F_m}{A_0} \tag{3-14}$$

式中：F_m——最大载荷，N；

A_0——试样初始截面积，mm²。

3.2.3 垂直于表面的抗拉强度

3.2.3.1 试验依据及环境要求

1）试验依据

现行国家标准《建筑用岩棉绝热制品》（GB/T 19686）。

现行国家标准《建筑用绝热制品 垂直于表面抗拉强度的测定》（GB/T 30804）。

2）环境要求

试验应在温度为（23±5）℃的环境下进行，有争议时，试验应在温度为（23±2）℃和相对湿度为（50±5）%的环境下进行。

3.2.3.2 主要仪器设备

拉力试验机：合适的载荷和位移量程，能以（10±1）mm/min 的恒定速度加载且载荷测量精度在±1%范围内。

刚性板或刚性块：能自动调节对中避免在试验过程中拉伸应力分布不均。

3.2.3.3　样品制备

（1）试样从制品上裁取，确保试样的底面就是制品在使用过程中施加拉伸载荷的面。

（2）试样的制备方法不应破坏制品原有的结构。任何表皮、面层和（或）涂层都应保留。试样应具有代表性，为了避免因任何搬运引起的破坏，最好不要在靠近制品边缘 15 mm 内裁取试样。制品表面不平整或表面不平行或包含表皮、面层和（或）涂层时，试样制备应符合相关产品标准的规定。

（3）试样两表面的平行度和平整度应不大于试样长度的 0.5%，最大允许偏差 0.5 mm。试样尺寸为（200±1）mm×（200±1）mm，当岩棉条的宽度小于 200 mm 时，试样尺寸为以岩棉条宽度为边长的正方形，厚度均为样品原厚度，试样数量 5 块。

（4）在状态调节前，先将试样用合适的粘结剂粘结到两刚性板或刚性块上。粘结剂用于将试样粘结在刚性板或刚性块之间，并满足以下要求：

① 粘结剂对制品表面应不会产生增强或破坏作用；

② 应避免使用对制品产生破坏的高温粘结剂；

③ 使用的任何溶剂应能与制品相容。

（5）试样（包括两刚性板或刚性块）应在温度（23±5）℃的环境中放置至少 6 h。有争议时，试样应在温度（23±2）℃和相对湿度（50±5）%的环境中放置产品标准规定的时间。若证明能获得相同的试验结果可采用其他环境进行状态调节。

3.2.3.4　试验步骤

（1）依据 ISO 29768 测量试样截面积。

（2）试样截面积的测量最好在将试样粘结到两刚性板或刚性块之前进行。

（3）将试样安装到试验机夹具上，以恒定的速度（10±1）mm/min 施加拉伸载荷直至试样破坏。记录最大载荷，用 kN 表示。记录破坏方式，材料破坏或表皮、面层和（或）涂层破坏。

（4）当试样和刚性板或刚性块之间的粘结剂层发生整体或部分破坏时，舍弃该试样。

3.2.3.5　试验结果

按式（3-15）计算垂直于表面的抗拉强度 σ_{mt}，用 kPa 表示。

$$\sigma_{mt}=\frac{F_m}{A}=\frac{F_m}{l\times b} \tag{3-15}$$

式中：F_m——最大拉伸载荷，kN；

A——试样截面积，m^2；

l、b——试样长度和宽度，m。

以所有测量值的平均值作为试验结果，保留两位有效数字。

注：采用不同尺寸的试样获得的试验结果可能是不同的。

3.2.4 体积吸水率

3.2.4.1 试验依据及环境要求

1）试验依据

现行国家标准《建筑用岩棉绝热制品》（GB/T 19686）。

现行国家标准《矿物棉及其制品试验方法》（GB/T 5480）。

2）环境要求

试验环境：环境温度（23±5）℃，相对湿度（50±10）%。

3.2.4.2 主要仪器设备

天平：分度值不大于 0.1 g。

钢直尺：测量范围为 0～300 mm，分度值为 1 mm。

针形厚度计：分度值为 1 mm，压板压强为（50±1.5）Pa，压板尺寸为 200 mm×200 mm。

电热鼓风干燥箱：控温精度±5℃。

水箱：具有足够的容积，可将试样全部浸入水中，其顶面与水面的距离不小于 25 mm，试样间及试样与水箱壁不应接触。水箱具有可控制流量的慢速进、出水口，可使水面控制在特定的位置，水位波动范围不大于±0.5 mm。并配有合适的试样支撑物、刚性不锈筛网和压块。

3.2.4.3 样品制备

（1）板状制品试样为正方形，尺寸为 200 mm×200 mm，对于无法裁取 200 mm×200 mm 试样的产品，可裁取以样品短边长度为边长的正方形试样，试样厚度为样品的原厚度。当岩棉条的宽度小于 200 mm 时，试样尺寸为以岩棉条宽度为边长的正方形，厚度为样品原厚度。管状制品取高度为 50 mm 的圆环形试样。试样应在样品中部切取，其边缘距样品边缘至少 100 mm，表面应清洁平整，无裂纹。

（2）应按产品标准中的要求制备足够数量的试样，若产品标准中没有试样数量的要求，则至少制备 4 块试样。

3.2.4.4 试验步骤

（1）测量试样的尺寸。对正方形试样，长度和宽度采用钢直尺测量。在试样的正反面，各测两次，读数精确到 1 mm。硬质制品采用钢直尺测量厚度，测量点位于样品 4 个侧面的中部，读数精确到 0.5 mm。软质制品厚度的测量采用针形厚度计，每块试样测 4 点，位置均布，读数精确到 0.5 mm。对圆环形试样，内径、外径在试样的端面测量，每个端面测量两次，厚度沿圆周方向测量 4 点，4 点均分布在圆周上。内径、外径和厚度用钢直尺测量，内径和外径的读数精确到 1 mm，厚度精确到 0.5 mm。计算试样体积时取所量尺寸的平均值。

（2）将试样放入电热鼓风干燥箱内，在（105±5）℃的温度下干燥至恒重。当试样含有在此温度下易挥发或易变化组分时，可在（60±5）℃或低于挥发温度 5～10℃的条件下干燥至恒重。称取试样的质量 m_1。

（3）慢慢地将试样压入水中，使试样上表面或上端面距水面 25 mm。加上压块使之固定。试样间及试样与水箱壁面无接触。保持上述状态 2 h。慢慢地取出试样，将试样放在沥干架上，让其沥干 10 min，立即称取试样的质量 m_2。

（4）每个试样按上述步骤进行测试。

3.2.4.5　试验结果

体积吸水率按式（3-16）计算。

$$\omega = \frac{V_1}{V} \times 100 = \frac{m_2 - m_1}{V \times \rho} \times 100 \tag{3-16}$$

式中：ω——体积吸水率，%；

V_1——吸入试样中的水的体积，cm^3；

V——试样的体积，cm^3；

m_1——干燥试样的质量，g；

m_2——吸水后试样的质量，g；

ρ——水的体积密度，g/cm^3。

3.2.5　导热系数

3.2.5.1　试验依据及环境要求

1）试验依据

现行国家标准《建筑用岩棉绝热制品》（GB/T 19686）。

现行国家标准《绝热材料稳态热阻及有关特性的测定　防护热板法》（GB/T 10294）。

现行国家标准《绝热材料稳态热阻及有关特性的测定　热流计法》（GB/T 10295）。

2）环境要求

试验环境：环境温度（23±1）℃，相对湿度（50±10）%。

3.2.5.2　主要仪器设备

按照 3.1.4.2 节中主要仪器设备的要求。

3.2.5.3　样品制备

按照 3.1.4.3 节中样品制备的要求。

3.2.5.4　试验步骤

按现行国家标准（GB/T 10294）或（GB/T 10295）的规定，现行国家标准（GB/T 10294）为仲裁试验方法。具体按照 3.1.4.4 节中试验步骤的要求。

3.2.5.5　试验结果

按照 3.1.4.5 节中试验结果的要求。

3.2.6 燃烧性能

3.2.6.1 试验依据及环境要求

1）试验依据

现行国家标准《建筑材料不燃性试验方法》（GB/T 5464）。

现行国家标准《建筑材料及制品的燃烧性能　燃烧热值的测定》（GB/T 14402）。

2）环境要求

（1）不燃性。

试样状态调节：温度（23±2）℃，相对湿度（50±5）%。

通风干燥箱内调节：温度（60±5）℃，20～24 h。

（2）燃烧热值。

试样、苯甲酸和“香烟纸”状态调节：温度（23±2）℃，相对湿度（50±5）%。

3.2.6.2 主要仪器设备

1）不燃性

加热炉、支架和气流罩：加热炉管应由表 3-1 规定的密度为（2 800±300）kg/m^3 的铝矾土耐火材料制成，高（150±1）mm，内径（75±1）mm，壁厚（10±1）mm。

表 3-1　加热炉管铝矾土耐火材料的组分材料

材料	含量/%（质量百分数）
三氧化二铝（Al_2O_3）	＞89
二氧化硅（SiO_2）和三氧化二铝	＞98
三氧化二铁（Fe_2O_3）	＜0.45
二氧化钛（TiO_2）	＜0.25
四氧化三锰（Mn_3O_4）	＜0.1
其他微量氧化物（Na、K、Ca、Mg 氧化物）	其他

加热炉管安置在一个由隔热材料制成的高 150 mm、壁厚 10 mm 的圆柱管的中心部位，并配以带有内凹缘的顶板和底板，以便将加热炉管定位。加热炉管与圆柱管之间的环状空间内应填充适当的保温材料，典型的保温填充材料参见现行国家标准（GB/T 5464）附录 B。

加热炉底面连接一个两端开口的倒锥形空气稳流器，其长为 500 mm，并从内径为（75±1）mm 的顶部均匀缩减至内径为（10±0.5）mm 的底部。空气稳流器采用 1 mm 厚的钢板制作，其内表面应光滑，与加热炉之间的接口处应紧密、不漏气、内表面光滑。空气稳流器的上半部采用适当的材料进行外部隔热保温，典型的外部隔热保温材料参见现行国家标准（GB/T 5464）附录 B。

气流罩采用与空气稳流器相同的材料制成，安装在加热炉顶部。气流罩高 50 mm、内径（75±1）mm，与加热炉的接口处的内表面应光滑。气流罩外部应采用适当的材料进行外部隔热保温。

加热炉、空气稳流器和气流罩三者的组合体应安装在稳固的水平支架上。该支架有底座和气流屏，气流屏用以减少稳流器底部的气流抽力。气流屏高 550 mm，稳流器底部高于支架底面 250 mm。

试样架和插入装置：试样架（图 3-17）采用镍/铬或耐热钢丝制成，试样架底部装有一层耐热金属丝网盘，试样架质量为（15±2）g。

试样架应悬挂在一根外径 6 mm、内径 4 mm 的不锈钢管制成的支承件底端。

试样架应配以适当的插入装置，能平稳地沿加热炉轴线下降，以保证试样在试验期间准确地位于加热炉的几何中心。插入装置为一根金属滑动杆，滑动杆能在加热炉侧面的垂直导槽内自由滑动。

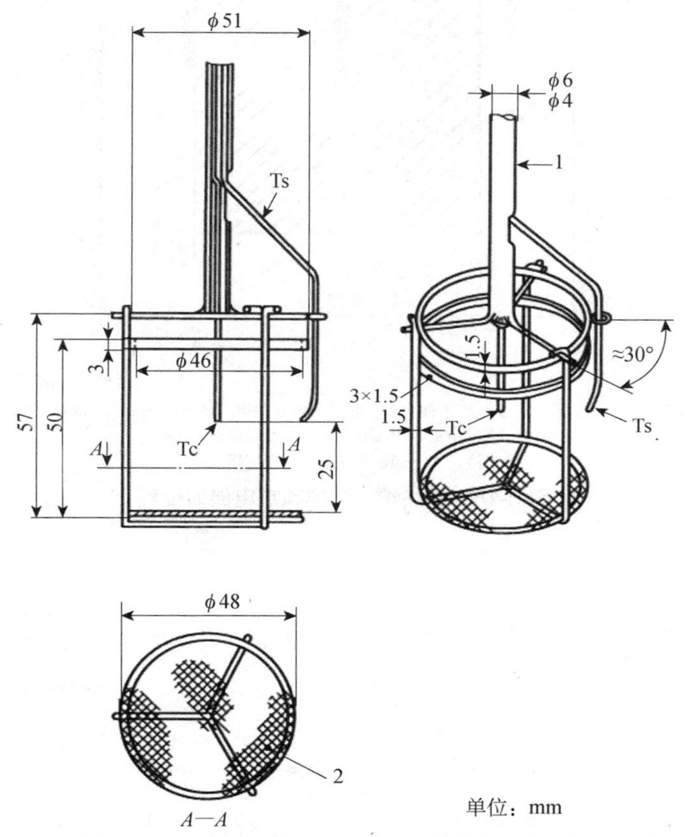

1—支承件钢管；2—网盘（网孔 0.9 mm、丝径 0.4 mm）；Tc—试样中心热电偶；Ts—试样表面热电偶。

注：对于 Tc 和 Ts 可任选使用。

图 3-17　试样架

对于松散填充材料，试样架应为圆柱体，外径与标准规定的试样外径相同，选用类似镍/铬或耐热钢丝规定的制作试样架底部的金属丝网的耐热钢丝网制作。试样架顶部应开口，且质量不应超过 30 g。

热电偶：采用丝径为 0.3 mm、外径为 1.5 mm 的 K 型热电偶或 N 型热电偶，其热接点应绝缘且不能接地。热电偶应符合现行国家标准（GB/T 16839.2）规定的一级精度要求。铠装保护材料应为不锈钢或镍合金。新热电偶在使用前应进行人工老化，以减少其反射性。

如图 3-18 所示，炉内热电偶的热接点应距加热炉管壁（10±0.5）mm，并处于加热炉管高度的中点。热电偶位置可采用如图 3-19 所示的定位杆标定，借助一根固定于气流罩上的导杆以保持其准确定位。

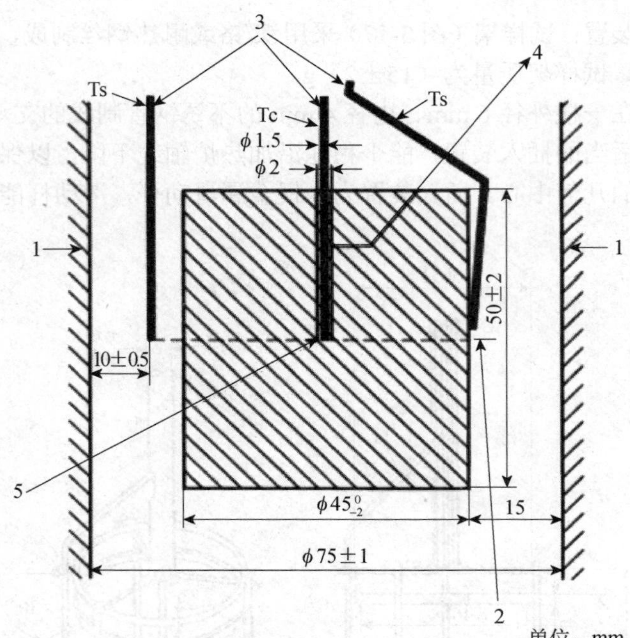

1—炉壁；2—中部温度；3—热电偶；4—直径 2 mm 的孔；5—热电偶与材料间的接触；
Tc—试样中心热电偶；Ts—试样表面热电偶。
注：对于 Tc 和 Ts 可任选使用。

图 3-18　加热炉、试样和热电偶的位置

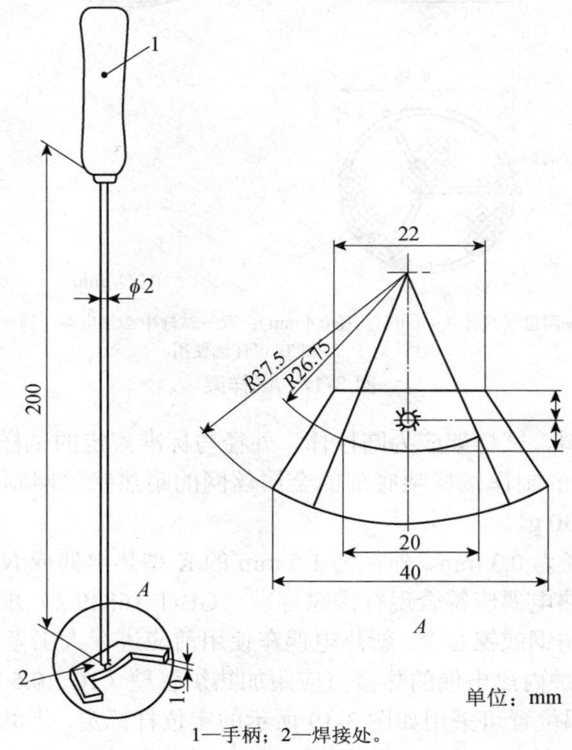

1—手柄；2—焊接处。

图 3-19　定位杆

附加热电偶及其定位的详细信息参见现行国家标准（GB/T 5464）附录 C。

接触式热电偶：其应由上述规定型号的热电偶构成，并焊接在一个直径（10±0.2）mm 和高度（15±0.2）mm 的铜柱体上。

观察镜：为便于观察持续火焰和保护操作人员的安全，可在试验装置上方不影响试验的位置设置一面观察镜。观察镜为正方形，其边长为 300 mm，与水平方向成 30° 夹角，宜安放在加热炉上方 1 m 处。

天平：称量精度为 0.01 g。

稳压器：额定功率不小于 1.5 kV·A 的单相自动稳压器，其电压在从 0 至满负荷的输出过程中精度应在额定值的±1%以内。

调压变压器：控制最大功率应达 1.5 kV·A，输出电压应能在 0 至输入电压的范围内进行线性调节。

电气仪表：应配备电流表、电压表或功率表，以便对加热炉工作温度进行快速设定。这些仪表应满足相关规定的电量的测定。

功率控制器：可用来代替上述规定的稳压器、调压变压器和电气仪表，它的形式是相角导通控制、能输出 1.5 kV·A 的可控硅器件。其最大电压不超过 100 V，而电流的限度能调节至“100%功率”，即等于电阻带的最大额定值。功率控制器的稳定性约 1%，设定点的重复性为±1%，在设定点范围内，输出功率应呈线性变化。

温度记录仪：其应能测量热电偶的输出信号，其精度约 1℃或相应的毫伏值，并能生成间隔时间不超过 1 s 的持续记录。

注：记录仪工作量程为 10 mV，在大约 700℃的测量范围内的测量误差小于±1℃。

计时器：记录试验持续时间，其精度为 1 s/h。

干燥皿：贮存经状态调节的试样。

2）燃烧热值

试验装置如图 3-20 所示，下列对试验仪器作出了规定。除非规定了公差，否则所有尺寸均为标称尺寸。

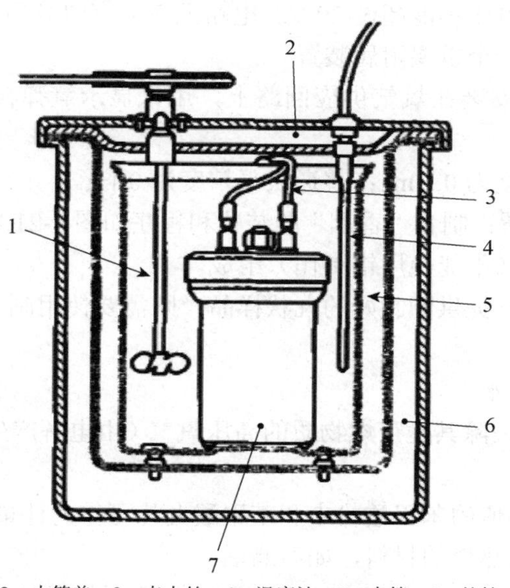

1—搅拌器；2—内筒盖；3—点火丝；4—温度计；5—内筒；6—外筒；7—氧弹。

图 3-20　试验装置

量热弹：应满足容量（300±50）mL、质量不超过 3.25 kg、弹桶厚度至少是弹桶内径的 1/10 的要求。

盖子用来放置坩埚和电子点火装置。盖子以及所有密封装置应能承受 21 MPa 的内压。弹桶内壁应能承受样品燃烧产物的侵蚀，即使对硫黄进行试验，弹桶内壁也应能够抵制燃烧产生的酸性物质所带来的点腐蚀和晶间腐蚀。

量热仪：

① 量热仪外筒应是双层容器，带有绝热盖，内外壁之间填充有绝热材料。外筒充满水。外筒内壁与量热仪四周至少有 10 mm 的空隙。应尽可能以接触面积最小的 3 点来支撑弹筒。

对于绝热量热系统，加热器和温度测量系统应组合起来安装在筒内，以保证外筒水温与量热仪内筒水温相同。

对于等温量热系统，外筒水温应保持不变，有必要对等温量热仪的温度进行修正。

② 量热仪内筒是磨光的金属容器，用来容纳氧弹。量热仪内筒的尺寸应能使氧弹完全没入水中。

③ 搅拌器应由恒定速度的马达带动。为避免量热仪内的热传递，在搅拌轴同外桶盖和外桶之间接触的部位，应使用绝热垫片隔开。可选用具有相同性能的磁力搅拌装置。

温度测量装置：温度测量装置分辨率为 0.005 K。

如果使用水银温度计，分度值至少精确到 0.01 K，保证读数在 0.005 K 内，并使用机械振动器用来轻叩温度计，保证水银柱不粘结。

坩埚：应由金属制成，如铂金、镍合金、不锈钢或硅石。坩埚的底部平整，直径 25 mm（切去了顶端的最大尺寸），高 14～19 mm。建议使用壁厚 1.0 mm 的金属坩埚，壁厚 1.5 mm 的硅石坩埚。

计时器：用以记录试验时间，精确到秒，精度为 1 s/h。

电源：点火电路的电压不能超过 20 V。电路上应装有电表用来显示点火丝是否断开。断路开关是供电回路的一个重要附属装置。

压力表和针阀：要安装在氧气供应回路上，用来显示氧弹在充氧时的压力，精确到 0.1 MPa。

天平：分析天平精度为 0.1 mg；普通天平精度为 0.1 g。

制备“香烟”的装置：制备“香烟”的装置和程序如图 3-21 所示。制备“香烟”的装置由一个模具和金属轴（不能使用铝制作）组成。

制丸装置：如果没有提供预制好的丸状样品，则需要使用制丸装置。

试剂：

① 蒸馏水或去离子水。

② 纯度≥99.5%的去除其他可燃物质的高压氧气（由电解产生的氧气可能含有少量的氢，不适用于该试验）。

③ 被认可且标明热值的苯甲酸粉末和苯甲酸丸片可作为计量标准物质。

④ 助燃物采用已知热值的材料，如石蜡油。

⑤ 已知热值的“香烟纸”应预先粘好，且最小尺寸为 55 mm×50 mm。可将市面上买来的 55 mm×100 mm 的“香烟纸”裁成相等的两片来用。

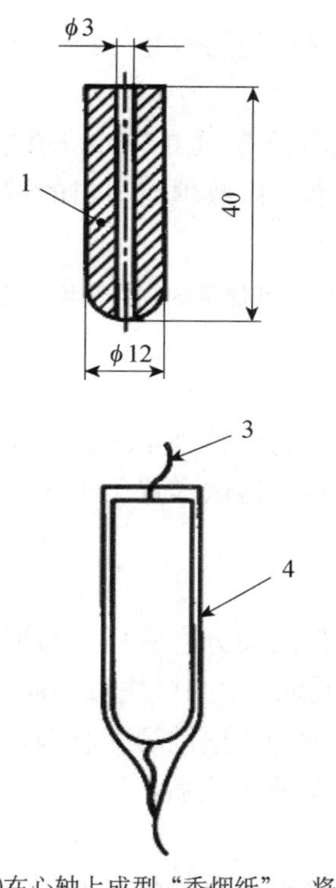

(a)在心轴上成型“香烟纸”。将预先粘好的“香烟纸”边缘重叠黏结固定起来

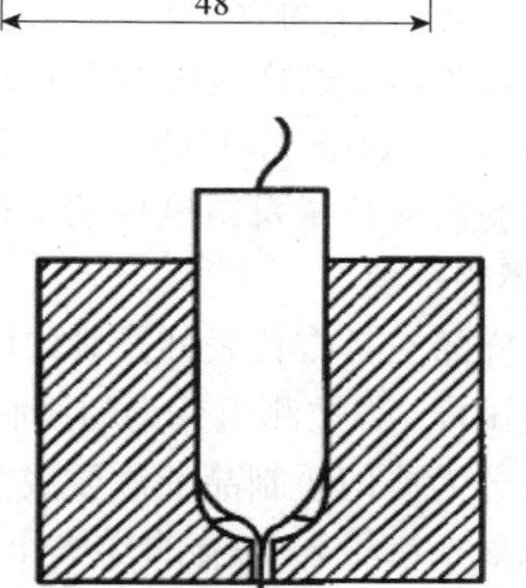

(b)移出心轴后，固定“香烟纸”在模具中的位置，准备填装试样

(c)制好“香烟”，将“香烟纸”端拧在一起

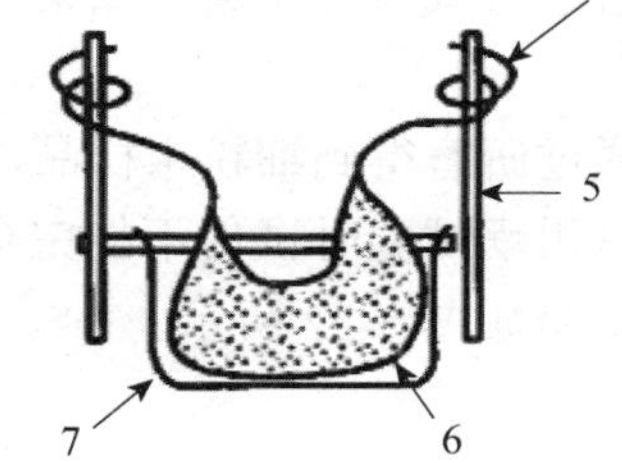

(d)将“香烟”放入坩埚中，点火丝被紧密地包裹缠绕在电极线上

单位：mm

1—心轴；2—模具；3—点火丝；4—“香烟纸”；5—电极；6—“香烟”；7—坩埚。

图 3-21　“香烟法”制备试样

⑥ 点火丝为直径 0.1 mm 的纯铁铁丝。也可以使用其他类型的金属丝，只要在点火回路合上时，金属丝会因张力而断开，且燃烧热是已知的。使用金属坩埚时，点火丝不能接触坩埚，建议最好将金属丝用棉线缠绕。

⑦ 线以白色棉纤维制成的最好。

3.2.6.3　样品制备

1）不燃性

（1）试样应从代表制品的足够大的样品上制取。试样为圆柱形，体积（76±8）cm^3，直径（$45_{-2}^{\ 0}$）mm，高度（50±3）mm。

（2）若材料厚度不满足（50±3）mm，可通过叠加该材料的层数和（或）调整材料厚度来达到（50±3）mm 的试样高度。

（3）每层材料均应在试样架中水平放置，并用两根直径不超过 0.5 mm 的铁丝将各层捆扎在一起，以排除各层间的气隙，但不应施加显著的压力。松散填充材料的试样应代表实际使用的外观和密度等特性。

注：如果试样是由材料多层叠加组成，则试样密度宜尽可能与生产商提供的制品密度一致。

（4）一共测试 5 组试样。

注：若分级体系标准有其他要求可增加试样数量。

（5）试验前，试样应按欧洲建筑行业标准（EN 13238）的有关规定进行状态调节。然后将试样放入（60±5）℃的通风干燥箱内调节 20～24 h，然后将试样置于干燥皿中冷却至室温。试验前应称量每组试样的质量，精确至 0.01 g。

2）燃烧热值

（1）样品应具有代表性，对匀质制品或非匀质制品的被测组分，应任意截取至少 5 个样块作为试样。若被测组分为匀质制品或非匀质制品的主要成分，则样块最小质量为 50 g；若被测组分为非匀质制品的次要成分，则样块最小质量为 10 g。松散填充材料，从制品上任意截取最小质量为 50 g 的样块作为试样。含水产品，将制品干燥后，任意截取其最小质量为 10 g 的样块作为试样。

（2）将样品逐次研磨得到粉末状的试样。在研磨的时候不能有热分解发生。样品要采用交错研磨的方式进行研磨。如果样品不能研磨，则可采用其他方式将样品制成小颗粒或片材。

（3）通过研磨得到细粉末样品，应以坩埚法制备试样。如果通过研磨不能得到细粉末样品，或以坩埚试验时试件不能完全燃烧，则应采用“香烟”法制备试样。

坩埚试验如图 3-22 所示。

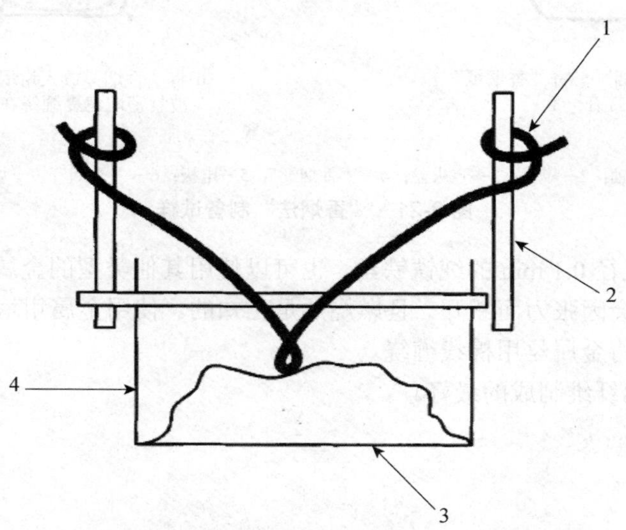

1—点火丝；2—电极；3—苯甲酸和试样的混合物；4—坩埚。

图 3-22　坩埚试验

① 将已称量的试样和苯甲酸的混合物放入坩埚中；

② 将已称量的点火丝连接到两个电极上；

③ 调节点火丝的位置，使之与坩埚中的试样良好地接触。

"香烟"法制备试验：

① 调节已称量的点火丝下垂到心轴的中心。

② 用已称量的"香烟纸"将心轴包裹，并将其边缘重叠处用胶水粘结。如果"香烟纸"已粘结，则不需要再次粘结。两端留出足够的纸，使其和点火丝拧在一起。

③ 将纸和心轴下端的点火丝拧在一起放入模具中，点火丝要穿出模具的底部。

④ 移出心轴。

⑤ 将已称量的试样和苯甲酸的混合物放入"香烟纸"中。

⑥ 从模具中拿出装有试样和苯甲酸混合物的"香烟纸"，分别将"香烟纸"两端拧在一起。

⑦ 称量"香烟"状样品，确保总重和组成成分的质量之差不能超过 10 mg。

⑧ 将"香烟"状样品放入坩埚中。

（4）试样数量：按 3.2.6 节中的规定，应对 3 个试样进行试验。如果试验结果不能满足有效性的要求，则需对另外 2 个试样进行试验。按分级体系的要求，可以进行多于 3 个试样的试验。

3.2.6.4　试验步骤

1）不燃性

（1）试验环境：试验装置不应设在风口，也不应受到任何形式的强烈日照或人工光照，以利于对炉内火焰的观察。试验过程中室温变化不应超过 5℃。

（2）试验前准备程序：

① 将试样架及其支承件从炉内移开。

② 炉内热电偶应按现行国家标准（GB/T 5464）规定进行布置，所有热电偶均应通过补偿导线连接到温度记录仪上。

③ 将加热炉管的电热线圈连接到稳压器、调压变压器、电气仪表或功率控制器上。试验期间，加热炉不应采用自动恒温控制。在稳态条件下，电压约 100 V 时，加热线圈通过 9～10 A 的电流。为避免加热线圈过载，建议最大电流不超过 11 A。对新的加热炉管，开始时宜慢慢加热，加热炉升温的合理程序是以约 200℃分段，每个温度段加热 2 h。

④ 炉内温度的平衡：调节加热炉的输入功率，使炉内热电偶测试的炉内温度平均值平衡在（750±5）℃至少 10 min，其温度漂移（线性回归）在 10 min 内不超过 2℃，并要求相对平均温度的最大偏差（线性回归）在 10 min 内不超过 10℃，并对温度作连续记录。

（3）按 3.2.6 节中的规定使加热炉温度平衡。如果温度记录仪不能进行实时计算，最后应检查温度是否平衡。若不能满足 3.2.6 节中规定的条件，应重新试验。

（4）试验前应确保整台装置处于良好的工作状态，如空气稳流器整洁畅通、插入装置能平稳滑动、试样架能准确位于炉内规定位置。

（5）将一个按规定制备并经状态调节的试样放入试样架内，试样架悬挂在支承件上。

（6）将试样架插入炉内规定位置，该操作时间不应超过 5 s。

（7）当试样位于炉内规定位置时，立即启动计时器。

（8）记录试验过程中炉内热电偶测量的温度，如要求测量试样表面温度和中心温度，对应温度也应予以记录。

（9）进行 30 min 试验：

如果炉内温度在 30 min 时达到了最终温度平衡，即由热电偶测量的温度在 10 min 内漂移（线性回归）不超过 2℃，则可停止试验。如果 30 min 内未能达到温度平衡，应继续进行试验，同时每隔 5 min 检查是否达到最终温度平衡，当炉内温度达到最终温度平衡或试验时间达 60 min 时应结束试验。记录试验的持续时间，然后从加热炉内取出试样架，试验的结束时间为最后一个 5 min 的结束时刻或 60 min。

若温度记录仪不能进行实时记录，试验后应检查试验结束时的温度记录。若不能满足上述要求，则应重新试验。

若试验使用了附加热电偶，则应在所有热电偶均达到最终温度平衡时或当试验时间为 60 min 时结束试验。

（10）收集试验时和试验后试样碎裂或掉落的所有碳化物、灰和其他残屑，同试样一起放入干燥皿中冷却至环境温度后，称量试样的残留质量。

（11）按 3.2.6 节的规定共测试 5 组试样。

（12）试验期间的观察：

① 按 3.2.6 节的规定，在试验前和试验后分别记录每组试样的质量并观察记录试验期间试样的燃烧行为。

② 记录发生的持续火焰及持续时间，精确到秒。试样可见表面上产生持续 5 s 或更长时间的连续火焰才应视作持续火焰。

③ 记录以下炉内热电偶的测量温度，单位为℃：

a. 炉内初始温度 T_i，3.2.6 节规定的炉内温度平衡期的最后 10 min 的温度平均值；

b. 炉内最高温度 T_m，整个试验期间最高温度的离散值；

c. 炉内最终温度 T_f，3.2.6 节试验过程最后 1 min 的温度平均值。

温度数据记录示例参见现行国家标准（GB/T 5464）附录 D。

若使用了附加热电偶，按现行国家标准（GB/T 5464）附录 C 的规定记录温度数据。

2）燃烧热值

（1）检查两个电极和点火丝，确保其接触良好，在氧弹中倒入 10 mL 的蒸馏水，用来吸收试验过程中产生的酸性气体。

（2）拧紧氧弹密封盖，连接氧弹和氧气瓶阀门，小心开启氧气瓶，给氧弹充氧至压力达到 3.0～3.5 MPa。

（3）将氧弹放入量热仪内筒。

（4）在量热仪内筒中注入一定量的蒸馏水，使其能够淹没氧弹，并对其进行称量。所用水量应和校准过程中所用的水量相同，精确到 1 g。

（5）检查并确保氧弹没有泄漏（没有气泡）。

（6）将量热仪内筒放入外筒。

（7）步骤如下：

① 安装温度测定装置，开启搅拌器和计时器。

② 调节内筒水温，使其和外筒水温基本相同。每隔 1 min 应记录一次内筒水温，调节内筒水温，直到 10 min 内的连续读数偏差不超过±0.01 K。将此时的温度作为起始温度（T_i）。

③ 接通电流回路，点燃样品。

④ 对于绝热量热仪来说，在量热仪内筒快速升温阶段，外筒的水温应与内筒水温尽量保持一致；其最高温度相差不能超过±0.01 K。每隔 1 min 应记录一次内筒水温，直到 10 min 内的连续读数偏差不超过±0.01 K。将此时的温度作为最高温度（T_m）。

（8）从量热仪中取出氧弹，放置 10 min 后缓慢泄压。打开氧弹，如氧弹中无煤烟状沉淀物且坩埚上无残留碳，便可确定试样发生了完全燃烧。清洗并干燥氧弹。

（9）采用坩埚法进行试验时，试样不能完全燃烧，则采用“香烟”法重新进行试验。如果采用“香烟”法进行试验，试样同样不能完全燃烧，则继续采用“香烟”法重复试验。

3.2.6.5　试验结果

1）不燃性

（1）质量损失。

计算并记录按 3.2.6 节规定测量的各组试样的质量损失，以试样初始质量的百分数表示。

（2）火焰。

计算并记录按 3.2.6 节规定的每组试样持续火焰时间的总和，以 s 为单位。

（3）温升。

计算并记录按 3.2.6 节规定的试样的热电偶温升，$\Delta T=T_m-T_f$ 以℃为单位。

2）燃烧热值

（1）手动测试设备的修正。

按照温度计的校准证书，根据温度计的伸入长度，对测试的所有温度进行修正。

（2）等温量热仪的修正。

因为同外界有热交换，因此有必要对温度进行修正。

注 1：如果使用了绝热护套，那么温度修正值为 0；

注 2：如果采用自动装置，且自动进行修正，那么温度修正值为 0；

注 3：现行国家标准（GB/T 14402）附录 C 给出了用于计算的制图法。

按式（3-17）进行修正。

$$c=(t-t_1)\times T_2-t_1\times T_1 \tag{3-17}$$

式中：t ——从主期采样开始到出现最高温度时的一段时间，最高温度出现的时间是指温度停止升高并开始下降的时间的平均值，min、s；

t_1 ——从主期采样开始到温度达到总温升值（T_m-T_1）6/10 时刻的这段时间（试样

燃烧总热值的计算)，这些时刻的计算是在相互两个最相近的读数之间通过插值获得，min、s；

T_2——末期采样阶段温度每分钟下降的平均值；

T_1——初期采样阶段温度每分钟增长的平均值。

差异通常与量热仪过热有关。温度-时间曲线如图 3-23 所示。

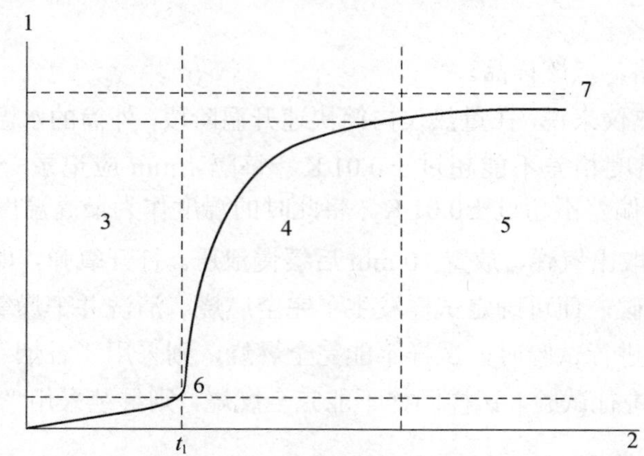

1—温度；2—时间；3—试验初期；4—试验主期；5—试验末期；6—点火；7—外筒。

图 3-23 温度-时间曲线

(3) 试样燃烧总热值的计算。

计算试样燃烧的总热值时，应在恒容的条件下进行，由式(3-18)计算得出，单位为 MJ/kg。对于自动测试仪，燃烧总热值可以直接获得，并作为试验结果。

$$PCS = \frac{E(T_m - T_i + c) - b}{m} \tag{3-18}$$

式中：PCS——总热值，MJ/kg。

E——量热仪、氧弹及其附件以及氧弹中充入水的水当量，MJ/K。

T_i——起始温度，K。

T_m——最高温度，K。

b——试验中所用助燃物的燃烧热值的修正值，MJ，如点火丝、棉线、“香烟纸”、苯甲酸或其他助燃物。

除非棉线、“香烟纸”或其他助燃物的燃烧热值是已知的，否则都应测定。按照坩埚试验的规定来制备试样，并按照 3.2.6 节的规定进行试验。

各种点火丝的热值如下：

镍铬合金点火丝：1.403 MJ/kg；

铂金点火丝：0.419 MJ/kg；

纯铁点火丝：7.490 MJ/kg。

c——与外部进行热交换的温度修正值，K，使用了绝热护套的修正值为 0。

m——试样的质量，kg。

（4）产品燃烧总热值的计算。

① 概述。

对于燃烧发生吸热反应的制品或组件，得到的 PCS 值可能会是负值。

采用以下步骤计算制品的 PCS 值。

首先，确定非匀质制品的单个成分的 PCS 值或匀质材料的 PCS 值。如果 3 组试验结果均为负，则在试验结果中应注明，并给出实际结果的平均值。

例如，−0.3，−0.4，0.1，平均值为−0.2。

对于匀质制品，以这个平均值作为制品的 PCS 值，对于非匀质制品，应考虑每个组分的 PCS 平均值。若某一组分的热值为负值，在计算试样总热值时可将该热值设为 0。金属成分不需要测试，计算时将其热值设为 0。

如 4 个成分的热值分别为−0.2、15.6、6.3、−1.8。

负值设为 0，即 0、15.6、6.3、0。

由这些值计算制品的 PCS 值。

② 匀质制品。

a. 对于一个单独的样品，应进行 3 次试验。如果单个值的离散符合试验结果的有效性的判据要求，则试验有效，该制品的热值为这 3 次测试结果的平均值。

b. 如果这 3 次试验的测试值偏差不在试验结果的有效性的规定值范围内，则需要对同一制品的两个备用样品进行测试。在这 5 个试验结果中，去除最大值和最小值，用余下的 3 个值按匀质制品 a 的规定计算试样的总热值。

c. 如果测试结果的有效性不满足试验结果的有效性的规定要求，则应重新制作试样，并重新进行试验。

d. 如果分级试验中需要对 2 个备用试样（已做完 3 组试样）进行试验时，则应按匀质制品 b 的规定准备 2 个备用试样，也就是说对同一制品，最多对 5 个试样进行试验。

③ 非匀质制品。

非匀质制品的总热值试验步骤如下：

a. 对于非匀质制品，应计算每个单独组分的总热值，单位为 MJ/kg，或以组分的面密度将总热值表示为 MJ/m^2；

b. 用单个组分的总热值和面密度计算非匀质产品的总热值。

对于非匀质制品的燃烧热值的计算可参见现行国家标准（GB/T 14402）附录 D。

（5）试验结果的有效性。只有符合表 3-2 判据要求时，试验结果才有效。

表 3-2　试验结果有效的标准

总燃烧热值	3 组试验的最大值和最小值偏差	有效范围
PCS	≤0.2 MJ/kg	0～3.2 MJ/kg
PCS[a]	≤0.1 MJ/m^2	0～4.1 MJ/m^2

注：[a] 仅适用于非匀质材料。

3.3 保温装饰板

保温装饰板是在工厂预制成型的板状制品，由保温材料、装饰面板以及胶粘剂、连接件复合而成，具有保温和装饰功能，主要用于外墙保温。保温材料主要有泡沫塑料保温板、无机保温板等，装饰面板由无机非金属材料衬板及装饰材料组成，也可为单一的带有装饰功能的无机非金属板。

保温装饰板的技术指标包括尺寸允许偏差、单位面积质量、拉伸粘结强度、吸水量、抗冲击性、抗弯荷载、保温材料导热系数、燃烧性能等。

3.3.1 单位面积质量

3.3.1.1 试验依据及环境要求

1）试验依据

现行行业标准《保温装饰板外墙外保温系统材料》（JG/T 287）。

2）环境要求

试验环境：环境温度（23±5）℃，相对湿度（50±10）%。

3.3.1.2 主要仪器设备

钢卷尺：精度为 1 mm。

磅秤：精度为 0.05 kg。

3.3.1.3 样品制备

随机抽取 3 块保温装饰板样品，用整块样品作为试件。

3.3.1.4 试验步骤

用精度 1 mm 的钢卷尺测量保温装饰板长度 L、宽度 B，测量部位分别为距保温装饰板边缘 100 mm 及中间处，取 3 个测量值的算术平均值作为测定结果，计算精确至 1 mm。用精度 0.05 kg 的磅秤称量保温装饰板质量 m。

3.3.1.5 试验结果

单位面积质量应按式（3-19）计算，试验结果以 3 个试验数据的算术平均值表示，精确至 1 kg/m²。

$$E=\frac{m}{L\times B}\times 10^{6} \tag{3-19}$$

式中：E——单位面积质量，kg/m²；

m——试样质量，kg；

L——试样长度，mm；

B——试样宽度，mm。

3.3.2　拉伸粘结强度

3.3.2.1　试验依据及环境要求

1）试验依据

现行行业标准《保温装饰板外墙外保温系统材料》（JG/T 287）。

2）环境要求

标准养护条件：温度（23±2）℃，相对湿度（50±5）%。

试验环境：环境温度（23±5）℃，相对湿度（50±10）%。

3.3.2.2　主要仪器设备

拉力试验机：选用合适的量程和行程，精度为 1%。

金属块：互相平行的一组金属块，尺寸为 50 mm×50 mm。

3.3.2.3　样品制备

（1）尺寸与数量：50 mm×50 mm 或直径 50 mm，数量 6 个；

（2）将相应尺寸的金属块用高强度树脂胶粘剂粘合在试样两个表面上，树脂胶粘剂固化后将试样按下述条件进行处理：

原强度：无附加要求；

耐水：浸水 2 d，到期试样从水中取出并擦拭表面水分后，在标准试验环境下放置 7 d；

耐冻融：浸水 3 h，然后在（−20±2）℃的条件下冷冻 3 h。进行上述循环 30 次，到期试样从水中取出后，在标准试验环境下放置 7 d。当试样处理过程中断时，试样应放置在（−20±2）℃条件下。

3.3.2.4　试验步骤

将试样安装到适宜的拉力试验机上，进行拉伸粘结强度测定，拉伸速度为（5±1）mm/min。记录每个试样破坏时的力值和破坏状态，精确到 1 N。如金属块与试样脱开，测试值无效。

3.3.2.5　试验结果

拉伸粘结强度按式（3-20）计算，取 4 个中间值计算拉伸粘结强度算术平均值，精确至 0.01 MPa。

$$R=\frac{F}{A} \tag{3-20}$$

式中：R——试样拉伸粘结强度，MPa；

F——试样破坏荷载值，N。

A——粘结面积，mm^2。

破坏发生在保温材料中是指破坏断面位于保温材料内部，6次试验中至少有4次破坏发生在保温材料中，则试验结果可判定为破坏发生在保温材料中，否则应判定为破坏未发生在保温材料中。

3.3.3 保温材料导热系数

3.3.3.1 试验依据及环境要求

1）试验依据

现行行业标准《保温装饰板外墙外保温系统材料》（JG/T 287）。

现行国家标准《绝热材料稳态热阻及有关特性的测定 防护热板法》（GB/T 10294）。

现行国家标准《绝热材料稳态热阻及有关特性的测定 热流计法》（GB/T 10295）。

2）环境要求

标准养护条件：温度（23±2）℃，相对湿度（50±5）%。

试验环境：环境温度（23±5）℃，相对湿度（50±10）%。

3.3.3.2 主要仪器设备

按照3.1.4.2节中主要仪器设备的要求。

3.3.3.3 样品制备

按照3.1.4.3节中样品制备的要求。

3.3.3.4 试验步骤

按现行国家标准（GB/T 10294）或（GB/T 10295）的规定，现行国家标准（GB/T 10294）为仲裁试验方法。具体按照3.1.4.4节中试验步骤的要求。

3.3.3.5 试验结果

按照3.1.4.5节中试验结果的要求。

3.3.4 燃烧性能

3.3.4.1 试验依据及环境要求

1）试验依据

现行国家标准《建筑材料可燃性试验方法》（GB/T 8626）。

现行国家标准《建筑材料或制品的单体燃烧试验》（GB/T 20284）。

现行国家标准《建筑材料不燃性试验方法》（GB/T 5464）。

现行国家标准《建筑材料及制品的燃烧性能 燃烧热值的测定》（GB/T 14402）。

2）环境要求

（1）可燃性。

试样和滤纸状态调节：温度（23±2）℃，相对湿度（50±5）%。

实验环境：环境温度（23±5）℃，相对湿度（50±20）%。

（2）单体燃烧。
试样状态调节：温度（23±2）℃，相对湿度（50±5）%。
（3）不燃性。
试样状态调节：温度（23±2）℃，相对湿度（50±5）%。
通风干燥箱内调节：温度（60±5）℃，20～24 h。
（4）燃烧热值。
试样、苯甲酸和“香烟纸”状态调节：温度（23±2）℃，相对湿度（50±5）%。

3.3.4.2 主要仪器设备

可燃性和单体燃烧与 3.1.5.2 节主要仪器设备相同。
不燃性和燃烧热值与 3.2.6.2 节主要仪器设备相同。

3.3.4.3 样品制备

可燃性和单体燃烧按照 3.1.5.3 节样品制备要求。
不燃性和燃烧热值按照 3.2.6.3 节样品制备要求。

3.3.4.4 试验步骤

可燃性和单体燃烧按照 3.1.5.4 节试验步骤进行试验。
不燃性和燃烧热值按照 3.2.6.4 节试验步骤进行试验。

3.3.4.5 试验结果

可燃性和单体燃烧试验结果依据 3.1.5.5 节。
不燃性和燃烧热值试验结果依据 3.2.6.5 节。

3.3.5 吸水量

3.3.5.1 试验依据及环境要求

1）试验依据
现行行业标准《保温装饰板外墙外保温系统材料》（JG/T 287）。
2）环境要求
标准养护条件：温度（23±2）℃，相对湿度（50±5）%。
试验环境：环境温度（23±5）℃，相对湿度（50±10）%。

3.3.5.2 主要仪器设备

天平：分度值不大于 1 g。
钢直尺：分度值为 1 mm。

3.3.5.3 样品制备

（1）尺寸与数量：200 mm×200 mm，3 个；

（2）试样的四周（包括保温材料）做密封防水处理，以保证在随后进行的试验只有系统表面吸水。

3.3.5.4 试验步骤

测定试样质量m_0，将试样饰面层朝下浸入室温水中，浸入水中的深度为2～10 mm，浸泡24 h取出后用湿毛巾迅速擦去试样表面的水分，测定浸水后试样质量m_1。

3.3.5.5 试验结果

吸水量应按式（3-21）计算，试验结果以3个试验数据的算术平均值表示，精确至1 g/m²。

$$M = \frac{(m_1 - m_0)}{A} \tag{3-21}$$

式中：M——吸水量，g/m²；

m_1——浸水后试样质量，g；

m_0——基准试样质量，g；

A——试样表面浸水部分的面积，m²。

3.3.6 抗冲击性

3.3.6.1 试验依据及环境要求

1）试验依据

现行行业标准《保温装饰板外墙外保温系统材料》（JG/T 287）。

2）环境要求

试验环境：环境温度（23±5）℃，相对湿度（50±10）%。

3.3.6.2 主要仪器设备

钢球：高碳铬轴承钢钢球，应符合现行国家标准（GB/T 308）的要求，规格分别为：公称直径50.8 mm、质量535 g；公称直径63.5 mm、质量1 045 g。

抗冲击仪：由落球装置和带有刻度尺的支架组成，分度值0.01 m。

3.3.6.3 样品制备

试样尺寸宜在600 mm×400 mm以上，每一抗冲击级别试样数量为1个。

3.3.6.4 试验步骤

（1）将试样饰面层向上，水平放置在抗冲击仪的基底上，试样紧贴基底；

（2）分别用公称直径为50.8 mm的钢球在0.57 m的高度上自由落体冲击试样（3J级）和公称直径为63.5 mm的钢球在0.98 m的高度上自由落体冲击试样（10J级），每一级别冲击10处，冲击点间距及冲击点与边缘的距离应不小于100 mm，试样表面冲击点周围出现环形裂缝视为冲击点破坏。

3.3.6.5　试验结果

当 10 个冲击点破坏点小于 4 个时，判定该级别抗冲击性合格。

3.3.7　抗弯荷载

3.3.7.1　试验依据及环境要求

1）试验依据

现行行业标准《保温装饰板外墙外保温系统材料》(JG/T 287)。

现行行业标准《外墙内保温板》(JG/T 159)。

2）环境要求

试验环境：空气温度（23±5）℃，相对湿度（50±10）%。

3.3.7.2　主要仪器设备

抗折试验机：荷载误差不大于±1%，其量程为 0～1 500 N，最小分度值 5 N；0～6 000 N，最小分度值 10 N。抗折试验机应有调速装置，可匀速加载。

3.3.7.3　样品制备

随机抽取 3 块保温装饰板样品，用整块样品作为试件。

3.3.7.4　试验步骤

抗弯荷载加荷装置如图 3-24 所示，加载杆应平行于支座，长度大于或等于板的宽度，加载杆作用于板面的力应垂直于板的侧边。

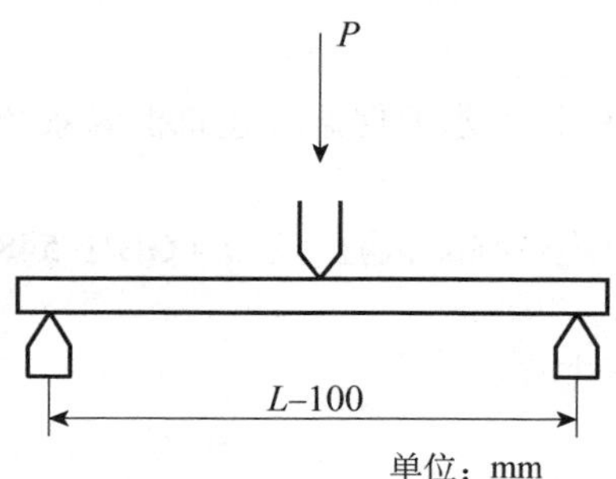

图 3-24　抗弯荷载加荷装置示意图

将板平置于两个平行支座上，使板中心线与加载杆中心线重合，两支座间跨距为（L−100）mm，L 为板的长度，如图 3-24 所示，当用量程为 0～6 000 N 的压力加载时，以（100±10）N/s 的加荷速度均匀加载，直至试件断裂，记录板破坏时的表盘压力读数 F，精确至 10 N，当用量程为 0～1 500 N 的压力加载时，以（50±5）N/s 的加荷速度均匀加载，直至试件断裂，记录板破坏时的表盘压力读数 F，精确至 10 N。

3.3.7.5　试验结果

板的抗弯荷载按式（3-22）计算，取 3 块板的算术平均值为检测数值，修约至 10 N。

$$P = F - 9.8G \tag{3-22}$$

式中：P ——板的抗弯荷载，N；

F ——表盘压力读数，N；

G ——板的自重，kg。

3.4 增强型改性发泡水泥保温板

增强型改性发泡水泥保温板是在改性发泡水泥保温板的上、下表面铺贴耐碱玻璃纤维网格布，并用喷涂、辊涂、浸浆或者刮浆的方式在改性发泡水泥保温板的上、下表面涂刷聚合物胶浆增强层，而制成的一种性能更优异的改性发泡水泥保温板，也称纤维增强改性发泡水泥保温板。

改性发泡水泥保温板是以通用硅酸盐水泥为胶凝材料，与掺合料、轻集料、外加剂、改性剂和水制成的浆料，经混合搅拌、浇注成型、化学发泡、养护、机械切割等工艺制成的轻质多孔水泥基保温板材。制备增强型改性发泡水泥保温板所使用的改性发泡水泥保温板不应拼接，增强型改性发泡水泥保温板出厂前应在工厂自然养护不少于 28 d。

增强型改性发泡水泥保温板的技术指标包括单位面积质量、抗压强度、体积吸水率、垂直于板面方向的抗拉强度、导热系数、干燥收缩值、软化系数、燃烧性能等。

3.4.1 单位面积质量

3.4.1.1 试验依据及环境要求

1）试验依据

现行地方标准《增强型改性发泡水泥保温板建筑保温系统应用技术标准》（DBJ 50/T—185）。

现行国家标准《无机硬质绝热制品试验方法》（GB/T 5486）。

2）环境要求

在实验室内的自然环境下进行。

3.4.1.2 主要仪器设备

天平：量程满足试件称量要求，分度值应小于称量值（试件质量）的万分之二。

钢直尺：分度值为 1 mm。

游标卡尺：分度值为 0.05 mm。

钢卷尺：分度值为 1 mm。

电热鼓风干燥箱：温度控制范围为（110±5）℃。

3.4.1.3 样品制备

（1）制备增强型改性发泡水泥保温板所使用的改性发泡水泥保温板不应拼接，增强型改性发泡水泥保温板出厂前应在工厂自然养护不少于 28 d。

（2）随机抽取 3 块样品，各加工成 1 块满足试验设备要求的试件，试件的尺寸（长、宽）不得小于 100 mm×100 mm，其厚度为制品的厚度。也可用整块制品作为试件。

3.4.1.4　试验步骤

（1）在天平上称量试件自然状态下的质量 m_2，保留 5 位有效数字。

（2）将试件置于电热鼓风干燥箱中，在 383 K±5 K（110℃±5℃）下烘干至恒定质量，然后移至干燥器中冷却至室温。恒定质量的判据为恒温 3 h 两次称量试件质量的变化率小于 0.2%。

（3）称量烘干后的试件质量 m_1，保留 5 位有效数字。

（4）按照现行国家标准（GB 5486）（块与平板：在制品相对两个大面上距两边 20 mm 处，用钢直尺或钢卷尺分别测量制品的长度和宽度，精确至 1 mm。测量结果为 4 个测量值的算术平均值）的方法测量试件的长度 L、宽度 B。

3.4.1.5　试验结果

单位面积质量应按式（3-23）计算，试验结果以 3 个试验数据的算术平均值表示，精确至 0.1 kg/m²。

$$m = \frac{m_1}{L \times B} \tag{3-23}$$

式中：m ——单位面积质量，kg/m²；

m_1 ——试样质量，kg；

L ——试样长度，m；

B ——试样宽度，m。

3.4.2　抗压强度

3.4.2.1　试验依据及环境要求

1）试验依据

现行地方标准《增强型改性发泡水泥保温板建筑保温系统应用技术标准》（DBJ 50/T—185）。

现行国家标准《无机硬质绝热制品试验方法》（GB/T 5486）。

2）环境要求

在实验室内的自然环境下进行。

3.4.2.2　主要仪器设备

试验机：压力试验机或万能试验机，相对示值误差应小于 1%，试验机应具有显示受压变形的装置。

电热鼓风干燥箱：温度控制范围为（110±5）℃。

干燥器。

天平：称量 2 kg，分度值 0.1 g。

钢直尺：分度值为 1 mm。

游标卡尺：分度值为 0.05 mm。

3.4.2.3 样品制备

（1）制备增强型改性发泡水泥保温板所使用的改性发泡水泥保温板不应拼接，增强型改性发泡水泥保温板出厂前应在工厂自然养护不少于 28 d。

（2）随机抽取 4 块样品每块制取一个受压面尺寸为 100 mm×100 mm 的试件。平板（或块）在任一对角线方向距两对角边缘 5 mm 处到中心位置切取，试件厚度为制品厚度，但不应大于其宽度，试件厚度不得超过 25 mm。当无法制成该尺寸的试件时，可用同材料、同工艺制成同厚度的平板替代。试件表面应平整，不应有裂纹。

3.4.2.4 试验步骤

（1）将试件置于干燥箱内，缓慢升温至（110±5）℃（若粘结材料在该温度下发生变化，则应低于其变化温度 10℃），烘干至恒定质量，然后将试件移至干燥器中冷却至室温。恒定质量的判据为恒温 3 h 两次称量试件质量的变化率小于 0.2%的规定，烘干至恒定质量。

（2）在试件上、下两受压面距棱边 10 mm 处用钢直尺（尺寸小于 100 mm 时用游标卡尺）测量长度和宽度，在厚度的两个对应面的中部用钢直尺测量试件的厚度。长度和宽度测量结果分别为 4 个测量值的算术平均值，精确至 1 mm（尺寸小于 100 mm 时精确至 0.5 mm），厚度测量结果为两个测量值的算术平均值，精确至 1 mm。

（3）将试件置于试验机的承压板上，使试验机承压板的中心与试件中心重合。

（4）开动试验机，当上压板与试件接近时，调整球座，使试件受压面与承压板均匀接触。

（5）以（10±1）mm/min 速度对试件加荷，直至试件破坏，同时记录压缩变形值。当试件在压缩变形 5%时没有破坏，则试件压缩变形 5%时的荷载为破坏荷载。记录破坏荷载 P_1，精确至 10 N。

3.4.2.5 试验结果

每个试件的抗压强度按式（3-24）计算，精确至 0.01 MPa。

$$\sigma = \frac{P_1}{S} \tag{3-24}$$

式中：σ——试件的抗压强度，MPa；

P_1——试件的破坏荷载，N；

S——试件的受压面积，mm²。

试件的抗压强度为 4 块试件抗压强度的算术平均值，精确至 0.01 MPa。

3.4.3 垂直于板面方向的抗拉强度

3.4.3.1 试验依据及环境要求

1）试验依据

现行地方标准《增强型改性发泡水泥保温板建筑保温系统应用技术标准》（DBJ 50/

T−185）。

现行国家标准《外墙外保温工程技术标准》（JGJ 144）。

2）环境要求

在实验室内的自然环境下进行。

3.4.3.2　主要仪器设备

拉力试验机：选用合适的量程和行程，精度为 1%。

金属试验板：互相平行的一组金属板，尺寸为 100 mm×100 mm。

3.4.3.3　样品制备

（1）制备增强型改性发泡水泥保温板所使用的改性发泡水泥保温板不应拼接，增强型改性发泡水泥保温板出厂前应在工厂自然养护不少于 28 d。

（2）试样应在保温板上切割而成，试样尺寸应为 100 mm×100 mm，厚度应为保温板产品厚度。试样数量应为 5 个。

3.4.3.4　试验步骤

（1）应采用适当的胶粘剂将试样上、下表面分别与尺寸为 100 mm×100 mm 的金属试验板粘结。

（2）试验应在干燥状态下进行，且应通过万向接头将试样安装在拉力试验机上，拉伸速度应为 5 mm/min，应拉伸至破坏并记录破坏时的拉力及破坏部位。破坏部位在试验板粘结界面时试验数据应记为无效。

3.4.3.5　试验结果

抗拉强度按式（3-25）计算，试验结果应以 5 个试验数据的算术平均值表示。

$$\sigma_t = \frac{P_t}{A} \tag{3-25}$$

式中：σ_t——抗拉强度，MPa；

P_t——破坏荷载，N；

A——试样面积，mm^2。

破坏部位在试验板粘结界面时试验数据应记为无效。

3.4.4　体积吸水率

3.4.4.1　试验依据及环境要求

1）试验依据

现行地方标准《增强型改性发泡水泥保温板建筑保温系统应用技术标准》（DBJ 50/T—185）。

现行国家标准《无机硬质绝热制品试验方法》（GB/T 5486）。

2）环境要求

实验室环境条件：温度（20±5）℃，相对湿度（60±10）%。

3.4.4.2 主要仪器设备

天平：称量 2 kg，分度值 0.1 g。

钢直尺：分度值为 1 mm。

游标卡尺：分度值为 0.05 mm。

电热鼓风干燥箱：温度控制范围为（110±5）℃。

水箱：不锈钢或镀锌板制作的水箱，大小应能浸泡 3 块试件。

格栅：断面由为 20 mm×20 mm 的木条制成。

3.4.4.3 样品制备

（1）制备增强型改性发泡水泥保温板所使用的改性发泡水泥保温板不应拼接，增强型改性发泡水泥保温板出厂前应在工厂自然养护不少于 28 d。

（2）随机抽取 3 块样品，各制成尺寸为 400 mm×300 mm，厚度为制品厚度的试件 1 块，共 3 块。

3.4.4.4 试验步骤

（1）将试件置于干燥箱内，缓慢升温至（110±5）℃（若粘结材料在该温度下发生变化，则应低于其变化温度 10℃），烘干至恒定质量，然后移至干燥器中冷却至室温。恒定质量的判据为恒温 3 h 两次称量试件质量的变化率小于 0.2%。

（2）称量烘干后的试件质量 G_g，精确至 0.1 g。

（3）在制品相对两个大面上距两边 20 mm 处，用钢直尺或钢卷尺分别测量制品的长度和宽度，精确至 1 mm。测量结果为 4 个测量值的算术平均值。在制品相对两个侧面，距端面 20 mm 处和中间位置用游标卡尺测量制品的厚度，精确至 0.5 mm。测量结果为 6 个测量值的算术平均值。测量试件的几何尺寸，计算试件的体积 V_2。

（4）将试件放置在水箱底部木制的格栅上，试件距周边及试件间距不得小于 25 mm。然后将另一木制格栅放置在试件上表面，加上重物。

（5）将温度为（20±5）℃的自来水加入水箱中，水面应高出试件 25 mm，浸泡时间为 2 h。

（6）2 h 后立即取出试件，将试件立放在拧干水分的毛巾上，排水 10 min。用软质聚氨酯泡沫塑料（海绵）吸去试件表面吸附的残余水分，每个表面每次吸水 1 min。吸水之前要用力挤出软质聚氨酯泡沫塑料（海绵）中的水，且每个表面至少吸水两次。

（7）待试件各表面残余水分吸干后，立即称量试件的湿质量 G_s，精确至 0.1 g。

3.4.4.5 试验结果

每个试件的体积吸水率按式（3-26）计算，精确至 0.1%。

$$\omega_T = \frac{G_s - G_g}{V_2 \times \rho_W} \times 100\% \tag{3-26}$$

式中：ω_T——试件的体积吸水率，%；

V_2——试件的体积，m^3；

G_s——试件浸水后的湿质量，kg；

G_g——试件浸水前的干质量，kg；

ρ_W——自来水的密度，取 1 000 kg/m^3。

试样的体积的吸水率为 3 个试件吸水率的算术平均值，精确至 0.1%。

3.4.5　导热系数

3.4.5.1　试验依据及环境要求

1）试验依据

现行地方标准《增强型改性发泡水泥保温板建筑保温系统应用技术标准》（DBJ 50/T—185）。

现行国家标准《绝热材料稳态热阻及有关特性的测定　防护热板法》（GB/T 10294）。

2）环境要求

试验环境：环境温度（23±1）℃，相对湿度（50±10）%。

3.4.5.2　主要仪器设备

按照 3.1.4.2 节主要仪器设备防护热板法的要求。

3.4.5.3　样品制备

按照 3.1.4.3 节样品制备防护热板法的要求。

3.4.5.4　试验步骤

按现行国家标准（GB/T 10294）的规定。具体按照 3.1.4.4 节试验步骤防护热板法的要求。

3.4.5.5　试验结果

按照 3.1.4.5 节中的试验结果防护热板法的要求。

3.5　建筑保温砂浆

建筑保温砂浆是以膨胀珍珠岩、玻化微珠、膨胀蛭石等为骨料，掺加胶凝材料及其他功能组分制成的干混砂浆。

建筑保温砂浆是一种用于建筑物内外墙粉刷的新型保温节能砂浆材料，根据胶凝材料的不同分为水泥基无机保温砂浆和石膏基无机保温砂浆。节能无机保温砂浆具有节能利废、保温隔热、防火防冻、耐老化的优异性能以及低廉的价格等特点，有着广泛的市场需求。

建筑保温砂浆技术指标包括堆积密度、2 h 稠度损失率、干密度、抗压强度、软化系数、导热系数、拉伸粘结强度等。

3.5.1 堆积密度

3.5.1.1 试验依据及环境要求

1）试验依据

现行国家标准《建筑保温砂浆》（GB/T 20473）。

2）环境要求

试验环境：环境温度（23±5）℃，相对湿度（50±10）%。

3.5.1.2 主要仪器设备

电子天平：量程为 5 kg，分度值不大于 0.1 g；

量筒：圆柱形金属筒，标称容积为 1 L，要求内壁光洁，并具有足够的刚度。

堆积密度试验装置如图 3-25 所示。

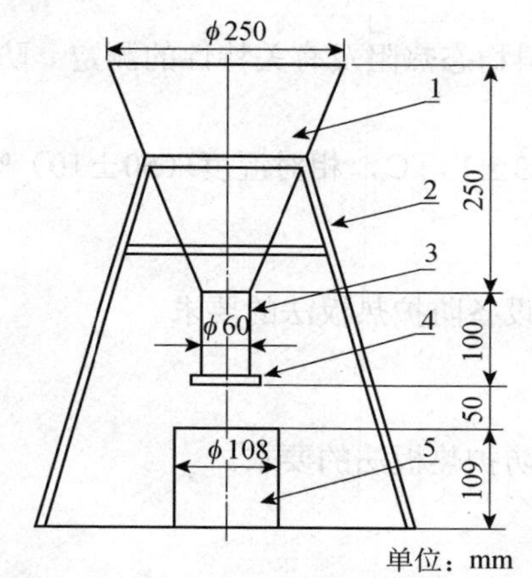

1—漏斗；2—支架；3—导管；4—活动门；5—量筒。

图 3-25 堆积密度试验装置

3.5.1.3 试验步骤

（1）称量量筒的质量 m_1，将试样注入堆积密度试验装置的漏斗中，启动活动门，使试样注入量筒，并高出量筒上沿。

（2）用直尺刮平量筒试样表面，刮平时直尺应紧贴量筒上沿。

（3）称量量筒和试样的质量 m_2。

（4）在试验过程中应保证试样呈松散状态，防止任何程度的振动。

3.5.1.4 试验结果

堆积密度按式（3-27）计算。

$$\rho = \frac{m_2 - m_1}{V} \tag{3-27}$$

式中：ρ——试样堆积密度，kg/m³；

m_1——量筒和试样的质量，g；

m_2——量筒的质量，g；

V——量筒的容积，L。

试验结果以 3 次测试值的算术平均值表示。

3.5.2　2 h 稠度损失率

3.5.2.1　试验依据及环境要求

1）试验依据

现行国家标准《建筑保温砂浆》（GB/T 20473）。

现行行业标准《建筑砂浆基本性能试验方法标准》（JGJ/T 70）。

2）环境要求

试验环境：环境温度（23±5）℃，相对湿度（50±10）%。

3.5.2.2　主要仪器设备

电子天平：分度值不大于 1 g，量程 20 kg。

搅拌机：符合现行行业标准（JG 244）的规定。

砂浆稠度仪：如图 3-26 所示，由试锥、盛浆容器和支座组成。试锥由钢材或铜材制成，试锥高度 145 mm，锥底直径为 75 mm，试锥连同滑杆的重量应为（300±2）g；盛浆容器由钢板制成，筒高 180 mm，锥底内径为 150 mm；支座包括底座、支架及刻度显示 3 部分，由铸铁、钢及其他金属制成。

捣棒：直径 10 mm、长 350 mm 的钢制捣棒，端部应磨圆。

其他设备：秒表、木槌等。

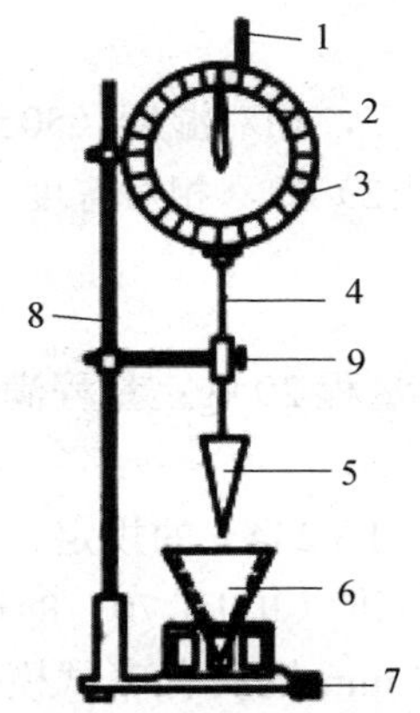

1—测杆；2—指针；3—刻度盘；4—滑动杆；5—锥体；6—锥筒；7—底座；8—支架；9—制动螺丝。

图 3-26　砂浆稠度仪

3.5.2.3 试验步骤

（1）拌和用的材料应至少提前 24 h 放入试验环境。

（2）按生产商推荐的水料比，用电子天平进行称量，使用搅拌机制备拌合物，搅拌时间为 2 min。

（3）若生产商未提供水料比，应通过试配确定拌合物稠度为（50±5）mm 时的水料比，稠度的测试方法按现行行业标准（JGJ/T 70）的规定进行。

（4）按现行行业标准（JGJ/T 70）的规定测试拌合物的初始稠度 S_0，测毕稠度的拌合物样品应废弃，重新取拌合物装入用湿布擦过的 10 L 容量筒内，容器表面不覆盖。从拌合物加水时开始计时，2 h±5 min 时将容量筒内的拌合物全部倒入搅拌机搅拌均匀，按现行行业标准（JGJ/T 70）的规定测试拌合物的稠度 S_{2h}。

3.5.2.4 试验结果

2 h 稠度损失率按式（3-28）计算。

$$\Delta S_{2h}=\frac{S_0-S_{2h}}{S_0}\times 100\% \tag{3-28}$$

式中：ΔS_{2h}——稠度损失率，%；

S_0——拌合物初始稠度，mm；

S_{2h}——2 h 时拌合物稠度，mm。

3.5.3 干密度

3.5.3.1 试验依据及环境要求

1）试验依据

现行国家标准《建筑保温砂浆》（GB/T 20473）。

现行国家标准《无机硬质绝热制品试验方法》（GB/T 5486）。

2）环境要求

试验环境：环境温度（23±5）℃，相对湿度（50±10）%。

标准养护条件：空气温度（23±2）℃，相对湿度（50±10）%。

3.5.3.2 主要仪器设备

电子天平：分度值不大于 1 g，量程 20 kg；量程满足试件称量要求，分度值应小于称量值（试件质量）的万分之二。

搅拌机：应符合现行行业标准（JG 244）的规定。

砂浆稠度仪：应符合现行行业标准（JGJ/T 70）的规定。

试模：70.7 mm×70.7 mm×70.7 mm 钢质有底试模，应具有足够的刚度并拆装方便。试模的内表面平整度为每 100 mm 不超过 0.05 mm，组装后各相邻面的不垂直度应小于 0.5°。

捣棒：直径 10 mm、长 350 mm 的钢制捣棒，端部应磨圆。

油灰刀。

电热鼓风干燥箱。

钢直尺：分度值为 1 mm。

游标卡尺：分度值为 0.05 mm。

3.5.3.3　试验步骤

（1）拌和用的材料应至少提前 24 h 放入试验环境。

（2）按生产商推荐的水料比，用电子天平进行称量，使用搅拌机制备拌合物，搅拌时间为 2 min。若生产商未提供水料比，应通过试配确定拌合物稠度为（50±5）mm 时的水料比，稠度的测试方法按现行行业标准（JGJ/T 70）的规定进行。

（3）试模内壁涂刷薄层脱模剂。将砂浆拌合物一次注满试模，并略高于其上表面，用捣棒均匀地由外向内按螺旋方向轻轻插捣 25 次，插捣时用力不应过大，尽量不破坏其保温骨料。为防止可能留下孔洞，允许用油灰刀沿模壁插捣数次或用橡皮锤轻轻敲击试模四周，直至插捣棒留下的空洞消失，最后将高出部分的拌合物沿试模顶面削去抹平。

（4）制备 6 块砂浆试件，试件制作后用聚乙烯薄膜覆盖，在试验环境下静放（48±4）h，然后编号拆模。拆模后应立即在标准养护条件下养护至 28 d±8 h（自拌合物加水时算起），或按生产商规定的养护条件及时间，生产商规定的养护时间自拌合物加水时算起不应多于 28 d。

（5）养护结束后将试件从养护室取出并在（105±5）℃或生产商推荐的温度下烘干至恒重，放入干燥器中备用。恒重的判据为恒温 3 h 两次称量试件的质量变化率小于 0.2%。

（6）称量试件自然状态下的质量 G，保留 5 位有效数字。

（7）在试件距两边 20 mm 处，用钢直尺测量试件的长度和宽度，精确至 1 mm，测量结果为 4 个测量值的算术平均值。在试件相对两个侧面，距端面 20 mm 处和中间位置用游标卡尺测量制品的厚度，精确至 0.5 mm，测量结果为 6 个测量值的算术平均值。

3.5.3.4　试验结果

试件的干密度按式（3-29）计算，试验结果以 6 块试件干密度测试值的算术平均值表示，精确至 1 kg/m³。

$$\rho = \frac{G}{V} \tag{3-29}$$

式中：ρ ——试件的密度，kg/m³；

G ——试件烘干后的质量，kg；

V——试件的体积，m³。

3.5.4　抗压强度

3.5.4.1　试验依据及环境要求

1）试验依据

现行国家标准《建筑保温砂浆》（GB/T 20473）。

现行国家标准《无机硬质绝热制品试验方法》（GB/T 5486）。

2）环境要求

试验环境：环境温度（23±5）℃，相对湿度（50±10）%。

3.5.4.2 主要仪器设备

钢直尺：分度值为 1 mm。

游标卡尺：分度值为 0.05 mm。

试验机：压力试验机或万能试验机，相对示值误差应小于 1%，试验机应具有显示受压变形的装置。

3.5.4.3 试验步骤

（1）检验干密度后的 6 块试件应立即进行抗压强度试验，受压面是成型时的侧面。

（2）在试件上下两受压面距棱边 10 mm 处用游标卡尺测量长度和宽度，长度和宽度测量结果分别为 4 个测量值的算术平均值，精确至 0.5 mm。在厚度的两个对应面的中部用钢直尺测量试件的厚度，厚度测量结果为两个测量值的算术平均值，精确至 1 mm。

（3）将试件置于试验机的承压板上，使试验机承压板的中心与试件中心重合。

（4）开动试验机，当上压板与试件接近时，调整球座，使试件受压面与承压板均匀接触。

（5）以（10±1）mm/min 速度对试件加荷，直至试件破坏，同时记录压缩变形值。当试件在压缩变形 5%时没有破坏，则试件压缩变形 5%时的荷载为破坏荷载。记录破坏荷载 P，精确至 10 N。

3.5.4.4 试验结果

试件的抗压强度按式（3-30）计算，试验结果以 6 块试件抗压强度测试值的算术平均值表示，精确至 0.01 MPa。

$$\sigma_1 = \frac{P}{S} \tag{3-30}$$

式中：σ_1——试件的抗压强度，MPa；

P——试件的破坏荷载，N；

S——试件的受压面积，mm^2。

3.5.5 软化系数

3.5.5.1 试验依据及环境要求

1）试验依据

现行国家标准《建筑保温砂浆》（GB/T 20473）。

现行国家标准《无机硬质绝热制品试验方法》（GB/T 5486）。

2）环境要求

试验环境：环境温度（23±5）℃，相对湿度（50±10）%。

标准养护条件：空气温度（23±2）℃，相对湿度（50±10）%。

3.5.5.2　主要仪器设备

钢直尺：分度值为 1 mm。

游标卡尺：分度值为 0.05 mm。

试验机：压力试验机或万能试验机，相对示值误差应小于 1%，试验机应具有显示受压变形的装置。

3.5.5.3　试验步骤

按 3.5.3 节制备 6 块试件，将试件浸入温度为（20±5）℃的水中，水面高出试件上表面 20 mm 以上，试件间距应大于 5 mm，（48±1）h 后从水中取出试件，用拧干的湿毛巾擦去表面附着的水分，立即按 3.5.4 节进行抗压强度测试，以 6 块试件测试值的算术平均值作为抗压强度值。

3.5.5.4　试验结果

试件的抗压强度按式（3-31）计算。

$$\varphi = \frac{\sigma_1}{\sigma_0} \tag{3-31}$$

式中：φ——软化系数；

σ_0——抗压强度，MPa；

σ_1——浸水后抗压强度，MPa。

3.5.6　导热系数

3.5.6.1　试验依据及环境要求

1）试验依据

现行国家标准《建筑保温砂浆》（GB/T 20473）。

现行国家标准《绝热材料稳态热阻及有关特性的测定　防护热板法》（GB/T 10294）。

现行国家标准《绝热材料稳态热阻及有关特性的测定　热流计法》（GB/T 10295）。

现行国家标准《非金属固体材料导热系数的测定　热线法》（GB/T 10297）。

2）环境要求

试验环境：空气温度（23±5）℃，相对湿度（50±10）%。

标准养护条件：气温度（23±2）℃，相对湿度（50±10）%。

3.5.6.2　主要仪器设备

电子天平：分度值不大于 1 g，量程 20 kg；量程满足试件称量要求，分度值应小于称量值（试件质量）的万分之二。

搅拌机：应符合现行行业标准（JG 244）的规定。

砂浆稠度仪：应符合现行行业标准（JGJ/T 70）的规定。

电热鼓风干燥箱。

导热系数测定仪。

3.5.6.3 试验步骤

按 3.5.3 节制备拌合物，试件尺寸应符合导热系数测定仪的要求。标准养护至 28 d，在（105±5）℃烘干至恒重，按现行国家标准［（GB/T 10294）（GB/T 10295）（GB/T 10297）］的规定进行。如有异议，以现行国家标准（GB/T 10294）作为仲裁检验方法。

3.5.6.4 试验结果

热阻 R 按式（3-32）计算。

$$R=\frac{A(T_1-T_2)}{\Phi} \tag{3-32}$$

导热系数 λ 按式（3-33）计算。

$$\lambda=\frac{\Phi\cdot d}{A(T_1-T_2)} \tag{3-33}$$

式中：R ——试件的热阻，（m²·K）/W；

λ ——材料的导热系数，W/（m·K）；

Φ ——加热单元计量部分平均加热功率，W；

T_1 ——试件热面温度平均值，K；

T_2 ——试件冷面温度平均值，K；

A ——计量面积（双试件装置需乘以 2），m²；

d ——试件平均厚度，m。

3.5.7 拉伸粘结强度

3.5.7.1 试验依据及环境要求

1）试验依据

现行国家标准《建筑保温砂浆》（GB/T 20473）。

2）环境要求

试验环境：环境温度（23±5）℃，相对湿度（50±10）%。

标准养护条件：空气温度（23±2）℃，相对湿度（50±5）%。

3.5.7.2 主要仪器设备

拉力试验机：精度不低于 1 级，最大量程宜为 5 kN。

水泥砂浆板：100 mm×100 mm×20 mm，6 块，按现行行业标准（JGJ/T 70）的规定制备。

夹具：钢制，100 mm×100 mm，12 块。

3.5.7.3　试验步骤

（1）用 3.5.3 节制备的拌合物满涂于水泥砂浆板上，涂抹厚度为 5～8 mm，制备 6 个试件。在标准养护条件下养护至 28 d±8 h（自拌合物加水时算起），或按生产商规定的养护条件及时间，生产商规定的养护时间自拌合物加水时算起不应多于 28 d。

（2）在试件距棱边 10 mm 处用游标卡尺测量其上表面长度和宽度，取 2 次测量值的算术平均值，修约至 1 mm。

（3）将抗拉用夹具用合适的胶粘剂粘合在试件两个表面，图 3-27 为拉伸粘结强度试样示意图。

（4）胶粘剂固化后，将试件安装到适宜的拉力试验机上，进行拉伸粘结强度测定，拉伸速率为（5±1）mm/min。记录每个试件破坏时的荷载值。如夹具与胶粘剂脱开，测试值无效。

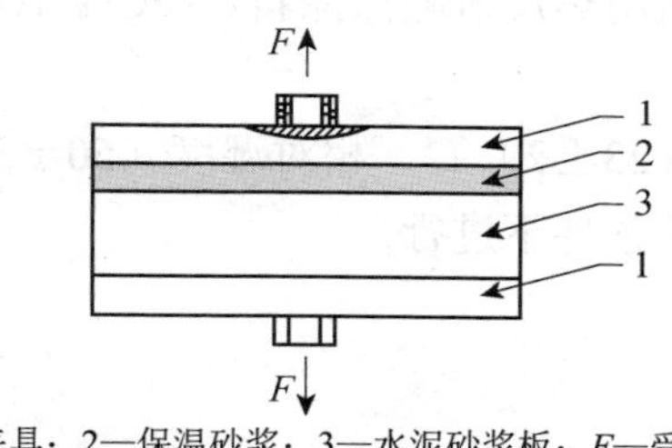

1—夹具；2—保温砂浆；3—水泥砂浆板；F—受拉荷载。

图 3-27　拉伸粘结强度试样

3.5.7.4　试验结果

拉伸粘结强度按式（3-34）计算，试验结果为 6 个测试值中 4 个中间值的算术平均值。

$$R = \frac{F_1}{L_1 \times W_1} \tag{3-34}$$

式中：R——拉伸粘结强度，MPa；

F_1——破坏时的最大拉力，N；

L_1——试件长度，mm；

W_1——试件宽度，mm。

3.6　反射隔热涂料

反射隔热涂料是以合成树脂为基料，以功能性颜填料及助剂等配制而成，施涂于建筑物外表面，具有较高的太阳光反射比、近红外反射比和半球发射率，隔热功能突出。

反射隔热涂料是集反射、辐射与空心微珠隔热于一体的新型降温涂料，涂料能对

400～2 500 nm 的太阳红外线和紫外线进行高反射，不让太阳的热量在物体表面进行累积升温，又能自动进行热量辐射散热降温，同时在涂料中放入导热系数极低的空心微珠隔绝热能的传递，这 3 种作用保证了该种涂料的隔热功能。

反射隔热涂料在建筑工程领域中主要应用在外围护结构的屋面、外墙外表面，能够减少建筑物对太阳辐射热的吸收，阻止建筑物表面因吸收太阳辐射导致的温度升高，减少热量向室内的传入，降低了建筑能耗。这类涂料在我国南方夏热冬暖地区外墙面的应用。

反射隔热涂料的技术指标包括太阳光反射比、半球发射率等。

3.6.1 太阳光反射比

3.6.1.1 试验依据及环境要求

1）试验依据

现行国家标准《建筑用反射隔热涂料》（GB/T 25261）。

现行行业标准《建筑反射隔热涂料》（JG/T 235）。

现行行业标准《建筑外表面用热反射隔热涂料》（JC/T 1040）。

2）环境要求

标准试验条件：环境温度（23±2）℃，相对湿度（50±5）%。除另有规定外，试样的状态调节和试验应在标准试验条件下进行。

3.6.1.2 主要仪器设备

1）相对光谱法

分光光度计或光谱仪：波长范围应在 300～2 500 nm 或以上，最小波长间隔应为 5 nm，波长精度不应低于 1.6 nm，光度测量准确度应为±1%。

积分球：内径不应小于 60 mm，内壁应为高反射材料。

标准白板：压制的硫酸钡或聚四氟乙烯板，用于基线校准。

2）辐射积分法

便携式反射比测定仪。

测量头：应由钨卤素灯、过滤器和多个不同波段的探测器组成，钨卤素灯作为辐射源用于照射，过滤器用于调整辐射反射使之与特定波段相适应，探测器用于感应不同波段的辐射反射。

读数模块：读数模块与测量头相连，用于处理测量头的信号、反射比数字输出信号以及显示输入参数或校准信息。读数模块数显分辨率应为 0.001。

校准装置：包括黑腔体和标准板，黑腔体用于仪器调零，标准板用于仪器校准。

3.6.1.3 样品制备

按产品规定搅拌均匀后制板。如所检产品明示了稀释比例，需要制板进行检验的项目，均应按规定的稀释比例加水或溶剂搅匀后制板，若所检产品规定了稀释比例范围，应取其中间值。

基材应选用表面无涂镀层（阳极氧化层或着色层），符合现行国家标准（GB/T 3880.1）要求的铝合金板，铝合金板的表面处理应按照现行国家标准（GB/T 9271）的规定进行。试板数量各 3 块，试板尺寸应为 150 mm×70 mm×（0.8～1.2 mm）。

反射隔热平涂面漆：喷涂或刮涂，溶剂型产品干膜总厚度≥0.10 mm，≤0.50 mm；水性产品干膜总厚度≥0.15 mm，≤0.50 mm；放置 168 h 后测试。

反射隔热质感面漆：刮涂一道，湿膜厚度约 2 mm，放置 168 h 后测试；当产品设计有罩光漆时，先刮涂一道反射隔热质感面漆，湿膜厚度约 2 mm，48 h 后施涂罩光漆（施涂量由涂料供应商提供），放置 168 h 后测试。

参比黑板用涂料：喷涂或刮涂，干膜总厚度≥0.15 mm，≤0.50 mm；放置 168 h 后测试。

非弹性涂料建议使用多道喷涂方式进行制板，防止单道涂层干膜太厚造成开裂；弹性涂料可使用多道喷涂制板或模具进行刮涂制板。当采用多道喷涂方式进行制板时，每道间隔 6 h。

3.6.1.4　试验步骤

1）相对光谱法

（1）L 值的测定应按现行国家标准（GB/T 11186.2）的规定进行。

（2）开机预热至稳定。

（3）设置仪器参数，使用仪器配备的标准白板进行基线校准。

（4）移开白板，将试板紧贴积分球放置于白板所在的位置，关闭仪器样品仓盖，然后进行测试。

2）辐射积分法

（1）L 值的测定应按现行国家标准（GB/T 11186.2）的规定进行。

（2）开启电源，预热至稳定。

（3）用反射比为零的黑腔体调零，用已知反射比的标准板校准。每隔 30 min 重复调零和校准。

（4）将试板的涂层面紧贴测量头端口，避免光线泄漏。在测量头指示灯闪烁的整个周期内，保证测量头不动。当显示值稳定时，即可读数。

3.6.1.5　试验结果

1）相对光谱法

太阳光反射比应按式（3-35）计算。

$$\rho = \frac{\sum_{\lambda=300\ \text{nm}}^{2\,500\ \text{nm}} \rho_0(\lambda)\rho(\lambda)S_\lambda\Delta\lambda}{\sum_{\lambda=300\ \text{nm}}^{2\,500\ \text{nm}} S_\lambda\Delta\lambda} \tag{3-35}$$

式中：ρ ——试板的太阳光反射比；

$\rho_0(\lambda)$ ——标准白板的光谱反射比；

$\rho(\lambda)$ ——试板的光谱反射比；

S_λ——太阳辐射相对光谱分布，见 JG/T 235 的表 A.1；

$\Delta\lambda$——波长间隔，nm。

取 3 块试板的算术平均值作为最终结果，结果应精确至 0.01。

2）辐射积分法

取 3 块试板测量结果的算术平均值作为最终结果，结果应精确至 0.01。

3.6.2　半球发射率

3.6.2.1　试验依据及环境要求

1）试验依据

现行国家标准《建筑用反射隔热涂料》（GB/T 25261）。

现行行业标准《建筑反射隔热涂料》（JG/T 235）。

现行行业标准《建筑外表面用热反射隔热涂料》（JC/T 1040）。

2）环境要求

标准试验条件：空气温度（23±2）℃，相对湿度（50±5）%。除另有规定外，试样的状态调节和试验应在标准试验条件下进行。

3.6.2.2　主要仪器设备

便携式辐射计

（1）差热电堆式辐射能探测器：由可控加热器、高发射率探头元件和低发射率探头元件构成，可控加热器应能保证探测器温度高于试板温度或标准板温度。发射率探头元件应能产生与温差成比例关系的输出电压。探测器重复性应为±0.01。

（2）读数模块：读数模块应与差热电堆式辐射能探测器相连，用于处理热电堆输出信号。读数模块数显分辨率应为 0.01。

（3）热沉：热沉用于放置试板和标准板，热沉应具有优异的导热性能，能使试板和标准板温度稳定一致。

（4）标准板：由低发射率抛光不锈钢标准板和高发射率黑色标准板组成。

3.6.2.3　样品制备

按 3.6.1.3 节的样品制备规定进行。

3.6.2.4　试验步骤

辐射计法：

（1）开启电源，仪器预热至稳定。

（2）将高、低发射率标准板置于热沉上，探测器分别放在高、低发射率标准板上 90 s，通过微调使读数与标准板的标示值一致，再重复一遍此步骤。

（3）将试板置于热沉上 90 s，然后将探测器放在试板上直至读数稳定，即测量结果。

3.6.2.5　试验结果

取 3 块试板测量结果的算术平均值作为最终结果，结果应精确至 0.01。

第 4 章　增强加固材料

4.1　耐碱玻璃纤维网格布

玻璃纤维网格布是一种以玻璃纤维机织物为基础，经高分子抗乳液浸泡涂层处理，从而具备出色的抗碱性、柔韧性和经纬向抗拉强度高的特性。玻璃纤维网格布是广泛应用于建筑物内外墙体的保温、防水系统中的增强、抗裂材料。

玻璃纤维网格布以耐碱玻纤网布为主，其采用耐碱玻纤纱（主要成分为硅酸盐和氧化锆、氧化钛耐碱组分，具有优秀的化学稳定性）经过特殊的组织结构——纱罗组织绞织而成，后经过抗碱液、增强剂等高温热定型处理，使其更加稳定和耐用。

耐碱纤维网格布具有强度高、耐碱性好的特点，在保温系统中起着重要的结构作用。

耐碱玻纤网格布的技术指标包括单位面积质量、拉伸断裂强力、断裂伸长率、耐碱断裂强力保留率等。

4.1.1　单位面积质量

4.1.1.1　试验依据及环境要求

1）试验依据

现行国家标准《增强制品试验方法　第 3 部分：单位面积质量的测定》（GB/T 9914.3）。

2）环境要求

除非产品规范或测试委托方另有要求，试样不需要调湿。

如需调湿，推荐在现行国家标准（GB/T 2918）规定的环境温度为（23±2）℃，相对湿度为（50±10）%的标准环境条件下进行。

4.1.1.2　主要仪器设备

抛光金属模板，用于试样的制备：

面积为 1 000 cm^2 的正方形用于毡；面积为 100 cm^2 的正方形或圆形用于机织物。

裁取的试样面积的允许误差应小于 1%。

经利益相关方同意，也可使用更大的试样，在这种情况下应在试验报告中注明试样的形状和尺寸。

金属模板的正反两面光滑且平整。

合适的裁切工具：如刀、剪刀、盘式刀或冲压装置。

试样皿：由耐热材料制成，能使试样表面空气流通良好，不会损失试样。可以是由不锈钢丝制成的网篮。

天平的特性见表 4-1。

表 4-1　天平的特性

材料	测量范围	容许误差限	分辨率
毡，所有规格	0～150 g	0.5 g	0.1 g
机织物，≥200 g/m²	0～150 g	10 mg	1 mg
机织物，＜200 g/m²	0～150 g	1 mg	0.1 mg

如果取更大尺寸的试样（见抛光金属模板），应使用相当精度的天平。

通风烘箱：空气置换率为每小时 20～50 次，温度能控制在（105±3）℃内。

干燥器：内装合适的干燥剂（如硅胶、氯化钙或五氧化二磷）。

不锈钢钳：用于夹持试样和试样皿。

4.1.1.3　样品制备

除非利益相关方另有商定，每卷或实验室样本的试样数应为：

对于毡，每米宽度取 3 个 1 000 cm^2 的试样（实际上，通常每个试样为边长 31.6 cm 的正方形）；对于机织物，每 50 cm 宽度取 1 个 100 cm^2 的试样。

任何情况下，最少应取 2 个试样。

裁取毡试样的推荐方法如图 4-1 所示，裁取机织物试样建议方法如图 4-2 和图 4-3 所示。

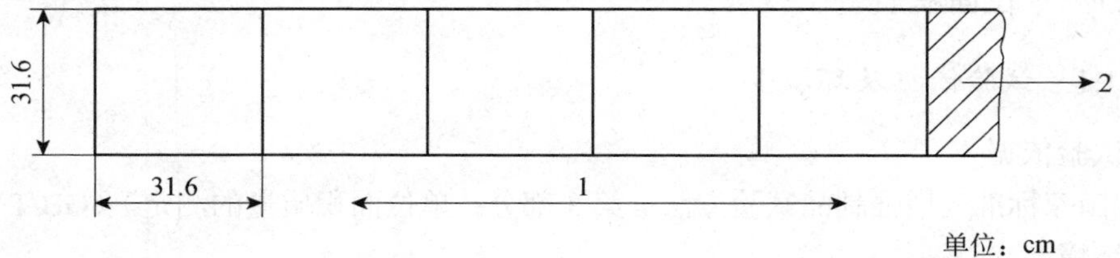

1—毡的宽度方向；2—舍弃的部分。

图 4-1　裁取毡试样推荐方法

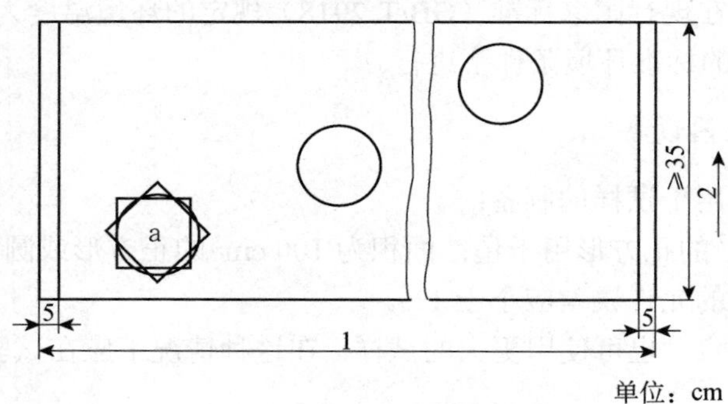

1—织物的宽度；2—经纱方向。

注：a 圆形试样可以由纱线与边或对角线平行的正方形试样代替。

图 4-2　裁取机织物试样建议方法（宽度大于 50 cm 的机织物）

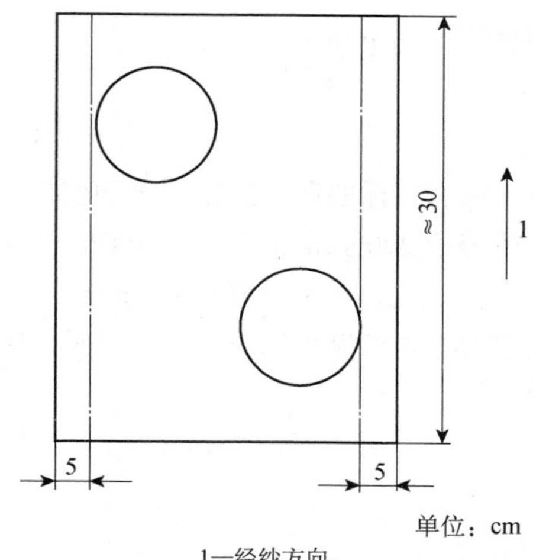

1—经纱方向。

图 4-3　裁取机织物试样建议方法（宽度为 25～50 cm 的机织物）

对于毡：

试样应并排边靠边裁取。

对已修边的毡，应从毡边开始取样；对未修边的毡，取样应距毡边至少 10 cm。

对于机织物：

试样应分开取，最好包括不同的纬纱。

应离开边/织边至少 5 cm。

如需要，应给操作者提供特别的说明，以保证裁取的试样面积在方法允许的范围内。

对于宽度小于 31.6 cm 的毡或宽度小于 25 cm 的机织物，试样的形状和尺寸由各方商定。

注：某些技术规范可能规定用整卷质量除以整卷面积作为试样的单位面积质量。这种情况下获得的结果（通常称为“实际平均质量”）没有必要与本方法获得的结果相比较。

4.1.1.4　试验步骤

（1）切取一条整幅宽度至少为 35 cm 的毡或机织物作为实验室样本。

（2）在一个清洁的工作台面上，用裁切工具和模板切取规定的试样数。

如果试样可能有纤维掉落，应采用试样皿。如需要可将试样折叠，以保证试样上原丝或纱线的完整性。

（3）除非利益相关方另有要求，当毡和机织物含水率超过 0.2%（或含水率未知）时，应将试样置于（105±3）℃的通风烘箱中干燥 1 h，然后放入干燥器中冷却至室温。

（4）从干燥器取出试样后，根据产品信息选定好天平的量程及精度，立即称取每个试样的质量并记录结果，如果使用试样皿，则应扣除试样皿的质量。

4.1.1.5　试验结果

每个试样的单位面积质量 ρ_A 按式（4-1）计算：

$$\rho_A = \frac{m_s}{A} \times 10^4 \tag{4-1}$$

式中：ρ_A ——试样的单位面积质量，g/m^2；

m_s ——试样质量，g；

A ——试样面积，cm^2。

以毡或机织物整个幅宽上所有试样的测试结果的平均值作为单位面积质量的报告值。

对于单位面积质量大于或等于 200 g/m^2 的毡和机织物，结果精确至 1 g/m^2；对于单位面积质量小于 200 g/m^2 的毡和机织物，结果精确至 0.1 g/m^2。

有时，产品规范或测试委托方要求报出每个测试单值时，这些数据可体现出材料在宽度方向上的质量分布情况。

4.1.2 拉伸断裂强力

4.1.2.1 试验依据及环境要求

1）试验依据

现行国家标准《增强材料　机织物试验方法　第 5 部分：玻璃纤维拉伸断裂强力和断裂伸长的测定》（GB/T 7689.5）。

2）环境要求

调湿环境：环境温度（23±2）℃，相对湿度（50±10）%，调湿时间为 16 h 或由利益相关方商定。

试验环境：与调湿环境相同。

4.1.2.2 主要仪器设备

拉伸试验机：推荐使用等速伸长（CRE）试验机，对于试样的拉伸速度应满足Ⅰ型试样为（100±5）mm/min，Ⅱ型试样为（50±3）mm/min。也可采用其他类型的试验机，例如，等速牵引（CRT）和等加负荷（CRL）试验机，但 CRE 型试验机所测得的结果与其他类型的试验机测得的结果没有普遍的相关性。为避免争议，CRE 方法为推荐的方法。

一对合适的夹具：夹具的宽度应大于拆边的试样宽度，如大于 50 mm 或大于 25 mm。夹具的夹持面应平整且相互平行，在整个试样的夹持宽度上均匀施加压力，并应防止试样在夹具内打滑或有任何损坏（必要时，可采用液压或气动系统）。夹具的夹持面应尽可能平滑，若夹持试样不能满足要求时，可使用衬垫、锯齿形或波形的夹具。纸、毡、皮革、塑料或橡胶片都可作为衬垫材料。夹具应设计成使试样的中心轴线与试验时试样的受力方向保持一致。上下夹具的初始距离（有效长度）对于Ⅰ型试样应为（200±2）mm，对于Ⅱ型试样应为（100±1）mm。

指示或记录施加到试样上力值的装置：该装置在规定的试验速度下，应无惯性，在规定试验条件下，示值最大误差不超过 1%。

指示或记录试样伸长值的装置：该装置在规定的试验速度下，应无惯性，精度应优于 1%。

模板：用于从试验样本上裁取过渡试样，对于Ⅰ型试样尺寸为 350 mm×370 mm，对于Ⅱ型试样尺寸为 250 mm×270 mm。模板应有两个槽口用于标记试样中间部分（有效长度）。

合适的裁切工具：如刀、剪刀或切割轮。

4.1.2.3 样品制备

（1）试样尺寸见表 4-2。

表 4-2 试样尺寸

单位：mm

试验尺寸	试样	
	I 型	II 型
试样长度	350	250
试样宽度（未拆边）	65	40
起始有效长度	200±2	100±1
试样宽度（拆边）	50	25

（2）裁取试样：裁取一片硬纸或纸板，其尺寸应大于或等于模板尺寸。将织物完全平铺在硬纸或纸板上，确保经纱和纬纱笔直无弯曲并相互垂直。将模板放在机织物上，并使整个模板处于硬纸或纸板上，用裁切工具沿着模板的外边缘同时切取一片机织物和硬纸或纸板作为过渡试样。对于经向试样，模板上有效长度的边应平行于经纱；对于纬向试样，模板上有效长度的边应平行于纬纱。用软铅笔沿着板上两个槽口的内侧边画线，移开模板。画线时注意不要损伤纱线。

（3）试样处理：在织物两端长度各为 75 mm 的端部区域内涂覆合适的胶粘剂，使机织物的两端与背衬的硬纸或纸板粘在一起，中间两条铅笔线之间部分不涂覆。

注：推荐使用以下材料涂覆试样的端部：

① 天然橡胶或氯丁橡胶溶液；

② 聚甲基丙烯酸丁酯的二甲苯溶液；

③ 聚甲基丙烯酸甲酯的二乙酮或甲乙酮溶液；

④ 环氧树脂（尤其适用于高强度材料）。

也可采用这样的方法涂覆试样：将样品端部夹在两片聚乙烯醇缩丁醛片之间，留出样品的中间部分，然后在两片聚乙烯醇缩丁醛片表面铺上硬纸或纸板，并用电熨斗将聚乙烯醇缩丁醛片熨软，使其渗入机织物。

将过渡试样烘干后，沿垂直于两条铅笔线的方向裁切成条状试样。细心地拆去试样两边的纵向纱线，两边拆去的纱线根数应大致相同。对于纱线密度大于或等于 300 tex 的机织物（无捻粗纱布）和稀松组织机织物而言，应拆去整数根纱线，并确保试样宽度尽可能接近但不小于 50 mm 或 25 mm，或符合备选宽度。在这种情形下，同一机织物的所有试样的纱线根数应相同，应测量每一个试样的实际宽度，计算 5 个试样宽度的算术平均值，精确至 1 mm，并列入测试报告。

4.1.2.4 试验步骤

（1）安装试样，调整夹具间距，I 型试样的间距为（200±2）mm，II 型试样的间距为

（100±1）mm，确保夹具相互对准并平行。使试样的纵轴贯穿两个夹具前边缘的中点，夹紧其中一个夹具。在夹紧另一夹具前，从试样的中部与试样纵轴相垂直的方向切断备衬纸板，并在整个试样宽度方向上均匀地施加预张力，预张力大小为预期强力的（1±0.25）%，然后夹紧另一个夹具。如果强力机配有记录仪或计算机，可以通过移动夹具施加预张力。应从断裂载荷中减去预张力值。

（2）在与不同类型的试验机和不同类型的试样相适应的条件下，启动夹具，拉伸试样至断裂。对于试样的拉伸速度应满足Ⅰ型试样为（100±5）mm/min，Ⅱ型试样为（50±3）mm/min。

（3）记录最终断裂强力。除非另有商定，当机织物分为两个或两个以上阶段断裂时，如双层或更复杂的机织物，记录第一组纱断裂时的最大强力，并将其作为机织物的拉伸断裂强力。

（4）记录断裂伸长，精确至 1 mm。

（5）如果有试样断裂在两个夹具中任一夹具的接触线 10 mm 以内，则在报告中记录实际情况，但计算结果时应舍去该断裂强力和断裂伸长，并用新试样重新试验。

注：有 3 种因素导致试样在夹具内或夹具附近断裂：

① 机织物存在薄弱点（随机分布）；

② 夹具附近应力集中；

③ 由夹具导致试样受损。

问题是如何区分由夹具引起的破坏还是由其他两种因素引起的破坏。实际上，要区别开来是不太可能的，最好的办法是舍弃低测试值。虽然有统计方法用于剔除异常测试值，但是在常规试验中几乎不适用。

4.1.2.5 试验结果

计算每个方向（经向和纬向）断裂强力的算术平均值，分别作为机织物经向和纬向的断裂强力测定值，用牛顿表示，保留两位有效数字。如果实际宽度不是 50 mm 或 25 mm，将按所记录的断裂强力换算成宽度为 50 mm 或 25 mm 的强力。

4.1.3 断裂伸长率

4.1.3.1 试验依据及环境要求

1）试验依据

现行国家标准《增强材料　机织物试验方法　第 5 部分：玻璃纤维拉伸断裂强力和断裂伸长的测定》（GB/T 7689.5）。

2）环境要求

调湿环境：环境温度（23±2）℃，相对湿度（50±10）%，调湿时间为 16 h 或由利益相关方商定。

试验环境：与调湿环境相同。

4.1.3.2　主要仪器设备

按照 4.1.2.2 节中主要仪器设备的要求。

4.1.3.3　样品制备

按照 4.1.2.3 节中样品制备的要求。

4.1.3.4　试验步骤

按照 4.1.2.4 节中试验步骤的要求。

4.1.3.5　试验结果

计算机织物每个方向（经向和纬向）断裂伸长的算术平均值，以断裂伸长增量与初始有效长度的百分比表示，保留两位有效数字，分别作为机织物经向和纬向的断裂伸长率。

4.1.4　耐碱断裂强力保留率

4.1.4.1　试验依据及环境要求

1）试验依据

现行国家标准《模塑聚苯板薄抹灰外墙外保温系统材料》（GB/T 29906）。

现行国家标准《玻璃纤维网布耐碱性试验方法　氢氧化钠溶液浸泡法》（GB/T 20102）。

现行行业标准《胶粉聚苯颗粒外墙外保温系统材料》（JG/T 158）。

现行行业标准《外墙外保温工程技术标准》（JGJ 144）。

2）环境要求

环境应符合现行国家和行业标准[（GB/T 20102）（GB/T 29906）和（JGJ 144）]。

调湿环境：环境温度（23±2）℃、相对湿度（50±5）%。

试验环境：与调湿环境相同。

现行行业标准（JG/T 158）规定：

标准试验条件：空气温度（23±2）℃，相对湿度（60±15）%。

4.1.4.2　主要仪器设备

拉伸试验机：等速伸长型应符合相关标准的规定。

现行国家标准（GB/T 20102）规定：

带盖容器：应由不与碱溶液发生化学反应的材料制成。尺寸大小应能使玻璃纤维网布试样平直地放置在内，并且保证碱溶液的液面高于试样至少 25 mm。容器的盖应密封，以防止碱溶液中的水分蒸发浓度增大。

化学试剂：蒸馏水、氢氧化钠、化学纯。

现行国家标准（GB/T 29906）和现行行业标准（JGJ 144）规定：

恒温烘箱：温度能控制在（60±2）℃；

恒温水浴：温度能控制在（60±2）℃，内壁及加热管均应由不与碱性溶液发生反应的材料制成（如不锈钢材料），尺寸大小应使玻璃纤维网布试样能够平直地放入，保证所有的试样都浸没于碱溶液中，并有密封的盖子；

化学试剂：氢氧化钠，氢氧化钙，氢氧化钾，盐酸。

现行行业标准（JG/T 158）规定：

恒温烘箱：温度能控制在（80±2）℃；

恒温水浴：温度能控制在（60±5）℃，内壁及加热管均应由不与碱性溶液发生反应的材料制成（如不锈钢材料），尺寸大小应使玻璃纤维网布试样能够平直地放入，保证所有的试样都浸没于碱溶液中，并有密封的盖子；

浸泡溶液为水泥浆液。

4.1.4.3 样品制备

现行国家标准（GB/T 20102）和行业标准（JGJ 144）规定：

（1）实验室样本：从卷装上裁取 30 个宽度为（50±3）mm，长度为（600±13）mm 的试样条。其中 15 个试样条的长边平行于玻璃纤维网布的经向（称为经向试样），15 个试样条的长边平行于玻璃纤维网布的纬向（称为纬向试样）。每个试样条应包括相等的纱线根数，并且宽度不超过允许的偏差范围（±3 mm），纱线的根数应在报告中注明。经向试样应在玻璃纤维网布整个宽度上裁取，确保代表了不同的经纱；纬向试样应在样品卷装上较宽的长度范围内裁取。

（2）分别在每个试样条的两端编号，然后将试样条沿横向从中间一分为二，一半用于测定未经碱性溶液浸泡的拉伸断裂强力，另一半用于测定碱性溶液浸泡后的拉伸断裂强力。这样可以保证未经碱性溶液浸泡的试样与经碱性溶液浸泡的试样的直接可比性。

现行国家标准（GB/T 29906）规定：

（1）从卷装上裁取 20 个宽度为（50±3）mm，长度为（600±13）mm 的试样条。其中 10 个试样条的长边平行于玻璃纤维网布的经向（称为经向试样），10 个试样条的长边平行于玻璃纤维网布的纬向（称为纬向试样）。每种试样条中纱线的根数应相等。经向试样应在玻璃纤维网布整个宽度上裁取，确保代表了所有的经纱，纬向试样应在样品卷装上较宽的长度范围内裁取。

（2）给每个试样条编号，在试样条的两端分别作上标记。应确保标记清晰，不被碱性溶液破坏。将试样沿横向从中间一分为二，一半用于测定干态拉伸断裂强力，另一半用于测定耐碱拉伸断裂强力，保证干态试样与碱性溶液处理试样的一一对应关系。

现行行业标准（JG/T 158）规定：按照现行国家标准（GB/T 20102）样品制备的规定，浸泡溶液为水泥浆液。

4.1.4.4 试验步骤

现行国家标准（GB/T 20102）规定：

（1）记录每个试样的编号和位置，确保得到的一对未经碱性溶液浸泡的试样和经碱性溶液浸泡的试样的拉伸断裂强力值来自同一试样条。

（2）配制浓度为 50 g/L（5%）的氢氧化钠溶液置于带盖容器内，确保溶液液面浸没试样至少 25 mm。保持溶液的温度在（23±2）℃。

（3）将用于碱性溶液浸泡处理的试样放入配制好的氢氧化钠溶液中，试样应平整地放置，如果试样有卷曲的倾向，可用陶瓷片等小的重物压在试样两端。在容器内表面对液面位置进行标记，加盖并密封。若取出试样时发现液面高度发生变化，则应重新取样进行试验。

（4）试样在氢氧化钠溶液中浸泡 28 d。

（5）取出试样后，用蒸馏水将试样上残留的碱性溶液冲洗干净，在温度为（23±2）℃、相对湿度为（50±5）%的环境中放置 7 d。

（6）未经碱性溶液浸泡的试样在温度为（23±2）℃、相对湿度为（50±5）%的实验室内同时放置。

（7）在试样两端涂覆树脂形成加强边，以防止试样在夹具内打滑或断裂。

（8）安装试样，将试样固定在夹具内，使中间有效部位的长度为 200 mm。

（9）以 100 mm/min 的速度拉伸试样至断裂，记录试样断裂时的力值（N/50mm）。

（10）如果试样在夹具内打滑或断裂，或试样沿夹具边缘断裂，应废弃这个结果，重新用另一个试样测试，直至每种试样得到 5 个有效的测试结果。

注：当试样存在自身缺陷或在试验过程中受到损伤，会产生明显的脆性和测试值出现较大的变异，这样的测试结果应废弃。

现行国家标准（GB/T 29906）规定：

（1）将用于测定干态拉伸断裂强力的试样置于（60±2）℃的烘箱内干燥 55～65 min，取出后应在温度为（23±2）℃、相对湿度为（50±5）%的环境中放置 24 h 以上。

（2）碱性溶液配制：每升蒸馏水中含有 $Ca(OH)_2$ 0.5 g、NaOH 1 g、KOH 4 g，1 L 碱性溶液浸泡 30～35 g 的玻璃纤维网布试样，根据试样的质量，配制适量的碱性溶液。

（3）将配制好的碱性溶液置于恒温水浴中，碱性溶液的温度控制在（60±2）℃。

（4）将试样平整地放入碱性溶液中，加盖密封，确保试验过程中碱性溶液浓度不发生变化。

（5）试样在（60±2）℃的碱性溶液中浸泡 24 h±10 min。取出试样，用流动的清水反复清洗后，放置于 0.5%的盐酸溶液中 1 h，再用流动的清水反复清洗。置于（60±2）℃的烘箱内干燥 55～65 min，取出后应在温度为（23±2）℃、相对湿度为（50±5）%的环境中放置 24 h 以上。

（6）按照 4.1.2 节试验步骤的规定分别测定经向试样和纬向试样的干态拉伸断裂强力和耐碱拉伸断裂强力，每种试样得到的有效试验数据不应少于 5 个。

现行行业标准（JG/T 158）规定：

（1）按质量取 1 份强度等级为 42.5 的普通硅酸盐水泥与 10 份水搅拌 30 min 后，静置过夜。取上层澄清液作为试验用水泥浆液。

（2）方法一：在标准试验条件下，将试样平放在水泥浆液中，浸泡时间为 28 d。

（3）方法二（快速法）：将试样平放在（80±2）℃的水泥浆液中，浸泡时间为 6 h。

（4）取出试样，用清水浸泡 5 min，再用流动的自来水漂洗 5 min，然后在（60±5）℃的烘箱中烘 1 h，再在标准环境中存放 24 h。

（5）按照 4.1.2.4 节试验步骤的规定测试同一条未经水泥浆液浸泡的处理试样和经水泥浆液浸泡的处理试样的拉伸断裂强力，经向试样和纬向试样得到的有效测试数据均不应少于 5 组。

现行行业标准（JGJ 144）规定：

（1）按照 4.1.4.4 节试验步骤 GB/T 29906（1）～（5）的规定进行试验。

（2）按照 4.1.4.4 节试验步骤 GB/T 20102（8）～（10）的规定进行试验。

4.1.4.5 试验结果

现行国家标准和行业标准[（GB/T 20102）（JG/T 158）和（JGJ 144）]规定：

分别计算 4 种状态下 5 个有效试样的拉伸断裂强力平均值。分别按式（4-2）计算经向拉伸断裂强力的保留率（ρ_t）和纬向拉伸断裂强力的保留率（ρ_w）：

$$\rho_t(\text{或}\rho_w)=\frac{\frac{C_1}{U_1}+\frac{C_2}{U_2}+\frac{C_3}{U_3}+\frac{C_4}{U_4}+\frac{C_5}{U_5}}{5}\times 100\% \tag{4-2}$$

式中：C_1～C_5——5 个碱性溶液（水泥浆液）浸泡处理后的试样拉伸断裂强力，N；

U_1～U_5——5 个未经浸泡处理的试样拉伸断裂强力，N。

现行国家标准（GB/T 29906）规定：

分别计算经向、纬向试样耐碱断裂强力和干态断裂强力，断裂强力为 5 个试验数据的算术平均值，精确至 1 N/50 mm。经向、纬向拉伸断裂强力保留率分别按式（4-3）计算，精确至 1%。

$$R=\frac{F_1}{F_0} \tag{4-3}$$

式中：R——耐碱断裂强力保留率，%；

F_1——试样耐碱断裂强力，N；

F_0——试样干态断裂强力，N。

4.2 镀锌电焊网

镀锌电焊网选用优质的低碳钢丝，通过自动化精密准确的机械设备点焊加工成型后，采用镀锌工艺进行表面处理，具有网面平整、网目均匀、焊点牢固、防腐蚀性好、用途广泛等特点。镀锌电焊网在建筑工程领域中主要应用在外墙保温系统、墙体加固、防裂措施以及装饰与防护等方面。

镀锌电焊网分为电镀锌和热镀锌两种，电镀锌就是常说的冷镀锌技术，冷镀锌是将经过除锈、除污、浸润的电焊网放入专门的电镀槽进行电化学镀锌。其镀层比较薄，一般为 5～30 μm，所以防腐蚀的时间会比较短。热镀锌就是将锌熔化成液态后，将母材浸入其中，这样锌就会与母材形成互渗，结合得非常紧密，中间不易残留其他杂质或缺陷，类似于两种材料在镀层部位熔化到一起了，而且镀层厚度大，可以达到 100 μm，所以耐腐蚀能力强，盐雾试验 96 h 没问题的相当于通常环境下 10 年。

镀锌电焊网的技术指标包括丝径、网孔尺寸及偏差、焊点抗拉力、镀锌层质量等。

4.2.1　丝径

4.2.1.1　试验依据及环境要求

1）试验依据

现行国家标准《镀锌电焊网》（GB/T 33281）。

2）环境要求

试验应在常温、常湿条件下进行。

4.2.1.2　主要仪器设备

千分尺：示值为 0.01 mm。

4.2.1.3　样品制备

镀锌电焊网网面平整、网孔均匀，色泽一致，无漏镀漏铁缺陷。

4.2.1.4　试验步骤

用示值为 0.01 mm 的千分尺，任取经丝、纬丝各 3 根测量（锌粒处除外），取其平均值。

4.2.1.5　试验结果

任取经丝、纬丝各 3 根测量（锌粒处除外），以 6 个试验结果的算术平均值表示，并精确至 0.01 mm。

4.2.2　网孔尺寸及偏差

4.2.2.1　试验依据及环境要求

1）试验依据

现行国家标准《镀锌电焊网》（GB/T 33281）。

2）环境要求

试验应在常温常湿条件下进行。

4.2.2.2　主要仪器设备

钢卷尺：示值为 1 mm。

钢尺：示值为 1 mm。

游标卡尺：示值为 0.02 mm。

4.2.2.3 样品制备

镀锌电焊网网面平整、网孔均匀，色泽一致，无漏镀漏铁缺陷。

4.2.2.4 试验步骤

（1）电焊网网长、网宽：将网展开置于一平面上，用示值为 1 mm 的钢卷尺测量。

（2）网孔偏差：将网展开置于一平面上，按 305 mm 内网孔构成数目（表 4-3）用示值为 1 mm 的钢尺测量。有争议时，可用示值为 0.02 mm 的游标卡尺测量。

表 4-3 305 mm 内网孔构成数目

网孔距离/mm	50.80	25.40	19.05	12.70	9.53	6.35
网孔数目/个	6	12	16	24	32	48

4.2.2.5 试验结果

网孔尺寸：以实际试验结果表示。

网孔偏差：以经向网孔偏差范围不超过±5%；纬向网孔偏差范围不超过±2%表示。

4.2.3 焊点抗拉力

4.2.3.1 试验依据及环境要求

1）试验依据

现行国家标准《镀锌电焊网》（GB/T 33281）。

2）环境要求

试验应在常温常湿条件下进行。

4.2.3.2 主要仪器设备

拉力试验机：选用合适的量程和行程。

拉伸卡具：焊点抗拉力的拉伸卡具如图 4-4 所示。

4.2.3.3 样品制备

镀锌电焊网网面平整、网孔均匀，色泽一致，无漏镀漏铁缺陷。

4.2.3.4 试验步骤

对焊点抗拉力检测，使用焊点抗拉力的拉伸卡具，在网上任取 3 个焊点，进行拉伸，拉伸试验机拉伸速度为 5 mm/min，根据拉断时的拉力值计算平均值。

4.2.3.5 试验结果

焊点抗拉力以 3 个试验结果的算术平均值表示，单位为牛（N）。

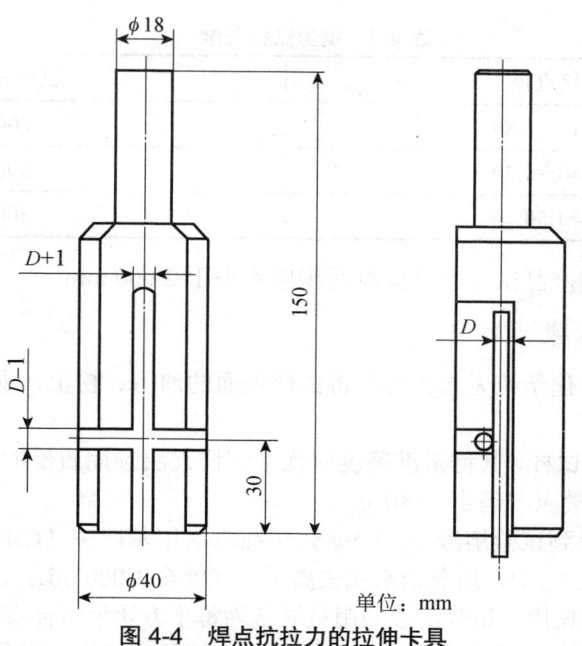

图 4-4　焊点抗拉力的拉伸卡具

4.2.4　镀锌层质量

4.2.4.1　试验依据及环境要求

1）试验依据

现行国家标准《镀锌电焊网》（GB/T 33281）。

现行国家标准《钢产品镀锌层质量试验方法》（GB/T 1839）。

2）环境要求

试验应在常温常湿条件下进行。

4.2.4.2　主要仪器设备

天平：称量准确度应优于试样镀层预期质量的 1%。当试样镀层质量不小于 0.1 g 时，称量应准确到 0.001 g。

千分尺：示值为 0.01 mm。

4.2.4.3　样品制备

（1）试样取样部位和数量按照产品标准或双方协议的规定执行。应根据镀层的厚度，选取试验面积，保证符合试样称量准确度要求。在切取试样时，应注意避免表面损伤。不得使用局部有明显损伤的试样。

（2）钢板、钢带试样可为圆形或方形，仲裁试验试样单面面积为 3 000～5 000 mm^2。

（3）钢丝试样长度按表 4-4 规定切取。

表 4-4　钢丝试样长度　　单位：mm

钢丝直径	试样长度
≥0.15～0.80	600
＞0.80～1.50	500
＞1.50	300

（4）其他镀锌钢产品试样的试验总面积应不小于 2 000 mm^2。

4.2.4.4　试验步骤

（1）用清洗液（化学纯无水乙醇）将试样表面的油污、粉尘、水迹等清洗干净，然后充分烘干。

（2）用天平称量试样，其称量准确度应优于试样镀层预期质量的 1%。当试样镀层质量不小于 0.1 g 时，称量应准确到 0.001 g。

（3）将试样浸没到试验溶液[将 3.5 g 化学纯六次甲基四胺（$C_6H_{12}N_4$）溶解于 500 mL 浓盐酸（ρ=1.19 g/mL）]中，用蒸馏水或去离子水稀释至 1 000 mL。试验溶液在能溶解镀锌层的条件下，可反复使用。试验溶液的用量通常为每平方厘米试样表面积不少于 10 mL。

（4）在室温条件下，试样完全浸没于溶液中，可翻动试样，直到镀层完全溶解，以氢气析出（剧烈冒泡）的明显停止作为溶解过程结束的判定。然后取出试样在流水中冲洗，必要时可用尼龙刷刷去可能吸附在试样表面的疏松附着物。最后用乙醇清洗，迅速干燥，也可用吸水纸将多余水分吸除，用热风快速吹干。

（5）用天平称量试样，精度与（2）相同。

（6）称重后，测定试样锌层溶解后暴露的表面积，准确度应达到 1%。钢丝直径的测量应在同一圆周上相互垂直的部位各测一次，取平均值，测量精确到 0.01 mm。

4.2.4.5　试验结果

镀锌电焊网单位面积上的镀锌量按式（4-4）计算，计算结果按现行国家标准（GB/T 8170）的规定修约，保留数位应与产品标准中标示的数位一致。

$$M=\frac{m_1-m_2}{m_2}\times D\times 1\ 960 \tag{4-4}$$

式中：M——单位面积上的镀锌层质量，g/m^2；

m_1——试样镀锌层溶解前的质量，g；

m_2——试样镀锌层溶解后的质量，g；

D——试样镀锌层溶解后的直径，mm；

1 960——常数。

4.3　锚　　栓

锚栓是指一切后锚固组件的总称。按原材料不同分为金属锚栓和非金属锚栓。按锚固机理不同分为膨胀型锚栓、扩孔型锚栓、粘结型锚栓、混凝土螺钉、射钉、混凝土钉等。

锚栓宜采用 Q235 钢及 Q345 钢等塑性性能较好的钢号，不宜采用高强度钢材。锚栓是非标准件，又因其直径较大，常类似 C 级螺栓采用未经加工的圆钢制成，不采用高精度的车床加工。外露柱脚的锚栓常采用双螺母，以防松动。非金属锚栓或组件一般采用工程塑料制成，但不得采用废旧塑料作为原材料。

外保温用锚栓（锚固件），由膨胀件和膨胀套管组成，或仅由膨胀套管组成，依靠膨胀产生的摩擦力或机械锁定作用连接保温系统与基层墙体的机械固定件。如将热镀锌电焊网、耐碱玻璃维纤网布或保温板，以及防火隔离带等固定于基层墙体。

锚栓的技术指标：尺寸及公差、锚栓抗拉承载力标准值、锚栓圆盘抗拔力标准值、钻头磨损对锚栓抗拉承载力标准值的影响、锚栓的松弛性能等。

4.3.1 锚栓抗拉承载力标准值

4.3.1.1 试验依据及环境要求

1）试验依据

现行国家标准《外墙保温用锚栓》（JG/T 366）。

2）环境要求

标准试验环境：空气温度（23±5）℃，相对湿度（50±10）%。

4.3.1.2 主要仪器设备

锚栓拉拔仪：拉拔仪支脚中心轴线与锚栓试件中心轴线之间距离应不小于有效锚固深度的 2 倍。

4.3.1.3 样品制备

检验样品应随机抽取，取样数量每批次 10 个。

4.3.1.4 试验步骤

（1）试验用基层墙体试块强度等级按规范要求，在基层墙体试块上按生产商提供的安装方法进行安装，钻头直径 d_m，有效锚固深度应不小于 25 mm，试件数量 10 个。

（2）使用拉拔仪进行试验，拉拔仪支脚中心轴线与锚栓试件中心轴线之间距离应不小于有效锚固深度的 2 倍。均匀稳定加载，荷载方向垂直于基层墙体试块表面，加载至锚栓试件破坏，记录破坏荷载值和破坏状态。

4.3.1.5 试验结果

锚栓抗拉承载力标准值应按式（4-5）计算。

$$F=\bar{F}\times\left(1-K\times V\right) \tag{4-5}$$

式中：F——锚栓抗拉承载力标准值（5%分位数），kN；

注：标准试验条件下，锚栓抗拉承载力标准值表述为 F_k，圆盘抗拉力标准值表述为 F_{Rk}；

$\bar{F}$——锚栓试件破坏荷载的算术平均值，kN；

K——系数；锚栓数为 5 个时取 3.4，10 个时取 2.6；

V——变异系数，为锚栓试件测定值标准偏差与算术平均值之比。

如果试验中破坏荷载的变异系数大于 20%，确定抗拉承载力标准值时应乘以一个附加系数α，α的计算见式（4-6）。

$$\alpha = \frac{1}{1 + [V(\%) - 20] \times 0.03} \tag{4-6}$$

4.3.2 锚栓圆盘抗拔力标准值

4.3.2.1 试验依据及环境要求

1）试验依据

现行行业标准《外墙保温用锚栓》（JG/T 366）。

2）环境要求

标准试验环境：空气温度（23±5）℃，相对湿度（50±10）%。

4.3.2.2 主要仪器设备

拉力试验机：选用合适的量程和行程。

锚栓圆盘抗拔力试验的试验装置如图 4-5 所示。

4.3.2.3 样品制备

检验样品应随机抽取，取样数量每批次不少于 5 个。

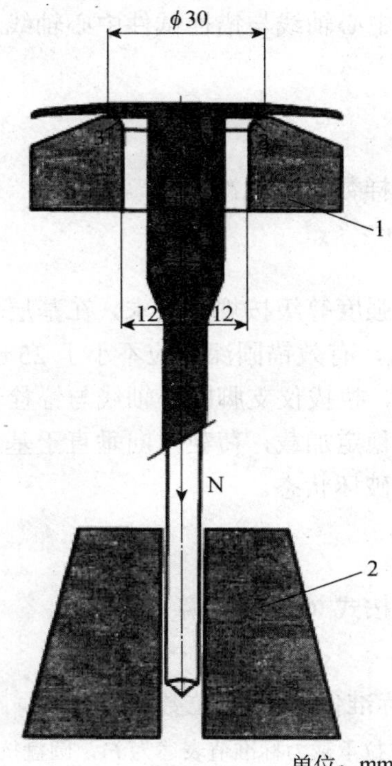

单位：mm

1—支撑圆环；2—夹具。

图 4-5 试验装置

4.3.2.4　试验步骤

为了确定锚栓圆盘的破坏荷载，应进行不少于 5 次试验。试验时，将锚栓圆盘支撑在一个内径为 30 mm 坚固的支撑圆环上，拉力荷载通过锚栓轴在支撑圆环的内侧施加，加载速率为 1 kN/min。加载至锚栓破坏，记录破坏荷载。

4.3.2.5　试验结果

锚栓圆盘抗拔力标准值 F_{Rk} 应按式（4-5）计算。

第 5 章　抹面与粘结材料

5.1　抹 面 砂 浆

凡涂抹在建筑物或建筑构件表面的砂浆，统称为抹面砂浆。根据抹面砂浆功能的不同，可将抹面砂浆分为普通抹面砂浆、装饰砂浆和具有某些特殊功能的抹面砂浆（如防水砂浆、绝热砂浆、吸音砂浆和耐酸砂浆等）。抹面砂浆应具有良好的和易性，便于施工。还应有较高的粘结力和抗裂性能。砂浆层应能与底面粘结牢固，长期不至于开裂或脱落，处于潮湿环境或易受外力作用部位（如地面和墙裙等），还应具有较高的耐水性和强度。在建筑保温系统中，抹面砂浆主要用于保温材料层的抗裂保护层，也被称为聚合物抹面抗裂砂浆。

本节主要以抹面胶浆为例。抹面胶浆是由水泥基胶凝材料、高分子聚合物材料以及填料和添加剂等组成，但为了防止砂浆开裂，有时需加入一些纤维材料（如纸筋，麻刀，有机纤维等）；为强化某些功能，还需加入一些特殊骨料（如陶砂，膨胀珍珠岩等）。

抹面胶浆的技术指标包括拉伸粘结强度、压折比、开裂应变、抗冲击性、吸水量、不透水性等。

5.1.1　拉伸粘结强度

5.1.1.1　试验依据及环境要求

1）试验依据

现行国家标准《模塑聚苯板薄抹灰外墙外保温系统材料》（GB/T 29906）。

现行行业标准《外墙外保温工程技术标准》（JGJ 144）。

2）环境要求

现行国家标准（GB/T 29906）规定：

标准养护条件：空气温度（23±2）℃，相对湿度（50±5）%。

试验环境：环境温度（23±5）℃，相对湿度（50±10）%。

现行行业标准（JGJ 144）规定：

标准养护条件和状态调节：环境温度（23±2）℃，相对湿度（50±5）%。

5.1.1.2　主要仪器设备

拉力机：选用合适的量程和行程，精度为 1%。

刚性平板或金属板：互相平行的一组刚性平板或金属板，尺寸为 50 mm×50 mm。

5.1.1.3　样品制备

现行国家标准（GB/T 29906）规定：

（1）试样由模塑板和抹面胶浆组成，按生产商使用说明配制抹面胶浆，抹面胶浆厚度为 3 mm，试样养护期间无须覆盖模塑板。

（2）原强度、耐水强度：

试样尺寸为 50 mm×50 mm 或直径为 50 mm，与模塑板粘结试样数量为 6 个。

试样在标准养护条件下养护 28 d。

（3）耐冻融强度：

试样尺寸为 600 mm×400 mm 或 500 mm×500 mm，数量为 3 个。

（4）制样后在标准养护条件下养护 28 d，然后将试样四周（包括保温材料）做密封防水处理。

现行行业标准（JGJ 144）规定：

（1）试样尺寸为 50 mm×50 mm 或直径 50 mm，保温板厚度应为 50 mm，试样数量应为 5 个。

（2）保温材料为保温板时，应将抹面材料抹在保温板一个表面上，厚度应为（3±1）mm。当保温板需做界面处理时，应在界面处理后涂胶粘剂，并应在试验报告中注明。经过养护后，两面应采用适当的胶粘剂粘结尺寸为 50 mm×50 mm 的钢底板。

（3）保温材料为胶粉聚苯颗粒保温浆料时，应将抹面胶浆抹在胶粉聚苯颗粒保温浆料一个表面上，厚度应为（3±1）mm。经过养护后，两面应采用适当的胶粘剂粘结尺寸为 50 mm×50 mm 的钢底板。

5.1.1.4　试验步骤

（1）原强度、耐水强度试验按下列步骤进行：

以合适的胶粘剂将试样粘贴在两个刚性平板或金属板上，胶粘剂应与产品相溶，固化后将试样按下述条件进行处理。

原强度：干燥状态；无附加条件。

耐水强度：浸水 48 h，到期试样从水中取出并擦拭表面水分，在标准养护条件下干燥 2 h。

耐水强度：浸水 48 h，到期试样从水中取出并擦拭表面水分，在标准养护条件下干燥 7 d。

现行国家标准（GB/T 29906）规定：将试样安装到适宜的拉力机上，进行拉伸粘结强度测定，拉伸速度为（5±1）mm/min。记录每个试样破坏时的拉力值，基材为模塑板时还应记录破坏状态。破坏面在刚性平板或金属板胶结面时，测试数据无效。

现行行业标准（JGJ 144）规定：应将试样安装于拉力试验机上，拉伸速度应为 5 mm/min，应拉伸至破坏并记录破坏时的拉力值及破坏部位。

（2）耐冻融强度试验按下列程序进行：

① 进行 30 次冻融循环，每次应为 24 h。冻融循环条件应满足以下几点。

a. 现行国家标准（GB/T 29906）规定：在室温水中浸泡 8 h，试样防护层朝下，浸入水中的深度为 3～10 mm。

现行行业标准（JGJ 144）规定：应在（20±2）℃自来水中浸泡 8 h。当试样浸入水中时，应使抹面层或防护层朝下，使抹面层浸入水中，并应排除试样表面气泡。

b. 在（−20±2）℃的条件下冷冻 16 h。当试验过程需中断时，试样应在（−20±2）℃条件下存放。

② 现行国家标准（GB/T 29906）规定：每次浸泡结束后，取出试样，用湿毛巾擦去表面水分，对抹面层和饰面层的外观进行检查并做记录。

现行国家标准（JGJ 144）规定：每 3 次循环后应观察试样出现裂缝、空鼓、脱落等情况，并做记录。

③ 冻融循环结束后，在标准养护条件下状态调节 7 d。

④ 外观检查：目测检查试样有无可见裂缝、粉化、空鼓、剥落等现象。有裂缝、粉化、空鼓、剥落等现象时，记录其数量、尺寸和位置。

⑤ 按下列规定进行拉伸粘结强度测试：

现行国家标准（GB/T 29906）规定：在每个试样上距边缘不小于 100 mm 处各切割 2 个试件，试件尺寸为 50 mm×50 mm 或直径为 50 mm，数量共 6 块。以合适的胶粘剂将试样粘贴在两个刚性平板或金属板上，将试样安装到适宜的拉力机上，进行拉伸粘结强度测定，拉伸速度为（5±1）mm/min。记录每个试样破坏时的拉力值和破坏状态。破坏面在刚性平板或金属板胶结面时，测试数据无效。

现行行业标准（JGJ 144）规定：应将试样安装于拉力试验机上，拉伸速度应为 5 mm/min，应拉伸至破坏并记录破坏时的拉力值及破坏部位。

5.1.1.5 试验结果

拉伸粘结强度按式（5-1）计算。

$$R = \frac{F}{A} \tag{5-1}$$

式中：R——试样拉伸粘结强度，MPa；

F——试样破坏荷载值，N；

A——粘结面积，mm^2。

现行国家标准（GB/T 29906）规定：

原强度、耐水强度：拉伸粘结强度试验结果为 6 个试验数据中 4 个中间值的算术平均值，精确至 0.01 MPa。模塑板内部或表层破坏面积在 50%以上时，破坏状态为破坏发生在模塑板中，否则破坏状态为界面破坏。

现行国家标准（GB/T 29906）规定耐冻融强度：外观试验结果为有无可见裂缝、粉化、空鼓、剥落等现象。拉伸粘结强度试验结果为 6 个试验数据中 4 个中间值的算术平均值，精确到 0.01 MPa。

现行行业标准（JGJ 144）规定：拉伸粘结强度试验结果为 5 个试验数据的算术平均值。

5.1.2 压折比

5.1.2.1 试验依据及环境要求

1）试验依据

现行国家标准《模塑聚苯板薄抹灰外墙外保温系统材料》（GB/T 29906）。

2）环境要求

标准养护条件：空气温度（23±2）℃，相对湿度（50±5）%。

试验环境：环境温度（23±5）℃，相对湿度（50±10）%。

5.1.2.2 主要仪器设备

搅拌机：应符合现行行业标准（JC/T 681）的要求。

振实台：振实台为基准成型设备，应符合现行行业标准（JC/T 682）的要求。

振动台：全波振幅（0.75+0.02）mm，频率为 2 800～3 000 次/min 的振动台，振动台应符合现行行业标准（JC/T 723）的要求。

抗折强度试验机：应符合现行行业标准（JC/T 724）的要求。

抗压强度试验机：应符合现行行业标准（JC/T 960）的要求。

天平：分度值不大于±1 g。

计时器：分度值不大于±1 s。

加水器：分度值不大于±1 mL。

5.1.2.3 样品制备

（1）试体为 40 mm×40 mm×160 mm 的棱柱体。

（2）按生产商使用说明配制抹面胶浆，抹面胶浆用搅拌机按以下程序进行搅拌，可以采用自动控制，也可以采用手动控制。

把水加入锅里，再加入抹面胶浆，把锅固定在固定架上，上升至工作位置；立即开动机器，先低速搅拌（30±1）s 后，把搅拌机调至高速再搅拌（30±1）s；停拌 90 s，在停拌开始的（15±1）s 内，将搅拌锅放下，用刮刀将叶片、锅壁和锅底上的抹面胶浆刮入锅中；再在高速下继续搅拌（60±1）s。

（3）试体成型。

① 用振实台成型。

抹面胶浆制备后立即进行成型。将空试模和模套固定在振实台上，用料勺将锅壁上的抹面胶浆清理到锅内并翻转搅拌抹面胶浆使其更加均匀，成型时将抹面胶浆分两层装入试模。装第一层时，每个槽里约放 300 g 抹面胶浆，先用料勺沿试模长度方向划动抹面胶浆以布满模槽，再用大布料器垂直架在模套顶部沿每个模槽来回将料层布平，接着振实 60 次。再装入第二层抹面胶浆，用料勺沿试模长度方向划动抹面胶浆以布满模槽，但不能接触已振实抹面胶浆，再用小布料器布平，振实 60 次。每次振实时可将一块拧干水分、比模套尺寸稍大的湿棉纱布盖在模套上以防止振实时抹面胶浆飞溅。

移走模套，从振实台上取下试模，用一金属直边尺以近似90°的角度（但向刮平方向稍斜）架在试模模顶的一端，然后沿试模长度方向以横向锯割动作慢慢向另一端移动，将超过试模部分的抹面胶浆刮去。锯割动作的多少和直尺角度的大小取决于抹面胶浆的稀稠程度，较稠的抹面胶浆需要多次锯割，锯割动作要慢，以防止拉动已振实的抹面胶浆。用拧干的湿毛巾将试模端板顶部的抹面胶浆擦拭干净，再用同一直边尺以近乎水平的角度将试体表面抹平。抹平的次数要尽量少，总次数不应超过3次。最后将试模周边的抹面胶浆擦除干净。用毛笔或其他方法对试体进行编号。

② 用振动台成型。

在搅拌抹面胶浆的同时将试模和下料漏斗卡紧在振动台的中心。将搅拌好的全部抹面胶浆均匀地装入下料漏斗中，开动振动台，抹面胶浆通过漏斗流入试模。振动（120±5）s后停止振动。振动完毕，取下试模，用刮平尺以振实台成型规定的刮平手法刮去其高出试模的抹面胶浆并抹平、编号。

（4）在试模上盖一块玻璃板，也可用相似尺寸的钢板或不渗水的、与抹面胶浆没有反应的材料制成的板。盖板不应与抹面胶浆接触，盖板与试模之间的距离应控制在2～3 mm。为了安全，玻璃板应有磨边。立即将做好标记的试模放入养护室或湿箱的水平架子上养护，湿空气应能与试模各边接触。养护时不应将试模放在其他试模上。一直养护到规定的脱模时间时取出脱模。脱模应非常小心。脱模时可以用橡皮锤或脱模器。对于24 h以上龄期的，应在成型后20～24 h脱模。如经24 h养护，会因脱模对强度造成损害时，可以延迟至24 h以后脱模，但在试验报告中应予以说明。

（5）将做好标记的试体立即水平或竖直放在（20±1）℃水中养护，水平放置时刮平面应朝上。试体放在不易腐烂的篦子上，并彼此间保持一定间距，让水与试体的6个面接触。养护期间试体之间间隔或试体上表面的水深不应小于5 mm。

注：不宜用未经防腐处理的木篦子。每个养护池只养护同类型的试体。最初用自来水装满养护池（或容器），随后随时加水保持适当的水位。养护期间，可以更换不超过50%的水。试样在标准养护条件下养护28 d。

（6）除延迟至48 h脱模的试体外，到龄期的试体应在试验（破型）前提前从水中取出。揩去试体表面沉积物，并用湿布覆盖至开始试验为止。试体龄期是从抹面胶浆加水搅拌开始试验时算起。28 d龄期强度试验在28 d±8 h里进行。

5.1.2.4 试验步骤

（1）用抗折强度试验机测定抗折强度，将试体一个侧面放在试验机支撑圆柱上，试体长轴垂直于支撑圆柱，通过加荷圆柱以（50±10）N/s的速率均匀地将荷载垂直地加在棱柱体相对侧面上，直至折断。保持两个半截棱柱体处于潮湿状态直至抗压试验开始。

（2）抗折强度试验完成后，取出两个半截试体，进行抗压强度试验。用抗压强度试验测定抗压强度，在半截棱柱体的侧面上进行。半截柱体中心与压力机压板受压中心差应在±0.5 mm内，棱柱体露在压板外的部分约有10 mm。在整个加荷过程中以（2 400±200）N/s的速率均匀地加荷直至破坏。

5.1.2.5　试验结果

（1）抗折强度按式（5-2）进行计算，精确至 0.01 MPa。

$$R_f = \frac{1.5 \times F_f \times L}{b^3} \tag{5-2}$$

式中：R_f——抗折强度，MPa；

F_f——折断时施加于棱柱体中部的荷载，N；

L——支撑圆柱之间的距离，mm；

b——棱柱体正方形截面的边长，mm。

以一组 3 个棱柱体抗折结果的平均值作为试验结果。当 3 个强度值中有一个超出平均值的±10%时，应剔除后再取平均值作为抗折强度试验结果；当 3 个强度值中有两个超出平均值的±10%时，则以剩余一个作为抗折强度试验结果。单个抗折强度试验结果精确至 0.1 MPa，算术平均值精确至 0.1 MPa。

（2）抗压强度按式（5-3）进行计算，受压面积计为 1 600 mm^2。

$$R_c = \frac{F_c}{A} \tag{5-3}$$

式中：R_c——抗压强度，MPa；

F_c——破坏时的最大荷载，N；

A——受压面积，mm^2。

以一组 3 个棱柱体上得到的 6 个抗压强度测定值的平均值作为试验结果。当 6 个抗压强度测定值中有一个超出 6 个平均值的±10%时，剔除这个结果，再以剩下 5 个的平均值作为结果。当 5 个抗压强度测定值中再有超过它们平均值的±10%时，则此组结果作废。当 6 个抗压强度测定值中同时有 2 个或 2 个以上超出平均值的±10%时，则此组结果作废。单个抗压强度试验结果精确至 0.1 MPa，算术平均值精确至 0.1 MPa。

（3）压折比按式（5-4）计算，精确至 0.1。

$$T = \frac{R_c}{R_f} \tag{5-4}$$

式中：T——压折比；

R_c——抗压强度，MPa；

R_f——抗折强度，MPa。

5.1.3　开裂应变

5.1.3.1　试验依据及环境要求

1）试验依据

现行国家标准《模塑聚苯板薄抹灰外墙外保温系统材料》（GB/T 29906）。

2）环境要求

标准养护条件：空气温度（23±2）℃，相对湿度（50±5）%。

试验环境：环境温度（23±5）℃，相对湿度（50±10）%。

5.1.3.2 主要仪器设备

应变仪：长度为 150 mm，精密度等级为 0.1 级。

小型拉力试验机。

5.1.3.3 样品制备

（1）纬向、经向试样数量各 6 条。

（2）抹面胶浆按照产品说明配制搅拌均匀后使用，将抹面胶浆涂抹在 600 mm×100 mm 塑板上，贴上标准玻璃纤维网布，玻璃纤维网布两端应伸出抹面胶浆 100 mm，再按受检方规定的厚度刮抹面胶浆。玻璃纤维网布伸出部分反包在抹面胶浆表面，试验时把两条试条对称地互相粘贴在一起，玻璃纤维网布反包的一面向外，用环氧树脂粘贴在拉力机的金属夹板之间。

（3）将试样放置在室温条件下养护 28 d，将模塑板剥掉。

5.1.3.4 试验步骤

（1）将两个对称粘贴的试条安装在试验机的夹具上，应变仪应安装在试样中部，两端距金属夹板尖端不应少于 75 mm，如图 5-1 所示。

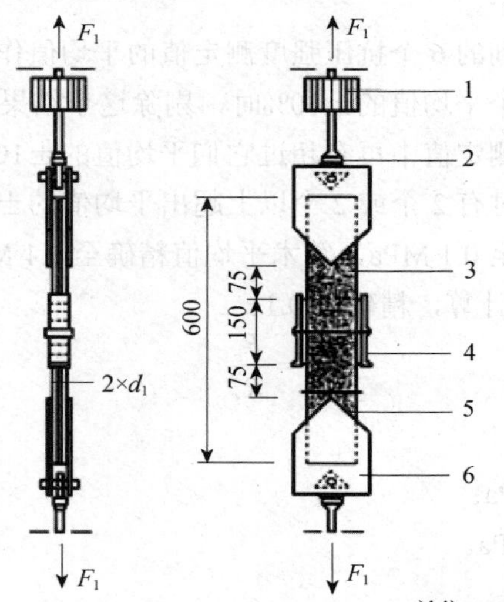

1—10kN 测力元件；2—用于传递拉力的万向节；3—对称安装的试样；4—电子应变计；5—粘结抹面层与钢板的环氧树脂；6—用于传递拉力的钢板。

图 5-1 抹面胶浆抹面层拉伸试验装置

（2）加荷速度应为 0.5 mm/min，加荷至 50%预期裂纹拉力之后卸载。如此反复进行 10 次。加荷和卸载持续时间应为 1～2 min。

（3）如果在 10 次加荷过程中试样没有被破坏，则第 11 次加荷直至试条出现裂缝并最终断裂。在应变值分别达到 0.3%、0.5%、0.8%、1.5%和 2.0%时停顿，观察试样表面是否开裂，并记录裂缝状态。

5.1.3.5　试验结果

观察试样表面裂缝的数量，并测量和记录裂纹的数量和宽度，记录试样出现第一条裂缝时的应变值（开裂应变）。试验结束后，测量和记录试样的宽度和厚度。

5.1.4　抗冲击性

5.1.4.1　试验依据及环境要求

1）试验依据

现行国家标准《模塑聚苯板薄抹灰外墙外保温系统材料》（GB/T 29906）。

2）环境要求

标准养护条件：空气温度（23±2）℃，相对湿度（50±5）%。

试验环境：环境温度（23±5）℃，相对湿度（50±10）%。

5.1.4.2　主要仪器设备

钢球：符合现行国家标准（GB/T 308）的规格要求，公称直径为 50.8 mm 的高碳铬轴承钢钢球。

抗冲击仪：由落球装置和带有刻度尺的支架组成，分度值为 0.01 m。

5.1.4.3　样品制备

试样由模塑板和抹面层组成，抹面层厚度为 3 mm，试样尺寸宜大于 600 mm×400 mm，每一抗冲击级别试样数量为 1 个。试样在标准养护条件下养护 14 d，然后在室温水中浸泡 7 d，抹面层向下，浸入水中的深度为 3～10 mm。试样从水中取出后，在试验环境下调节 7 d。

5.1.4.4　试验步骤

（1）将试样抹面层向上，水平放置在抗冲击仪的基底上，试样紧贴基底。

（2）分别用公称直径为 50.8 mm（其计算质量为 535 g）的钢球在球的最低点距被冲击表面的垂直高度为 0.57 m 上自由落体冲击试样（3J 级）。

（3）每一级别冲击 10 处，冲击点间距及冲击点与边缘的距离应不小于 100 mm，试样表面冲击点及周围出现裂缝视为冲击点破坏。

5.1.4.5　试验结果

3J 级试验 10 个冲击点中破坏点小于 4 个时，判定为 3J 级。

5.1.5　吸水量

5.1.5.1　试验依据及环境要求

1）试验依据

现行国家标准《模塑聚苯板薄抹灰外墙外保温系统材料》（GB/T 29906）。

现行行业标准《外墙外保温工程技术标准》（JGJ 144）。

2）环境要求

现行国家标准（GB/T 29906）规定标准养护条件：空气温度（23±2）℃，相对湿度为（50±5）%。

试验环境：环境温度为（23±5）℃，相对湿度（50±10）%。

现行行业标准（JGJ 144）规定：标准养护条件和状态调节：空气温度（23±2）℃，相对湿度（50±5）%。

5.1.5.2 主要仪器设备

天平：分度值不大于 1 g。

钢直尺：分度值为 1 mm。

5.1.5.3 样品制备

（1）试样由保温层和抹面层组成，试样尺寸为 200 mm×200 mm，数量为 3 个，并应注明抹面层厚度。JGJ 144 规定保温层厚度应为 50 mm。

（2）试样在标准养护条件下养护 7 d 后，将试样四周（包括保温材料）做密封防水处理，然后按下列规定进行预处理。

① 将试样按下列步骤进行 3 次循环：

a. 在试验环境条件下的水槽中浸泡 24 h，试样抹面层朝下浸在水中，浸入深度为 3～10 mm；

b. 在（50±5）℃的条件下干燥 24 h。

② 完成循环后，试样应在试验环境下再放置，时间不应少于 24 h。

5.1.5.4 试验步骤

（1）测量试样面积应记为 A。

（2）将试样抹面层朝下，平稳地浸入室温水中，浸入水中的深度为 3～10 mm，浸泡 3 min 后取出，用拧干水分的湿毛巾迅速擦去试样表面明水，用天平称取试样浸水前的质量 m_0，然后浸水 24 h 后测定浸水后试样质量 m_1。

5.1.5.5 试验结果

吸水量应按式（5-5）计算，试验结果用 3 个试验数据的算术平均值表示，精确至 1 g/m²。

$$M = \frac{(m_1 - m_0)}{A} \tag{5-5}$$

式中：M——吸水量，g/m²；

m_1——浸水后试样质量，g；

m_0——浸水前试样质量，g；

A——试样面积，m²。

5.1.6　不透水性

5.1.6.1　试验依据及环境要求

1）试验依据

现行国家标准《模塑聚苯板薄抹灰外墙外保温系统材料》（GB/T 29906）。

现行行业标准《外墙外保温工程技术标准》（JGJ 144）。

2）环境要求

GB/T 29906 标准养护条件：空气温度（23±2）℃，相对湿度（50±5）%。

试验环境：环境温度（23±5）℃，相对湿度（50±10）%。

JGJ 144 标准养护条件和状态调节：空气温度（23±2）℃，相对湿度（50±5）%。

5.1.6.2　主要仪器设备

水槽：深度能使试样抹面层朝下浸入水槽中 50 mm。

5.1.6.3　样品制备

（1）试样尺寸为 200 mm×200 mm，GB/T 29906 数量为 3 个。JGJ 144 数量为 2 个。

（2）试样由保温层和抹面层组成，保温层厚度不小于 60 mm，试样在标准养护条件下养护 28 d 后，应将试样中心部位的保温层除去并刮干净，刮除部分的尺寸为 100 mm×100 mm。

5.1.6.4　试验步骤

（1）现行国家标准（GB/T 29906）规定：将试样周边密封，使抹面层朝下浸入水槽中，浸入水中的深度为 50 mm（相当于压强 500 Pa）。浸水时间达到 2 h 时观察是否有水透过抹面层，为便于观察，可在水中添加颜色指示剂。

（2）现行行业标准（JGJ 144）规定：应将试样周边密封，使抹面层朝下浸入水槽中。应使试样浮在水槽中，底面所受压强应为 500 Pa。浸水时间达到 2 h 时应观察水透过抹面层的情况。

5.1.6.5　试验结果

（1）GB/T 29906：3 个试样均不透水时，试验结果为合格，并应注明抹面层厚度。

（2）JGJ 144：2 个试样浸水 2 h 时后均不透水，应判定为不透水。

5.2　粘 结 砂 浆

粘结砂浆是由水泥、石英砂、聚合物胶结料配以多种添加剂经机械混合均匀而成的一种砂浆，是一类聚合物粘结砂浆。粘结砂浆采用水泥及多种高分子材料、细集料经独特工艺复合而成，具有粘结强度高、抗冲击和防裂性能优异、耐老化性能好的特点。

本节主要以胶粘剂为例。胶粘剂是由水泥基胶凝材料、高分子聚合物材料以及填料和添加剂等组成，专用于将保温材料粘贴在基层墙体上的粘结材料。

胶粘剂的技术指标包括拉伸粘结强度、可操作时间等。

5.2.1 拉伸粘结强度

5.2.1.1 试验依据及环境要求

1）试验依据

现行国家标准《模塑聚苯板薄抹灰外墙外保温系统材料》（GB/T 29906）。

现行行业标准《外墙外保温工程技术标准》（JGJ 144）。

2）环境要求

现行国家标准（GB/T 29906）规定：标准养护条件：空气温度（23±2）℃，相对湿度（50±5）%。

试验环境：环境温度（23±5）℃，相对湿度（50±10）%。

现行行业标准（JGJ 144）标准养护条件和状态调节：温度（23±2）℃，相对湿度（50±5）%。

5.2.1.2 主要仪器设备

拉力机：选用合适的量程和行程，精度为1%。

刚性平板或金属板：互相平行的一组刚性平板或金属板，尺寸为 50 mm×50 mm 或直径为 50mm。

5.2.1.3 样品制备

（1）试样尺寸为 50 mm×50 mm 或直径为 50 mm，现行国家标准（GB/T 29906）中与水泥砂浆粘结和与模塑板粘结试样数量各 6 个；现行行业标准（JGJ 144）中与水泥砂浆粘结和与保温板粘结试样数量各 5 个。

（2）按生产商使用说明配制胶粘剂，将胶粘剂涂抹于保温板（厚度不宜小于 40 mm）或水泥砂浆板（厚度不宜小于 20 mm）基材上，涂抹厚度为 3～5 mm，当保温板需做界面处理时，应在界面处理后涂抹胶粘剂，并应在试验报告中注明。可操作时间结束时用模塑板覆盖。

（3）试样在标准养护条件下养护 28 d。

5.2.1.4 试验步骤

（1）以合适的胶粘剂将试样粘贴在两个刚性平板或金属板上，胶粘剂应与产品相容，固化后将试样按下述条件进行处理：

原强度：干燥状态；无附加条件。

耐水强度：浸水 48 h，到期试样从水中取出并擦拭表面水分，在标准养护条件下干燥 2 h。

耐水强度：浸水 48 h，到期试样从水中取出并擦拭表面水分，在标准养护条件下干燥 7 d。

（2）现行国家标准（GB/T 29906）规定：将试样安装到适宜的拉力机上，进行拉伸粘结强度测定，拉伸速度为（5±1）mm/min。记录每个试样破坏时的拉力值，基材为模塑板时还应记录破坏状态。破坏面在刚性平板或金属板胶结面时，测试数据无效。

（3）现行行业标准（JGJ 144）规定：应将试样安装于拉力试验机上，拉伸速度应为 5 mm/min，应拉伸至破坏并记录破坏时的拉力值及破坏部位。

5.2.1.5　试验结果

拉伸粘结强度按式（5-6）计算。

$$R=\frac{F}{A} \tag{5-6}$$

式中：R——试样拉伸粘结强度，MPa；

F——试样破坏荷载值，N；

A——粘结面积，mm^2。

现行国家标准（GB/T 29906）规定：拉伸粘结强度试验结果为 6 个试验数据中 4 个中间值的算术平均值，精确至 0.01 MPa。模塑板内部或表层破坏面积在 50%以上时，破坏状态为破坏发生在模塑板中，否则破坏状态为界面破坏。

现行行业标准（JGJ 144）规定：拉伸粘结强度试验结果为 5 个试验数据的算术平均值。

5.2.2　可操作时间

5.2.2.1　试验依据及环境要求

1）试验依据

现行国家标准《模塑聚苯板薄抹灰外墙外保温系统材料》（GB/T 29906）。

2）环境要求

标准养护条件：空气温度（23±2）℃，相对湿度（50±5）%。

试验环境：环境温度（23±5）℃，相对湿度（50±10）%。

5.2.2.2　主要仪器设备

拉力机：选用合适的量程和行程，精度为 1%。

刚性平板或金属板：互相平行的一组刚性平板或金属板，尺寸为 50 mm×50 mm。

5.2.2.3　样品制备

（1）试样尺寸为 50 mm×50 mm 或直径为 50 mm，与水泥砂浆粘结和与模塑板粘结试样数量各 6 个。

（2）按生产商使用说明配制胶粘剂后，按生产商提供的可操作时间放置，生产商未提供可操作时间时，按 1.5 h 放置，然后将胶粘剂涂抹于模塑板（厚度不宜小于 40 mm）或水泥砂浆板（厚度不宜小于 20 mm）基材上，涂抹厚度为 3～5 mm，可操作时间结束时用模塑板覆盖。

（3）试样在标准养护条件下养护 28 d。

5.2.2.4　试验步骤

（1）以合适的胶粘剂将试样粘贴在两个刚性平板或金属板上，胶粘剂应与产品相容。

（2）将试样安装到适宜的拉力机上，进行拉伸粘结强度测定，拉伸速度为（5±1）mm/min。记录每个试样破坏时的拉力值，基材为模塑板时还应记录破坏状态。破坏面在刚性平板或金属板胶结面时，测试数据无效。

5.2.2.5 试验结果

拉伸粘结强度按式（5-6）计算。

拉伸粘结强度试验结果为 6 个试验数据中 4 个中间值的算术平均值，精确至 0.01 MPa。模塑板内部或表层破坏面积在 50%以上时，破坏状态为破坏发生在模塑板中，否则破坏状态为界面破坏。

拉伸粘结强度原强度符合规范要求时，放置时间即为可操作时间。

第6章　建筑墙体与门窗材料

6.1　蒸压加气混凝土砌块

蒸压加气混凝土是指以硅质材料和钙质材料为主要原材料，掺加发气剂及其他调节剂材料，通过配料浇注、发气静停、切割、蒸压养护等工艺制成的多孔轻质硅酸盐建筑制品。蒸压加气混凝土轻质多孔的特性使其具有容重轻、保温性能高、吸音效果好、一定的强度和可加工性等优点，是我国推广应用最早，使用最广泛的轻质墙体材料之一。

蒸压加气混凝土按用途可分为非承重砌块、承重砌块、保温块材、墙板等。

蒸压加气混凝土砌块的技术指标包括干密度、抗压强度、导热系数、吸水率和干燥收缩等。

6.1.1　干密度

6.1.1.1　试验依据及环境要求

1）试验依据

现行国家标准《蒸压加气混凝土砌块》（GB/T 11968）。

现行国家标准《蒸压加气混凝土性能试验方法》（GB/T 11969）。

2）环境要求

实验室：室温（20±5）℃。

6.1.1.2　主要仪器设备

电热鼓风干燥箱：最高温度为200℃；

托盘天平或磅秤：称量2 000 g，感量0.1 g；

钢板直尺：规格为300 mm，分度值为1 mm；

游标卡尺或数显卡尺：规格为300 mm，分度值为0.1 mm。

6.1.1.3　样品制备

（1）试件的制备采用机锯，锯切时不应将试件弄湿。

（2）试件应沿制品发气方向中心部分上、中、下顺序锯取一组，“上”块的上表面距离制品顶面30 mm，“中”块在制品正中处，“下”块的下表面距离制品底面30 mm。

（3）试件表面应平整，不得有裂缝或明显缺陷，尺寸允许偏差应为±1 mm，平整度应不大于 0.5 mm，垂直度应不大于 0.5 mm。试件应逐块编号，从同一块试样中锯切出的试件为同一组试件，以“Ⅰ、Ⅱ、Ⅲ……”表示组号；当同一组试件有上、中、下位置要求时，以下标“上、中、下”注明试件锯取的位置；当同一组试件没有位置要求时，则以下标“1、2、3……”注明，以区别不同试件；平行试件以“Ⅰ、Ⅱ、Ⅲ……”加注上标“＋”以示区别。试件以“↑”标明发气方向。

以长度 600 mm、宽度 250 mm 的制品为例，干密度、含水率和吸水率试件锯取部位如图 6-1 所示。

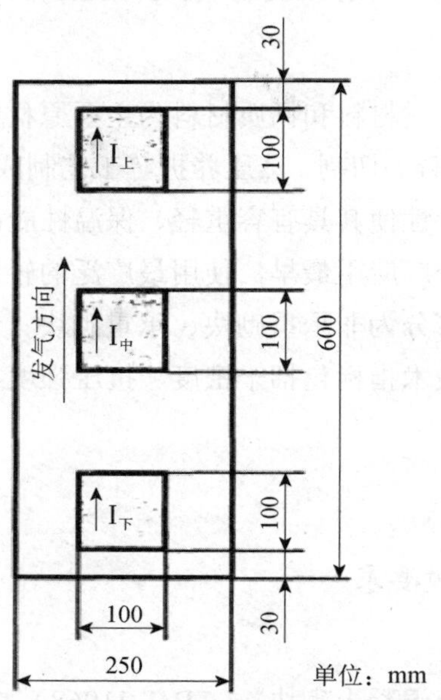

图 6-1　干密度、含水率和吸水率试件锯取部位

（4）试件为两组 100 mm×100 mm×100 mm 立方体。试件也可采用抗压强度平行试件。

6.1.1.4　试验步骤

（1）取试件 1 组，逐一量取长、宽、高 3 个方向的轴线尺寸，精确至 0.1 mm，计算试件的体积，并称取试件质量（M），精确至 1 g。

（2）将试件放入电热鼓风干燥箱内，在（60±5）℃下保持 24 h，然后在（80±5）℃下保持 24 h，再在（105±5）℃下烘至恒质（M_0）。恒质指在烘干过程中间隔 4 h，前后两次质量差不应超过 2 g。

6.1.1.5　试验结果

按式（6-1）计算干密度，以 3 个试验结果的算术平均值表示，精确至 1 kg/m³。

$$r_0 = \frac{M_0}{V} \times 10^6 \tag{6-1}$$

式中：r_0——干密度，kg/m³；

M_0——试件烘干后质量，g；

V——试件体积，mm^3。

6.1.2　抗压强度

6.1.2.1　试验依据及环境要求

1）试验依据

现行国家标准《蒸压加气混凝土砌块》（GB/T 11968）。

现行国家标准《蒸压加气混凝土性能试验方法》（GB/T 11969）。

2）环境要求

实验室：环境温度（20±5）℃。

6.1.2.2　主要仪器设备

材料试验机：精度（示值的相对误差）不应低于±2%，量程的选择应能使试件的预期最大破坏荷载处在全量程 20%～80%内；

托盘天平或磅秤：称量 2 000 g，感量 1 g；

电热鼓风干燥箱：最高温度为 200℃；

钢板直尺：规格为 300 mm，分度值为 1 mm；

游标卡尺或数显卡尺：规格为 300 mm，分度值为 0.1 mm。

6.1.2.3　样品制备

（1）试件制备按照 6.1.1.3 节样品制备的要求进行，抗压强度、劈裂抗拉强度试件锯取部位如图 6-2 所示。

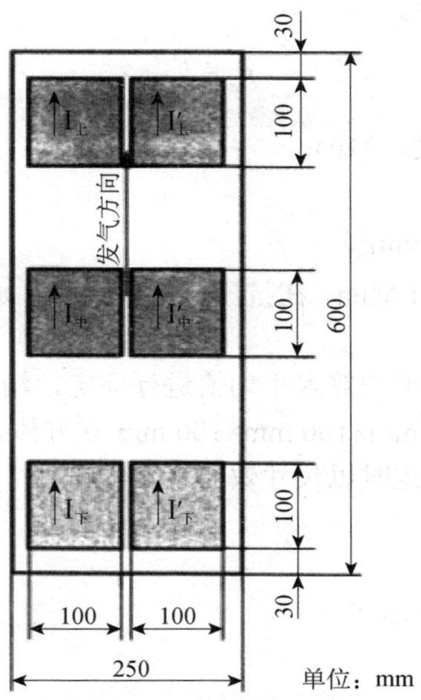

图 6-2　抗压强度、劈裂抗拉强度试件锯取部位

（2）当 1 组试件不能在同一块试样中锯取时，可以在同一模的相邻部位采样锯取。

（3）试件受压面的平整度应小于 0.1 mm，相邻面的垂直度应小于 1 mm。

（4）试件为 100 mm×100 mm×100 mm 立方体 1 组，平行试件 1 组，1 组 3 块。

（5）试件应在含水率（10±2）%下进行试验。如果含水率超出上述范围，宜在（60±5）℃条件下烘至所要求的含水率，并应在室内放置 6 h 以后进行抗压强度试验。

（6）当受检样品尺寸不能满足抗压强度试验时，允许按以下尺寸制作：

100 mm×100 mm×50 mm，试件的受压面为 100 mm×100 mm；

50 mm×50 mm×50 mm，试件的受压面为 50 mm×50 mm；

Φ100 mm×100 mm，试件的受压面为 Φ100 mm；

Φ100 mm×50 mm，试件的受压面为 Φ100 mm。

6.1.2.4 试验步骤

（1）检查试件外观。

（2）测量试件的尺寸，精确至 0.1 mm，并计算试件的受压面积（A_1）。

（3）将试件放在材料试验机的下压板的中心位置，试件的受压方向应垂直于制品的发气方向。

（4）开动试验机，当上压板与试件接近时，调整球座，使接触均衡。

（5）以（2.0±0.5）kN/s 的速度连续而均匀地加荷，直至试件被破坏，记录破坏荷载（p_1）。

（6）试验后应立即称取破坏后的全部或部分试件质量，然后在（105±5）℃下烘至恒质，计算其含水率。

6.1.2.5 试验结果

抗压强度按式（6-2）计算。

$$f_{cc}=\frac{p_1}{A_1} \tag{6-2}$$

式中：f_{cc}——试件的抗压强度，MPa；

p_1——破坏荷载，N；

A_1——试件受压面积，mm²。

抗压强度的计算精确至 0.1 MPa，在抗压强度试验中，如果实测含水率超出要求范围，则试验结果无效。

抗压强度按 1 组试件试验值的算术平均值进行评定，精确至 0.1 MPa。

当被检产品难以制作 100 mm×100 mm×100 mm 立方体抗压强度试件时，允许以其他规定的试件进行试验，结果评定时以尺寸效应系数修正。

6.1.3 导热系数

6.1.3.1 试验依据及环境要求

1）试验依据

现行国家标准《蒸压加气混凝土砌块》（GB/T 11968）。

现行国家标准《绝热材料稳态热阻及有关特性的测定　防护热板法》（GB/T 10294）。
2）环境要求
试验环境：环境温度（23±1）℃，相对湿度（50±10）%。

6.1.3.2　主要仪器设备

按照 3.1.4.2 节主要仪器设备防护热板法的要求。

6.1.3.3　样品制备

按照 3.1.4.3 节样品制备防护热板法的要求。当导热系数试件大面不能做到 300 mm×300 mm 时，可采用一块 300 mm×200 mm 两边拼接两块 300 mm×50 mm 而成。

6.1.3.4　试验步骤

试验步骤按现行国家标准（GB/T 10294）的规定。具体按照 3.1.4.4 节试验步骤防护热板法的要求。

6.1.3.5　试验结果

按照 3.1.4.5 节试验结果防护热板法的要求。

6.1.4　吸水率

6.1.4.1　试验依据及环境要求

1）试验依据
现行国家标准《蒸压加气混凝土砌块》（GB 11968）。
现行国家标准《蒸压加气混凝土性能试验方法》（GB/T 11969）。
2）环境要求
实验室：环境室温（20±5）℃。

6.1.4.2　主要仪器设备

电热鼓风干燥箱：最高温度为 200℃；
托盘天平或磅秤：称量 2 000 g，感量 0.1 g；
钢板直尺：规格为 300 mm，分度值为 1 mm；
游标卡尺或数显卡尺：规格为 300 mm，分度值为 0.1 mm；
恒温水槽：水温（20±2）℃。

6.1.4.3　样品制备

试件制备按照 6.1.1.3 节样品制备的要求进行。

6.1.4.4　试验步骤

（1）取 1 组试件放入电热鼓风干燥箱内，在（60±5）℃下保持 24 h，然后在（80±5）℃下保持 24 h，再在（105±5）℃下烘至恒质（M_0）；

（2）试件在室内冷却 6 h 后，放入水温为（20±2）℃的恒温水槽内，然后加水至试件高度的 1/3，保持 24 h，再加水至试件高度的 2/3，经 24 h 后，加水高出试件 30 mm 以上，保持 24 h；

（3）将试件从水中取出，用湿布抹去表面水分，立即称取每块质量（M_g），精确至 1 g。

6.1.4.5 试验结果

质量吸水率按式（6-3）计算。

$$W_r = \frac{M_g - M_0}{M_0} \times 100\% \tag{6-3}$$

式中：W_r——质量吸水率，%；

M_g——试件吸水后质量，g。

体积吸水率按式（6-4）计算。

$$W_g = \frac{M_g - M_0}{1 \cdot (V/1\,000)} \times 100\% \tag{6-4}$$

式中：W_g——体积吸水率，%；

1——水在 20℃时的密度，g/cm^3；

V——试件体积，mm^3。

结果按 1 组试件试验的算术平均值进行评定，质量吸水率和体积吸水率计算精确至 0.1%。

6.1.5 干燥收缩

6.1.5.1 试验依据及环境要求

1）试验依据

现行国家标准《蒸压加气混凝土砌块》（GB/T 11968）。

现行国家标准《蒸压加气混凝土性能试验方法》（GB/T 11969）。

2）环境要求

实验室：环境室温（20±5）℃。

6.1.5.2 主要仪器设备

立式收缩仪：精度为 0.005 mm。

收缩测量头：由黄铜或不锈钢制成，如图 6-3 所示。

电热鼓风干燥箱：最高温度为 200℃。

自控干燥收缩试验箱：最高工作温度为 150℃，最高相对湿度为（95±3）%。

天平：称量 500 g，感量 0.1 g。

干湿球温度计：最高温度 100℃。

恒温水槽：水温为（20±2）℃，干燥器。

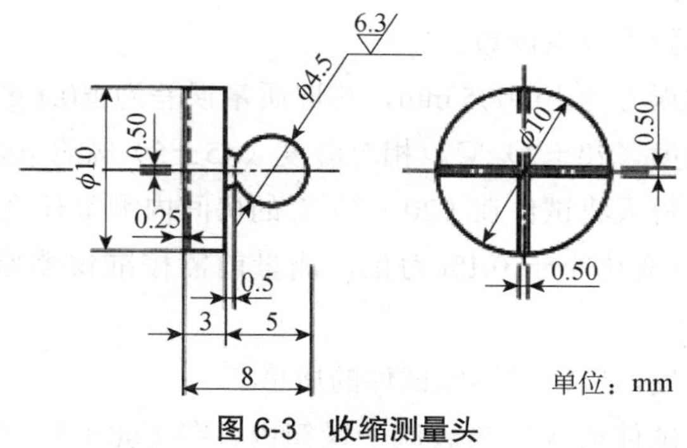

图 6-3　收缩测量头

6.1.5.3　样品制备

（1）试件的制备采用机锯。锯切时不应将试件弄湿。从抽取的试样中部锯取，试件长度方向平行于制品的发气方向，锯取部位如图 6-4 所示。锯好后立即将试件密封。

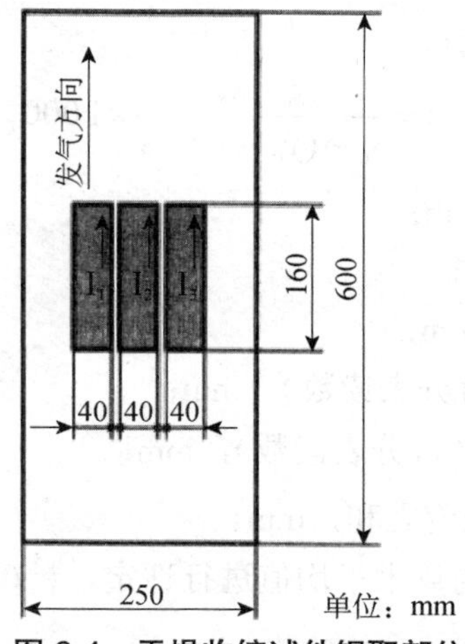

图 6-4　干燥收缩试件锯取部位

（2）试件尺寸为 40 mm×40 mm×160 mm，数量 1 组；尺寸允许偏差为（0，−1）mm，两个端面的平行度应为 0.1 mm。

（3）在试件的两个端面找到中心，并通过中心画出相互垂直的十字线。

（4）在试件端面的中心部位涂抹粘结剂，直径约为 10 mm，厚度约为 1 mm。将收缩测量头中心线与试件端面十字线重合压实，静置 2 h 后，检查收缩头安装是否牢固，否则重装。在一端的收缩测量头粘结安装完全凝固后，再进行另一端的粘结安装。

6.1.5.4　试验步骤

（1）试件放置 1 d 后，浸入水温为（20±2）℃的恒温水槽中，水面应高出试件 30 mm，保持 72 h。

（2）将试件从水中取出，用湿布抹去表面水分，并将收缩测量头擦干净，立即称取试件的质量。

（3）用标准杆调整仪表原点（一般可取 2.000 mm），然后按标明的测试方向立即测定试件初始长度，记下初始千分表读数。

（4）试件长度测试误差为±0.005 mm，称取质量误差为±0.1 g。

（5）将试件放入温度（20±2）℃、相对湿度（45±5）%的干燥收缩试验箱中。

（6）试验的前 5d，每天将试件在（20±2）℃的房间内测量长度 1 次，以后每隔 4 d 测量长度 1 次，直至质量变化小于 0.1%为止，测量前需校准仪器原点，要求每组试件在 10 min 内测完。

（7）每测量 1 次长度，应同时称取试件的质量。

（8）试验结束，将试件放入电热鼓风干燥箱内，在（60±5）℃下保持 24 h，然后在（80±5）℃下保持 24 h，再在（105±5）℃下烘至恒质（M_0），并称取质量。恒质指在烘干过程中间隔 4 h，前后两次质量差不应超过 2 g。

6.1.5.5　试验结果

干燥收缩值按式（6-5）计算。

$$\varDelta=\frac{s_1-s_2}{s_0-(y_0-s_1)-s}\times 1\,000 \tag{6-5}$$

式中：$\varDelta$——干燥收缩值，mm/m；

s_0——标准杆长度，mm；

y_0——百分表的原点，mm；

s_1——试件初始长度（百分表读数），mm；

s_2——试件干燥后长度（百分表读数），mm；

s——两个收缩头测量长度之和，mm。

收缩值以 1 组试件试验值的算术平均值进行评定，精确至 0.01 mm/m。

含水率按式（6-6）计算。

$$W_s=\frac{M-M_0}{M_0}\times 100\% \tag{6-6}$$

式中：W_s——质量含水率，%；

M——试件烘干前的质量，g；

M_0——试件烘干后的质量，g。

干燥收缩特性曲线是反映蒸压加气混凝土在不同含水状态下至干燥后的收缩曲线，由各测试点计算的干燥收缩值绘制而成。

各测试点的含水率按式（6-6）计算。

各测试点的干燥收缩值按式（6-7）计算。

$$\varDelta_i=\frac{s_i-s_2}{s_0-(y_0-s_i)-s}\times 1\,000 \tag{6-7}$$

式中：$\varDelta_i$——各测试点干燥收缩值，mm/m；

s_i——试件在各测试点长度（百分表读数），mm。

结果以 1 组试件在各测试点的收缩值和含水率的算术平均值（精确至 0.01 mm/m）表示，在图 6-5 中描绘出对应于含水率的干燥收缩特性曲线。

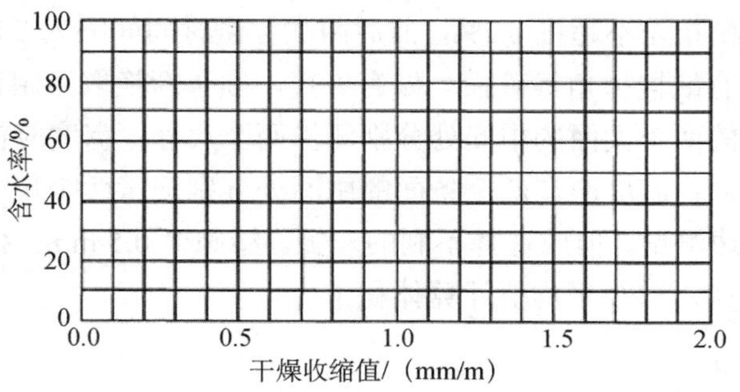

图 6-5　干燥收缩特性曲线

6.2　烧结保温砌块

以黏土、页岩或煤矸石、粉煤灰、淤泥等固体废物为主要原料制成的，或加入成孔材料制成的实心或多孔薄壁经焙烧而成。主要用于建筑物围护结构的保温隔热的砖和砌块（砖和砌块主要 是规格尺寸的差异）。目前市场上的产品主要有多孔砖（砌块）和空心砖（砌块）两类，前者用于承重墙体，后者用于非承重墙体。

烧结保温砌块外形多为直角六面体，也有各种异形。

烧结保温砌块的技术指标包括密度、抗压强度、吸水率、传热系数等。

6.2.1　密度

6.2.1.1　试验依据及环境要求

1）试验依据

现行国家标准《烧结保温砖和保温砌块》（GB/T 26538）。

现行国家标准《砌墙砖试验方法》（GB/T 2542）。

2）环境要求

在实验室内的自然环境下进行。

6.2.1.2　主要仪器设备

鼓风干燥箱：最高温度为 200℃。

台秤：分度值不应大于 5 g。

钢直尺：分度不应大于 1 mm。

砖用卡尺：分度值为 0.5 mm。

6.2.1.3　样品制备

试样数量为 5 块，所取试样应外观完整。

6.2.1.4 试验步骤

（1）清理试样表面，然后将试样置于（105±5）℃鼓风干燥箱中干燥至恒质（在干燥过程中，前后两次称量相差不超过0.2%，前后两次称量时间间隔为2 h），称其质量 m，并检查外观情况，不得有缺棱掉角等破损。如有破损，须重新换取备用试样。

（2）长度应在砖的两个大面的中间处分别测量两个尺寸；宽度应在砖的两个大面的中间处分别测量两个尺寸；高度应在两个条面的中间处分别测量两个尺寸。当被测处有缺损或凸出时，可在其旁边测量，但应选择不利的一侧。精确至0.5 mm。按照上述方法测量干燥后的试样尺寸各两次，取其平均值计算体积 V。

6.2.1.5 试验结果

每块试样的体积密度按式（6-8）计算。

$$\rho=\frac{m}{V}\times 10^9 \tag{6-8}$$

式中：ρ——体积密度，kg/m²；

m——试样干质量，kg；

V——试样体积，mm³。

试验结果以试样体积密度的算术平均值表示。

6.2.2 抗压强度

6.2.2.1 试验依据及环境要求

1）试验依据

现行国家标准《烧结保温砖和保温砌块》（GB/T 26538）。

现行国家标准《砌墙砖试验方法》（GB/T 2542）。

2）环境要求

在实验室内的自然环境下进行。

6.2.2.2 主要仪器设备

材料试验机：试验机的示值相对误差不超过±1%，其上下加压板至少应有一个球铰支座，预期最大破坏荷载应在量程的20%～80%。

钢直尺：分度值不应大于1 mm。

振动台、制样模具、搅拌机：应符合现行国家标准（GB/T 25044）的要求。

切割设备。

抗压强度试验用净浆材料：应符合现行国家标准（GB/T 25183）的要求。

6.2.2.3 样品制备

试样数量为10块。一次成型制样、二次成型制样在不低于10℃的不通风室内养护4 h。非成型制样无须养护，试样气干状态直接进行试验。试件制作按现行国家标准（GB/T 2542）

的规定进行，其受压面为实际使用承载面。

1）一次成型制样

（1）一次成型制样适用于采用样品中间部位切割，交错叠加灌浆制成强度试验试样的方式。

（2）将试样锯成两个半截砖，两个半截砖用于叠合部分的长度不得小于 100 mm，如果不足 100 mm，应另取备用试样补足。

（3）将已切割开的半截砖放入室温的净水中浸 20～30 min 后取出，在铁丝网架上滴水 20～30 min，以断口相反方向装入制样模具中。用插板控制两个半截砖间距不应大于 5 mm，砖大面与模具间距不应大于 3 mm，砖断面、顶面与模具间垫以橡胶垫或其他密封材料，模具内表面涂油或脱膜剂。

（4）将净浆材料按照配制要求，置于搅拌机中搅拌均匀。

（5）将装好试样的模具置于振动台上，加入适量搅拌均匀的净浆材料，振动时间为 0.5～1 min，停止振动，静置至净浆材料达到初凝时间（15～19 min）后拆模。

2）二次成型制样

（1）二次成型制样适用于采用整块样品上下表面灌浆制成强度试验试样的方式。

（2）将整块试样放入室温的净水中浸 20～30 min 后取出，在铁丝网架上滴水 20～30 min。

（3）按照净浆材料配制要求，置于搅拌机中搅拌均匀。

（4）模具内表面涂油或脱膜剂，加入适量搅拌均匀的净浆材料，将整块试样一个承压面与净浆接触，装入制样模具中，承压面找平层厚度不应大于 3 mm。接通振动台电源，振动 0.5～1 min，停止振动，静置至净浆材料初凝（15～19 min）后拆模。按同样方法完成整块试样另一承压面的找平。

3）非成型制样

（1）非成型制样适用于试样无须进行表面找平处理制样的方式。

（2）将试样锯成两个半截砖，两个半截砖用于叠合部分的长度不得小于 100 mm。如果不足 100 mm，应另取备用试样补足。

（3）两个半截砖切断口相反叠放，叠合部分不得小于 100 mm，即为抗压强度试样。

6.2.2.4　试验步骤

（1）测量每个试样连接面或受压面的长、宽尺寸各 2 个，分别取其平均值，精确至 1 mm。

（2）将试样平放在加压板的中央，垂直于受压面加荷，应均匀平稳，不得发生冲击或振动。加荷速度以 2～6 kN/s 为宜，直至试样被破坏为止，记录最大破坏荷载 P。

6.2.2.5　试验结果

（1）每块试样的抗压强度（R_P）按式（6-9）计算。

$$R_P = \frac{P}{L \times B} \tag{6-9}$$

式中：R_P——抗压强度，MPa；

P——最大破坏荷载，N；

L——受压面（连接面）的长度，mm；

B——受压面（连接面）的宽度，mm。

试验结果以试样抗压强度的算术平均值和标准值或单块最小值表示。

（2）强度变异系数δ、标准差S按式（6-10）、式（6-11）分别计算。

$$\delta = \frac{S}{\overline{f}} \tag{6-10}$$

$$S = \sqrt{\frac{1}{9}\sum_{i=1}^{10}\left(f_i - \overline{f}\right)^2} \tag{6-11}$$

式中：δ——砖和砌块强度变异系数，精确至0.01；

S——10块试样的抗压强度标准差，MPa，精确至0.01；

$\overline{f}$——10块试样的抗压强度平均值，MPa，精确至0.1；

f_i——单块试样抗压强度测定值，MPa，精确至0.1。

（3）结果计算与评定。

① 平均值-标准值方法评定。

当$\delta \leqslant 0.21$时，按现行国家标准（GB/T 26538）中抗压强度平均值、强度标准值评定砖和砌块的强度等级。

样本量n=10时的强度标准值按式（6-12）计算。

$$f_k = \overline{f} - 1.8S \tag{6-12}$$

式中：f_k——强度标准值，MPa，精确至0.1。

② 平均值-最小值方法评定。

当$\delta > 0.21$时，按现行国家标准（GB/T 26538）中抗压强度平均值、单块最小抗压强度值评定砖和砌块的强度等级，单块最小抗压强度值精确至0.1 MPa。

6.2.3 吸水率

6.2.3.1 试验依据及环境要求

1）试验依据

现行国家标准《烧结保温砖和保温砌块》（GB/T 26538）。

现行国家标准《砌墙砖试验方法》（GB/T 2542）。

2）环境要求

在实验室内的自然环境下进行。

6.2.3.2 主要仪器设备

鼓风干燥箱：最高温度为200℃。

台秤：分度值不应大于5 g。

蒸煮箱。

6.2.3.3　样品制备

吸水率试验试样数量为 5 块（所取试样尽可能用整块试样，如需制取应为整块试样的 1/2 或 1/4）。

6.2.3.4　试验步骤

（1）清理试样表面，然后置于（105±5）℃鼓风干燥箱中干燥至恒质（在干燥过程中，前后两次称量相差不超过 0.2%，前后两次称量时间间隔为 2 h），除去粉尘后，称其干质量 m_0。

（2）将干燥试样浸入水中 24 h，水温为 10～30℃。

（3）取出试样，用拧干的湿毛巾拭去表面水分，立即称量。称量时试样表面毛细孔渗出于秤盘中水的质量也应计入吸水质量中，所得质量为浸泡 24 h 的湿质量 m_{24}。

（4）将浸泡 24 h 后的湿试样侧立放入蒸煮箱的篦子板上，试样间距不得小于 10 mm，注入清水，箱内水面应高于试样表面 50 mm，加热至沸腾，沸煮 3 h，停止加热冷却至常温。

（5）按 6.2.3.4 节（3）的规定称量沸煮 3 h 的湿质量 m_3。

6.2.3.5　试验结果

（1）常温水浸泡 24 h 试样吸水率（W_{24}）按式（6-13）计算。

$$W_{24} = \frac{m_{24} - m_0}{m_0} \times 100\% \tag{6-13}$$

式中：W_{24}——常温水浸泡 24 h 试样吸水率，%；

m_0——试样干质量，kg；

m_{24}——试样浸水 24 h 的湿质量，kg。

（2）试样沸煮 3 h 吸水率（W_3）按式（6-14）计算。

$$W_3 = \frac{m_3 - m_0}{m_0} \times 100\% \tag{6-14}$$

式中：W_3——试样沸煮 3 h 吸水率，%；

m_3——试样沸煮 3 h 的湿质量，kg；

m_0——试样干质量，kg。

（3）吸水率以试样的算术平均值表示。

6.2.4　传热系数

6.2.4.1　试验依据及环境要求

1）试验依据

现行国家标准《烧结保温砖和保温砌块》（GB/T 26538）。

现行国家标准《砌墙砖试验方法》（GB/T 2542）。

现行国家标准《绝热　稳态传热性质的测定　标定和防护热箱法》（GB/T 13475）。

2）环境要求

在实验室内的自然环境下进行。

6.2.4.2　主要仪器设备

1）防护热箱法

在防护热箱法（图 6-6）中，计量箱被防护箱围绕，控制防护箱的环境温度，使试件内不平衡热流量 Φ_2 和流过计量箱壁的热流量 Φ_3 减至最小。理想状态是装置内安装一个均质试件，计量箱内部与外部的温度均匀一致，而且冷侧温度和表面换热系数是均匀一致的，那么计量箱内、外空气温度的平衡将意味着在试件表面上温度平衡，即 $\Phi_2 = \Phi_3 = 0$。穿过试件的总热流量将等于输入计量箱的热量。实际上，对于每个装置和试验中的试件，确定不平衡时都有局限。

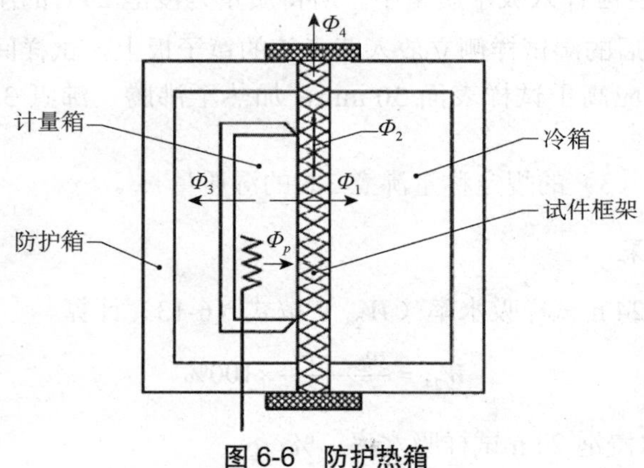

图 6-6　防护热箱

2）标定热箱法

将标定热箱法的装置（图 6-7）置于一个温度受到控制的空间内，该空间的温度可与计量箱内部的温度不同。采用高热阻的箱壁使得流过箱壁的热损失 Φ_3 较低。输入的总功率 Φ_p 应根据箱壁热流量 Φ_3 和侧面迂回热损 Φ_4 进行修正。用测试已知热阻的标定试件来确定箱壁损失及迂回损失的修正值。为标定迂回损失，标定试件应与被测试件具有相同的厚度、热阻范围和预定使用的温度范围。

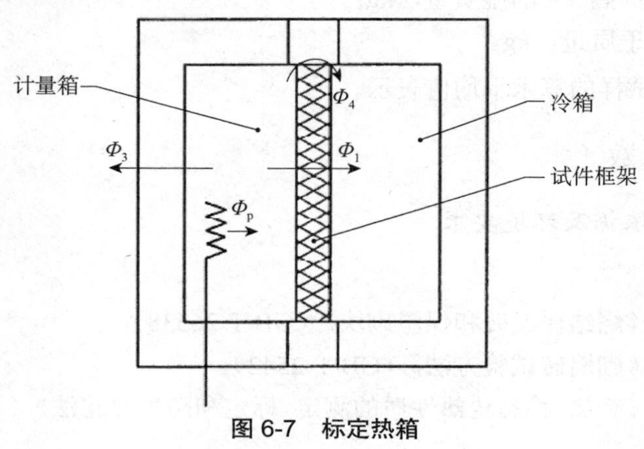

图 6-7　标定热箱

防护热箱法和标定热箱法试验装置主要由计量箱、防护箱、试件框架冷箱、温度传感器等组成。

（1）计量箱。

计算面积必须足够大，使试验面积具有代表性。对于有模数的构件，计量面积应精确为模数的整数倍。

选择箱壁的绝热材料时，应考虑预期的试件热阻和温差范围，以保证计量箱的热损失误差对试件热流测定的影响不超过 0.5%。计量箱壁应该是热均匀体，有助于箱体内达到均匀的温度，便于用热电堆或其他热流传感器测量流过箱壁的热流量。箱壁应是气密性的绝热体，考虑箱壁的表面辐射率应为 0.8 或更高。防护热箱装置中，计量箱应紧贴试件以形成一个气密性的连接。鼻锥密封垫的宽度不应超过计量宽度的 2%或 20 mm。

（2）防护箱。

在防护热箱里，计量箱位于防护箱的内部。防护箱的作用是在计量箱周围建立适当的空气温度和表面换热系数，使流过计量箱壁的热流 Φ_3 及试件表面从计量区到防护区的不平衡热流 Φ_2 最小。计量面积大小、防护面积大小和边缘绝热材料之间的关系应满足：当测试最大预期热阻和厚度的均质试件时，由周边热损失 Φ_5 引起的在试件热流量的误差应该小于计量热流量 Φ_1 的 0.5%。防护箱内壁的辐射率、加热器屏蔽和温度稳定性等要求原则上与计量箱相同。温度均匀性应满足不平衡误差小于通过试件计量区的热流的 0.5%的要求。为避免防护箱中的空气停滞不动，通常需要安装循环风扇。

（3）试件框架。

试件框架的作用主要是支撑试件。在标定热箱装置中试件框架是侧面迂回热损失的通路，将侧面迂回热损失保持在最小值。因此，它是一个重要的部件，应由导热系数的材料制成。典型的防护热箱装置中，不用试件框架，边缘绝热材料可将侧向热流减到最小。如果使用试件框架，应按防护箱的要求，使侧向热流减到最小。

（4）冷箱。

在标定热箱装置中，冷箱的尺寸取决于计量箱的尺寸，在防护热箱装置中，冷箱的尺寸取决于防护箱的尺寸。箱壁的构造应减少制冷设备的载荷并防止结露。箱体的内表面的辐射应与要求的辐射换热一致。关于辐射率、加热器的热辐射屏蔽、温度稳定性和温度均匀性的要求原则上与计量箱相同。

制冷系统蒸发器的出口处经常设置电阻加热器，以精确调节冷箱温度。为使箱内空气均匀分布，可设置导流屏。建议气流方向与自然对流方向相同。电机、风扇、蒸发器和加热器应进行辐射屏蔽。空气速度应可以调节，以满足测试需要的表面换热系数，并应测量流速。对于建筑构件在模拟自然条件时，风速一般为 0.1～10 m/s。

（5）温度传感器。

测量空气温度和试件表面温度的温度传感器应该尽量均匀分布在试件的计量区域上，并且热侧和冷侧互相对应布置。除非已经知道温度分布，否则用于测量空气温度和表面温度的传感器数量应至少为每平方米 2 个，并且不得少于 9 个。

采用线径小于 0.25 mm 的热电偶，用粘结剂或胶带将热电偶的接点及至少 100 mm 长的热电偶丝固定在被测表面（最佳的等温途径），形成良好的热接触，粘结剂或胶带的辐射率应接近被测表面的辐射率。

温差测量的准确度应是试件冷、热箱两侧空气温差的±1%，建议由测量仪表增加的不确定性不大于 0.05 K。绝对温度的测量准确度为两侧空气温差的±5%。平衡热电堆的输出功率、加热器及风扇等的输入功率的测量准确度，应满足由于测量仪表的准确度引起的试件Φ_1的附加测量误差小于 1.5%。

6.2.4.3 样品制备

试样制备按 GB/T 2542 的规定进行。由于试件含水率对其传热性能影响很大，因此为了消除这个附加误差，使结果更加真实地反映试件的传热性能，试件在测量前调节到气干状态。试件规格、品质应能够代表试件在正常使用情况下的情况。

6.2.4.4 试验步骤

1）试件安装

均质试件直接安装在试件夹上，做好周边密封即可。对非均质试件（由非均质性导致的表面温度的局部差值超过表面到表面平均温差的 20%时，作为显著非均质的证据）应做如下考虑：用防护热箱法检测时，应将热桥对称地布置在计量区域和防护区域的分界线上，如果试件是有模数的，计量箱的尺寸应是模数的适当倍数。计量箱的周边应同模数线外周重合或在模数线之间的中间位置。应该考虑试件中是否有要求用隔板将其分隔的连续空腔以及是否应在计量箱周边将高导热系数的饰面切断。

用标定热箱法检测时，应考虑试件边缘的热桥对侧面迂回传热的影响。试件安装时周边应密封，不让空气或水分从边缘进入试件，也不从热的一侧传到冷的一侧，反之亦然。试件边缘应该绝热，使Φ_5减小到符合准确度的要求。应考虑是否需要密封试件的每个表面，以避免空气渗透进试件以及是否需要控制热侧的空气露点。

每一个温度变化区域应该放置辅助温度传感器，试件的表面平均温度是每个区域的表面平均温度的面积加权平均值。如果试件表面不平整，在与计量箱周边密封接触的区域，可用砂浆、嵌缝材料或其他适当的材料填平。如果试件尺寸小于计量箱所要求的试件尺寸，可将试件安装在遮蔽板内，例如，将试件嵌入一个墙内。选择与试件相同热阻及厚度的遮蔽板。

2）测温布点和粘贴热流计

当表面材料凝固和干燥后在试件两侧表面布点。热侧和冷侧互相对应布置，将铜-康铜热电偶温度传感元件粘贴在试件的冷热表面上。除非已知温度分布，否则用于测量空气温度和表面温度的传感器数量应至少为每平方米 2 个，并且不得少于 9 个。然后将热、冷箱与试件架一起合上并扣紧。

3）测试条件

测试条件的选择应考虑最终的使用条件和对准确度的影响。试验平均温度和温差都影响测试结果。通常建筑应用中平均温度一般在 10～20℃，最小温差为 20℃。通常热箱空气温度控制恒定值为 35℃，冷箱的空气温度控制恒定值为-10℃。热、冷箱内的空气速度根据试验要求调节。一般来说，热、冷箱的空气温度差值越大，则其读数误差相对越小，因而所得结果较为精确。

如果用防护热箱法检测，应保证防护热箱和计量热箱的温度保持一致，使二者之间不产生热量传递，调节温度控制器使 Φ_2 或 Φ_3 之一或二者尽可能小于或等于 0。

4）测量周期

对于稳态法试验，在达到接近稳定后，来自两个至少为 3 h 的测量周期的 Φ_p 和 T 的测量值及 R 或 U 的计算值，其偏差小于 1%，并且结果不是单方向变化。对于高热阻或高质量或两者具备的试件，这个最低要求可能不充分，应延长试验时间。

6.2.4.5　试验结果

试件的稳态传热性质参数（热阻 R、传热系数 U）按照式（6-15）～式（6-20）用最后两个至少为 3 h 的平均值进行计算。

1）防护热箱法

$$\Phi_1 = \Phi_p - \Phi_3 - \Phi_2 \tag{6-15}$$

$$R = \frac{A(T_{si} - T_{se})}{\Phi_1} \tag{6-16}$$

$$U = \frac{\Phi_1}{A(T_{ni} - T_{ne})} \tag{6-17}$$

式中：Φ_1——通过试件的热流量，W；

Φ_2——平行于试件的不平衡热流量，W；

Φ_3——通过计量箱壁的热流量，W；

Φ_p——加热或冷却的总输入功率，W；

R——热阻，（m^2·K）/W；

A——垂直于热流的面积，m^2；

T_{si}——试件热侧表面温度平均值，K；

T_{se}——试件冷侧表面温度平均值，K；

T_{ni}——试件热侧环境温度平均值，K；

T_{ne}——试件冷侧环境温度平均值，K；

U——传热系数，W/（m^2·K）。

2）标定热箱法

$$\Phi_1 = \Phi_p - \Phi_3 - \Phi_4 \tag{6-18}$$

$$R = \frac{A(T_{si} - T_{se})}{\Phi_1} \tag{6-19}$$

$$U = \frac{\Phi_1}{A(T_{ni} - T_{ne})} \tag{6-20}$$

式中：Φ_4——迂回热损，绕过试件侧面的热流量，W；

式中其他符号意义同上。

6.3 铝合金隔热型材

所谓铝合金隔热型材，即内、外层由铝合金型材组成，中间由低导热性能的非金属隔热材料连接成“隔热桥”的复合材料，简称隔热型材。这种“隔热桥”的构造显著提高了铝合金隔热型材的保温和隔声功能。

隔热型材的生产方式主要有两种，一种是采用隔热条材料与铝型材，通过机械开齿、穿条、滚压等工字形成“隔热桥”，称为“穿条式”隔热型材；另一种是把隔热材料浇注入铝合金型材的隔热腔体内并固化，称为“浇注式”隔热型材。

铝合金隔热型材的技术指标包括纵向抗剪特征值、横向抗拉特征值、高温持久荷载性能、抗弯性能等。

6.3.1 纵向抗剪特征值

6.3.1.1 试验依据及环境要求

1）试验依据

现行国家标准《铝合金隔热型材复合性能试验方法》（GB/T 28289）。

2）环境要求

穿条式隔热型材试验温度：室温（23±2）℃、低温（−20±2）℃、高温（80±2）℃。

浇注式隔热型材试验温度：室温（23±2）℃、低温（−30±2）℃、高温（70±2）℃。

6.3.1.2 主要仪器设备

试验机：试验机应符合现行国家标准（GB/T 16825.1）的规定，精确度为1级或更优级别。试验机最大荷载不小于20 kN。需配备高、低温环境试验箱时，试验机测试空间以不小于500 mm×1 200 mm为宜。

注：测试弹性系数（C_1）时，宜使用符合现行国家标准（GB/T 16491）规定的试验机。

高、低温环境试验箱基本要求参见现行国家标准（GB/T 28289）附录A的规定。

6.3.1.3 样品制备

（1）产品性能试验前，试样应进行状态调节。铝合金隔热型材试样应在温度为（23±2）℃、相对湿度为（50±10）%的环境条件下放置48 h。

（2）试样应从符合相应产品标准规定的型材上切取，应保留其原始表面，清除加工后试样上的毛刺。

（3）切取试样时应预防因加工受热而影响试样的性能测试结果。

（4）试样形位公差应符合图6-8的要求。

（5）试样尺寸为（100±2）mm，用分辨力不大于0.02 mm的游标卡尺，在隔热材料与铝型材复合部位进行尺寸测量，每个试样测量2个位置的尺寸，计算其平均值。

（6）试样按相应产品标准中的规定进行分组并编号。

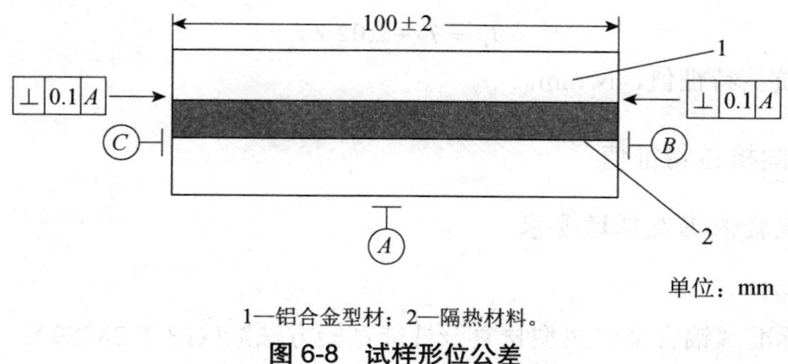

单位：mm

1—铝合金型材；2—隔热材料。

图 6-8　试样形位公差

6.3.1.4　试验步骤

（1）将纵向剪切夹具安装在试验机上，紧固好连接部位，确保在试验过程中不会出现试样偏转现象。

（2）将试样安装在剪切夹具上，刚性支撑边缘靠近隔热材料与铝合金型材相接位置，距离以不大于 0.5 mm 为宜。

（3）除室温试验外，试样在标准规定的试验温度下保持 10 min。

（4）以 5 mm/min 的速度，加至 100 N 的预荷载。

（5）以 1～5 mm/min 的速度进行纵向剪切试验，并记录所加的荷载和在试样上直接测得的相应剪切位移（荷载-位移曲线），直至出现最大荷载。

6.3.1.5　试验结果

单位长度上所能承受的最大剪切力及抗剪特征值的计算。

（1）各试样单位长度上所能承受的最大剪切力按式（6-21）计算，数值修约规则按现行国家标准（GB/T 8170）的有关规定进行，保留两位小数。

$$T = F_{T\max}/L \tag{6-21}$$

式中：T——试样单位长度上所能承受的最大剪切力，N/mm；

$F_{T\max}$——最大剪切力，N；

L——试样长度，mm。

（2）10 个试样单位长度上所能承受的最大剪切力的标准差按式（6-22）计算，数值修约规则按现行国家标准（GB/T 8170）的有关规定进行，保留两位小数。

$$s_T = \sqrt{\frac{1}{10-1}\sum_{i=1}^{10}\left(T_i - \bar{T}\right)^2} \tag{6-22}$$

式中：s_T——10 个试样单位长度上所能承受的最大剪切力的标准差，N/mm；

T_i——第 i 个试样单位长度上所能承受的最大剪切力，N/mm；

$\bar{T}$——10 个试样单位长度上所能承受的最大剪切力的平均值，数值修约规则按 GB/T 8170 的有关规定进行，保留两位小数，N/mm。

（3）纵向抗剪特征值按式（6-23）计算，数值修约规则按 GB/T 8170 的有关规定进行，修约到个位数。

$$T_C = \overline{T} - 2.02 \times s_T \tag{6-23}$$

式中：T_C——抗剪特征值，N/mm。

6.3.2 横向抗拉特征值

6.3.2.1 试验依据及环境要求

1）试验依据

现行国家标准《铝合金隔热型材复合性能试验方法》（GB/T 28289）。

2）环境要求

穿条式隔热型材试验温度：室温（23±2）℃、低温（−20±2）℃、高温（80±2）℃。

浇注式隔热型材试验温度：室温（23±2）℃、低温（−30±2）℃、高温（70±2）℃。

6.3.2.2 主要仪器设备

试验机：试验机应符合现行国家标准（GB/T 16825.1）的规定，精确度为 1 级或更优级别。试验机最大荷载不小于 20 kN。需配备高、低温环境试验箱时，试验机测试空间以不小于 5 00 mm× 1 200 mm 为宜。

注：测试弹性系数（C_1）时，宜使用符合现行国家标准（GB/T 16491）规定的试验机。

高、低温环境试验箱基本要求参见现行国家标准（GB/T 28289）附录 A 的规定。

6.3.2.3 样品制备

（1）产品性能试验前，试样应进行状态调节。铝合金隔热型材试样应在温度为（23±2）℃、相对湿度为（50±10）%的环境条件下放置 48 h。

（2）试样应从符合相应产品标准规定的型材上切取，应保留其原始表面，清除加工后试样上的毛刺。

（3）切取试样时应预防因加工受热而影响试样的性能测试结果。

（4）试样形位公差应符合图 6-8 的要求。

（5）试样尺寸为（100±2）mm，用分辨力不大于 0.02 mm 的游标卡尺，在隔热材料与铝型材复合部位进行尺寸测量，每个试样测量 2 个位置的尺寸，计算其平均值。

（6）穿条式隔热型材拉伸试样可直接采用室温纵向剪切试验后的试样。

（7）试样最短允许缩至 18 mm，但在试样切割方式上应避免对试样的测试结果造成影响。

注：仲裁试验用试样的长度为（100±2）mm。

（8）试样按相应产品标准中的规定进行分组并编号。

6.3.2.4 试验步骤

（1）穿条式隔热型材拉伸试样需先按 6.3.1.4 节的相关要求执行并以 1～5 mm/min 的速度进行室温纵向剪切试验（除非采用了室温纵向剪切试验后的试样），再按以下步骤进行横向拉伸试验；浇注式隔热型材拉伸试样直接按以下步骤进行横向拉伸试验。

（2）将横向拉伸试验夹具安装在试验机上，使上、下夹具的中心线与试样受力轴线重合，紧固好连接部位，确保在试验过程中不会出现试样偏转现象。

（3）根据试样空腔尺寸选择适当的刚性支撑条，并将试样装在夹具上。

（4）以 5 mm/min 的速度，加至 200 N 预荷载。

（5）以 1～5 mm/min 的速度进行拉伸试验，并记录所加的荷载，直至最大荷载出现，或出现铝型材撕裂。

6.3.2.5　试验结果

（1）试样单位长度上所能承受的最大拉伸力按式（6-24）计算，数值修约规则按现行国家标准（GB/T 8170）的有关规定进行，保留两位小数。

$$Q = F_{Q\max} / L \tag{6-24}$$

式中：Q——试样单位长度上所能承受的最大拉伸力，N/mm；

$F_{Q\max}$——最大拉伸力，N；

L——试样长度，mm。

（2）10 个试样单位长度上所能承受最大拉伸力的标准差按式（6-25）计算，数值修约规则按现行国家标准（GB/T 8170）的有关规定进行，保留两位小数。

$$s_Q = \sqrt{\frac{1}{10-1}\sum_{i=1}^{10}\left(Q_i - \overline{Q}\right)^2} \tag{6-25}$$

式中：s_Q——10 个试样单位长度上所能承受最大拉伸力的标准差，N/mm；

Q_i——第 i 个试样单位长度上所能承受最大拉伸力，N/mm；

$\overline{Q}$——10 个试样单位长度上所能承受最大拉伸力的平均值，N/mm。

（3）横向抗拉特征值按式（6-26）计算，数值修约规则按现行国家标准（GB/T 8170）的有关规定进行，修约到个位数。

$$Q_C = \overline{Q} - 2.02 \times s_Q \tag{6-26}$$

式中：Q_C——横向抗拉特征值，N/mm。

6.3.3　高温持久荷载性能

6.3.3.1　试验依据及环境要求

1）试验依据

现行国家标准《铝合金隔热型材复合性能试验方法》（GB/T 28289）。

2）环境要求

穿条式隔热型材试验温度：室温（23±2）℃、低温（−20±2）℃、高温（80±2）℃。

浇注式隔热型材试验温度：室温（23±2）℃、低温（−30±2）℃、高温（70±2）℃。

6.3.3.2　主要仪器设备

试验机：试验机应符合现行国家标准（GB/T 16825.1）的规定，精确度为 1 级或更优级别。试验机最大荷载不小于 20 kN。需配备高、低温环境试验箱时，试验机测试空间以不小于 500 mm× 1 200 mm 为宜。

注：测试弹性系数（C_1）时，宜使用符合现行国家标准（GB/T 16491）规定的试验机。

高、低温环境试验箱基本要求参见现行国家标准（GB/T 28289）附录 A 的规定。

高温持久试验箱基本要求参见现行国家标准（GB/T 28289）附录 C 的规定。

6.3.3.3 样品制备

（1）产品性能试验前，试样应进行状态调节。铝合金隔热型材试样应在温度为（23±2）℃、相对湿度为（50±10）%的环境条件下放置 48 h。

（2）试样应从符合相应产品标准规定的型材上切取，应保留其原始表面，清除加工后试样上的毛刺。

（3）切取试样时应预防因加工受热而影响试样的性能测试结果。

（4）试样形位公差应符合图 6-8 的要求。

（5）试样尺寸为（100±2）mm，用分辨力不大于 0.02 mm 的游标卡尺，在隔热材料与铝型材复合部位进行尺寸测量，每个试样测量 2 个位置的尺寸，计算其平均值。

（6）试样按相应产品标准中的规定进行分组并编号。

6.3.3.4 试验步骤

（1）按 6.3.1.4 节的相关要求执行，并以 1～5 mm/min 的速度进行室温纵向剪切试验（除非采用了室温纵向剪切试验后合格的试样），直至隔热材料与铝合金型材间显现滑移。

（2）用分辨力不大于 0.02 mm 的游标卡尺，测量室温纵向剪切试验后的试样高度（H_1），在每个试样上测量不少于 2 个位置，计算其平均值，数值修约规则按现行国家标准（GB/T 8170）的有关规定进行，保留两位小数。

（3）将试验箱升至（80±2）℃保持 30 min。

（4）根据试样空腔选用适当的试样连接板，将室温纵向剪切试验后的试样吊挂在高温持久试验箱内，按式（6-27）中规定对试样施加横向荷载，并保持 1 000 h。

高温持久试验荷载按式（6-27）计算，数值修约规则按现行国家标准（GB/T 8170）的有关规定进行，修约到个位数。

$$p_Q = k \times L \tag{6-27}$$

式中：p_Q——高温持久试验荷载，N；

k——试样单位长度上所能承受的拉伸荷载，k=（10±0.5）N/mm；

L——试样名义长度，mm。

（5）高温持久荷载拉伸试验后，试样在温度为（23±2）℃、相对湿度为（50±10）%的环境条件下放置 24 h。

（6）用分辨力不大于 0.02 mm 的游标卡尺，测量高温持久荷载拉伸试验后试样高度

（H_2），在每个试样上测量不少于 2 个位置，计算其平均值，数值修约规则按现行国家标准（GB/T 8170）的有关规定进行，保留两位小数。

（7）按 6.3.2.4 节的要求将试样夹持在试验机上。

（8）试样在标准规定的试验温度（高温、低温）下放置 10 min。

（9）按 6.3.2.4 节的要求进行拉伸试验。

6.3.3.5　试验结果

（1）隔热型材变形量按式（6-28）计算，数值修约规则按现行国家标准（GB/T 8170）的有关规定进行，保留两位小数。

$$\Delta h = H_2 - H_1 \tag{6-28}$$

式中：Δh ——隔热型材变形量，mm；

H_1 ——高温持久荷载拉伸试验前的试样高度，mm；

H_2 ——高温持久荷载拉伸试验后的试样高度，mm。

（2）隔热型材变形量平均值按式（6-29）计算，数值修约规则按现行国家标准（GB/T 8170）的有关规定进行，保留两位小数。

$$\overline{\Delta h} = \frac{1}{10}\sum_{i=1}^{10}\Delta h_i \tag{6-29}$$

式中：$\overline{\Delta h}$ ——隔热型材变形量平均值，mm；

Δh_i ——第 i 个试样隔热型材变形量，mm。

（3）按式（6-27）计算（高温、低温）试样单位长度上所能承受的最大拉伸力，数值修约规则按现行国家标准（GB/T 8170）的有关规定进行，保留两位小数。

（4）按式（6-28）计算 10 个试样单位长度上所能承受的最大拉伸力的标准差，数值修约规则按 GB/T 8170 的有关规定进行，保留两位小数。

（5）按式（6-29）计算（高温、低温）横向抗拉特征值，数值修约规则按现行国家标准（GB/T 8170）的有关规定进行，修约到个位数。

6.3.4　抗弯性能

6.3.4.1　试验依据及环境要求

1）试验依据

现行国家标准《铝合金隔热型材复合性能试验方法》（GB/T 28289）。

2）环境要求

穿条式隔热型材试验温度：室温（23±2）℃、低温（−20±2）℃、高温（80±2）℃。

浇注式隔热型材试验温度：室温（23±2）℃、低温（−30±2）℃、高温（70±2）℃。

6.3.4.2　主要仪器设备

试验机：试验机应符合现行国家标准（GB/T 16825.1）的规定，精确度为 1 级或更优级别。试验机最大荷载不小于 20 kN。需配备高、低温环境试验箱时，试验机测试空间以不小于 500 mm× 1 200 mm 为宜。

注：测试弹性系数（C_1）时，宜使用符合现行国家标准（GB/T 16491）规定的试验机。

高、低温环境试验箱基本要求参见现行国家标准（GB/T 28289）附录 A 的规定。

6.3.4.3 样品制备

（1）产品性能试验前，试样应进行状态调节。铝合金隔热型材试样应在温度为（23±2）℃、相对湿度为（50±10）%的环境条件下放置 48 h。

（2）试样应从符合相应产品标准规定的型材上切取，应保留其原始表面，清除加工后试样上的毛刺。

（3）切取试样时应预防因加工受热而影响试样的性能测试结果。

（4）试样尺寸为（100±2）mm，用分辨力不大于 0.02 mm 的游标卡尺，在隔热材料与铝型材复合部位进行尺寸测量，每个试样测量 2 个位置的尺寸，计算其平均值。

（5）试样按相应产品标准中的规定进行分组并编号。

6.3.4.4 试验步骤

（1）用分辨力不大于 0.02 mm 的游标卡尺，测量隔热材料的高（L_1），在每个试样上测量不少于 2 个位置，计算平均值，数值修约规则按现行国家标准（GB/T 8170）的有关规定进行，保留两位小数。

（2）将抗扭夹具安装在试验机上，紧固好连接部位，确保在试验过程中不会出现试样偏转现象。

（3）将试样装在夹具上，刚性支撑边缘靠近隔热材料与铝合金型材相接位置，以距离不大于 0.5 mm 为宜。

（4）调整好夹具位置，使受力点尽量靠近隔热材料与铝合金型材相接位置。

（5）除室温试验外，试样在标准规定的试验温度下放置 10 min。

（6）以 5 mm/min 的速度，加至 50 N 预荷载。

（7）以 1～5 mm/min 的速度进行抗扭性能试验，并记录所加的荷载，直至最大荷载出现。

（8）用分辨力不大于 0.02 mm 的游标卡尺，测量受力点到隔热材料与铝合金型材相接位置的距离（L_2），在每个试样上测量不少于 2 个位置，计算平均值，数值修约规则按现行国家标准（GB/T 8170）的有关规定进行，保留两位小数。

6.3.4.5 试验结果

1）抗扭力矩的计算

（1）抗扭力臂按式（6-30）计算，数值修约规则按现行国家标准（GB/T 8170）的有关规定进行，保留两位小数。

$$L_0 = L_1/2 + L_2 \tag{6-30}$$

式中：L_0——抗扭力臂，mm；

L_1——隔热材料高，mm；

L_2——受力点到隔热材料与铝合金型材相接位置的距离，mm。

（2）抗扭力矩按式（6-31）计算，数值修约规则按现行国家标准（GB/T 8170）的有关规定进行，修约到个位数。

$$M = F_{M\max} \times L_0 \tag{6-31}$$

式中：M——抗扭力矩，kN・mm；

$F_{M\max}$——最大载荷，kN。

2）抗扭力矩特征值的计算

（1）10 个试样的抗扭力矩标准差按式（6-32）计算，数值修约规则按现行国家标准（GB/T 8170）的有关规定进行，保留两位小数。

$$s_M = \sqrt{\frac{1}{10-1}\sum_{i=1}^{10}\left(M_i - \bar{M}\right)^2} \tag{6-32}$$

式中：s_M——10 个试样的抗扭力矩标准差，kN・mm；

M_i——第 i 个试样的抗扭力矩，kN・mm；

$\bar{M}$——10 个试样抗扭力矩的平均值，kN・mm。

（2）抗扭力矩特征值按式（6-33）计算，数值修约规则按现行国家标准（GB/T 8170）的有关规定进行，修约到个位数。

$$M_C = \bar{M} - 2.02 \times s_M \tag{6-33}$$

式中：M_C——抗扭力矩特征值，kN・mm。

6.4 中空玻璃

中空玻璃是指两片或多片玻璃以有效支撑均匀隔开并周边粘结密封，使玻璃层间形成有干燥气体空间的玻璃制品（图 6-9）。中空玻璃主要由玻璃基材、中间气体间隔层、铝间隔条、干燥剂、密封胶和构成。中空玻璃的基材通常采用平板玻璃、镀膜玻璃、夹层玻璃、钢化玻璃等种类的玻璃，这种构造和组合极大地丰富了中空玻璃的使用功能。在两块玻璃间放入铝间隔条，通过密封胶对周边进行密封，形成一个留有气体间隔层（中空层）的空间单元。中空层是中空玻璃的核心部分，在其间充入气体（如空气、氩气等），可有效阻隔室内外热量和音量传递。为维持气体间隔层的干燥度，保持其保温功能，通常在铝间隔条内填充有干燥剂，常见的有分子筛和硅胶类吸附剂等。相较于普通玻璃，中空玻璃有较为优越的防结露、隔热、隔音、安全性能。

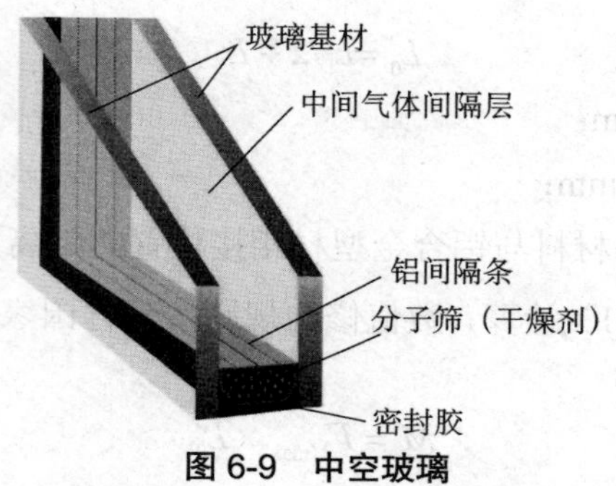

图 6-9　中空玻璃

中空玻璃按形状可分为平面中空玻璃和曲面中空玻璃。按中空腔内气体可分为普通中空玻璃和充气中空玻璃。

中空玻璃的技术指标包括可见光透射比、太阳光直接透射比、太阳能总透射比、遮阳系数、露点、U 值（传热系数）等。

6.4.1　可见光透射比、太阳光直接透射比、太阳能总透射比、遮阳系数

6.4.1.1　试验依据

现行国家标准《建筑玻璃　可见光透射比、太阳光直接透射比、太阳能总透射比、紫外线透射比及有关窗玻璃参数的测定》（GB/T 2680）。

现行行业标准《建筑门窗玻璃幕墙热工计算规程》（JGJ/T 151）。

6.4.1.2　主要仪器设备

主要仪器设备为分光光度计、傅里叶红外光谱仪。其应满足下列要求：

（1）仪器测量的波长范围、波长间隔应满足现行国家标准（GB/T 2680）中各参数测定的要求。

（2）仪器测量过程中，照明光束的光轴与试样表面法线的夹角不超过 10°，照明光束中任一光线与光轴的夹角不超过 5°。

（3）仪器应包含试样各玻璃表面多次反射而出射的透射光、反射光部分，测量透射比和反射比的准确度应在±1%内。

6.4.1.3　样品制备

（1）单层玻璃可直接作为试样，切割出试样或采用同材质玻璃的切片。

（2）多层窗玻璃组件的试样，可分别切割单片或采用同材质单片玻璃的切片。

（3）样品在测定过程中应保持清洁。

6.4.1.4　各参数的测定

可见光透射比、太阳光直接透射比、太阳能总透射比、遮阳系数参数的测定必须符合现行国家标准（GB/T 2680）中第 5 章和各参数相应条款中的技术要求。

6.4.2　露点

6.4.2.1　试验依据及环境要求

1）试验依据

现行国家标准《中空玻璃》（GB/T 11944）。

2）环境要求

试验在温度（23±2）℃、相对湿度 30%～75%的环境下进行。

6.4.2.2　主要仪器设备

露点仪：测量面为铜质材料，Φ（50 mm±1 mm）、厚度 0.5 mm；温度测量范围可以达到−60℃，精度≤1℃。

6.4.2.3　样品制备

（1）试样为制品或与制品相同材料、在同一工艺条件下制作的尺寸为 510 mm×360 mm 的试样，数量为 15 块。

（2）试验前应将全部样品在试验环境条件下放置 24 h 以上。

6.4.2.4　试验步骤

（1）向露点仪内注入深约 25 mm 的乙醇或丙酮，再加入干冰，使其温度降低到小于或等于−60℃，开始露点测试，并在试验中保持该温度。

（2）将样品水平放置，在上表面涂一层乙醇或丙酮，使露点仪与该表面紧密接触，停留时间应符合表 6-1 的规定。

表 6-1　不同原片玻璃厚度露点测试时间

原片玻璃厚度/mm	接触时间/min
≤4	3
5	4
6	5
8	7
≥10	10

（3）移开露点仪，立刻观察玻璃样品的内表面有无结露或结霜。

（4）如无结霜或结露，露点温度记为−60℃。如有结霜或结露，将试样放置到完全无结霜或结露后，提高露点仪温度继续测量，每次提高 5℃，直至测量到−40℃，记录试样最高的结露温度，该温度为试样的露点温度。

（5）对于两腔中空玻璃露点测试应分别测试中空玻璃的两个表面。

6.4.2.5　试验结果

取 15 块试样进行露点检测，全部合格则该项性能合格。

6.4.3 U值（传热系数）

中空玻璃稳定状态下U值计算及测定包括计算法、防护热板法、热流计法。本节主要对常用的防护热板法进行讲解。

6.4.3.1 术语定义

U值是指在稳态条件下，中空玻璃中央区域，不考虑边缘效应，玻璃两外表面在单位时间、单位温差内通过单位面积的热量。

6.4.3.2 试验依据

现行国家标准《中空玻璃稳态U值（传热系数）的计算及测定》（GB/T 22476）。

6.4.3.3 主要仪器设备

主要仪器设备为中空玻璃U值测定仪。其应满足下列要求：

（1）测量装置为符合现行国家标准（GB/T 10294）的防护热板双试样装置，计量面板尺寸为500 mm×500 mm。

（2）两块相同的试样分别放在加热单元的两侧，热流量通过试样到达冷却单元。加热单元由中央计量单元和防护单元组成，通过狭窄的缝隙将计量区和防护区隔开。冷却单元表面尺寸不小于加热单元尺寸，试样应全部覆盖加热单元表面。

6.4.3.4 样品制备

试样为两块尽可能相同的边长为800 mm的正方形平型中空玻璃。两块试样的厚度差在边部测量应不大于2%，两表面应平行。试样外表面中央区的向内或向外的挠度在283 K时应不大于0.5 mm。

6.4.3.5 试验步骤

（1）将试样冷却到283 K并达到等温平衡后，立即测量中空玻璃外表面中央区的挠度，如果向外的挠度太大，可以通过降低中空玻璃内部压力进行试样中央区厚度校正。如果试样为向内的挠度，且需要的校正不大于0.5 mm时可充空气校正。

（2）将试样垂直放置在试验装置中，并确保试样与相邻的面板间充分接触。

（3）将试样的平均温度控制在（283±0.5）K，并使试样冷热表面的平均温差保持在（15±1）K。

6.4.3.6 试验结果

多层中空玻璃的热阻由式（6-34）计算得出。

$$R = 2A(T_1 - T_2) / \Phi \tag{6-34}$$

式中：R——中空玻璃的热阻，（$m^2 \cdot K$）/W；

A——计量面积，m^2；

T_1——试样热表面的平均温度，K；

T_2——试样冷表面的平均温度，K；

Φ——施加于计量面积的加热平均功率，W。

数值按现行国家标准（GB/T 8170）修约至小数点后两位。

中空玻璃的 U 值由式（6-35）计算得出。

$$\frac{1}{U}=R+\frac{1}{h_e}+\frac{1}{h_i} \tag{6-35}$$

式中：h_e——室外表面换热系数，W/（m^2·k）；

h_i——室内表面换热系数，W/（m^2·k）。

数值按现行国家标准（GB/T 8170）修约至小数点后一位。如果为了满足特定条件使用了其他的 h_e 和 h_i 值，应在检测报告中注明。

6.5　建筑门窗

外门窗是建筑围护结构主要的热交换部位，同时门窗开启频繁，构件间缝隙较多，尤其是外门窗密闭不好则可能导致渗水和室外空气渗透。为了确保外门窗的安全性、节能性和适用性，故应对门窗的抗风压性能、气密性能、水密性能和保温性能等进行检测。

门窗的抗风压、气密、水密的性能检测需要按照一定的顺序。对于定级检测，应按照气密、水密、抗风压变形 P_1、抗风压反复加压 P_2、产品设计风荷载标准值 P_3、产品设计风荷载设计值 P_{max} 顺序进行；对于工程检测，应按照气密、水密、抗风压变形（40%风荷载标准值）P_1'、抗风压反复加压（60%风荷载标准值）P_2'、风荷载标准值 P_3'、风荷载设计值 P_{max}' 顺序进行。当有要求时，可在产品设计风荷载标准值 P_3 或风荷载标准值 P_3' 后，增加重复气密性能、重复水密性能检测。此外，检测应在室内进行，且应在环境温度不低于 5℃的试验条件下进行；当进行抗风压性能检测或较高风压的水密性能检测时应采取适当的安全措施。

根据现行国家标准《建筑幕墙、门窗通用技术条件》（GB/T 31433）进行性能分级：

（1）门窗气密性能以单位缝长空气渗透量 q_1 或单位面积空气渗透量 q_2 为分级指标，将门窗的气密性能分为 8 个等级，见表 6-2，等级越高，气密性能越好。

表 6-2　门窗气密性能分级

分级	分级指标值（q_1）/[m^3/（m·h）]	分级指标值（q_2）/[m^3/（m^2·h）]	分级	分级指标值（q_1）/[m^3/（m·h）]	分级指标值（q_2）/[m^3/（m^2·h）]
1	$4.0\geqslant q_1>3.5$	$12.0\geqslant q_2>10.5$	5	$2.0\geqslant q_1>1.5$	$6.0\geqslant q_2>4.5$
2	$3.5\geqslant q_1>3.0$	$10.5\geqslant q_2>9.0$	6	$1.5\geqslant q_1>1.0$	$4.5\geqslant q_2>3.0$
3	$3.0\geqslant q_1>2.5$	$9.0\geqslant q_2>7.5$	7	$1.0\geqslant q_1>0.5$	$3.0\geqslant q_2>1.5$
4	$2.5\geqslant q_1>2.0$	$7.5\geqslant q_2>6.0$	8	$q_1\leqslant 0.5$	$q_2\leqslant 1.5$

注：第 8 级应在分级后同时注明分级指标值。

（2）门窗水密性能以严重渗透压力差值的前一级压力差值 Δp 为分级指标，将门窗的水密性能分为 6 个等级，见表 6-3，等级越高，水密性能越好。

表 6-3　门窗水密性能分级

单位：Pa

分级	分级指标值（Δp）	分级	分级指标值（Δp）
1	$100 \leqslant \Delta p < 150$	4	$350 \leqslant \Delta p < 500$
2	$150 \leqslant \Delta p < 250$	5	$500 \leqslant \Delta p < 700$
3	$250 \leqslant \Delta p < 350$	6	$\Delta p \geqslant 700$

（3）门窗抗风压性能以定级检测压力 P_3 为分级指标，将门窗的抗风压性能分为 9 个等级，见表 6-4，等级越高，抗风压性能越好。

表 6-4　门窗抗风压性能分级

单位：kPa

分级	分级指标值（P_3）	分级	分级指标值（P_3）
1	$1.0 \leqslant P_3 < 1.5$	6	$3.5 \leqslant P_3 < 4.0$
2	$1.5 \leqslant P_3 < 2.0$	7	$4.0 \leqslant P_3 < 4.5$
3	$2.0 \leqslant P_3 < 2.5$	8	$4.5 \leqslant P_3 < 5.0$
4	$2.5 \leqslant P_3 < 3.0$	9	$P_3 \geqslant 5.0$
5	$3.0 \leqslant P_3 < 3.5$		

（4）门窗保温性能以传热系数 K 值为分级指标，将门窗的保温性能分为 10 个等级，见表 6-5，等级越高，保温性能越好。

表 6-5　门窗保温性能分级

单位：W/（m²·K）

分级	分级指标值（K）	分级	分级指标值（K）
1	$K \geqslant 5.0$	6	$2.5 > K \geqslant 2.0$
2	$5.0 > K \geqslant 4.0$	7	$2.0 > K \geqslant 1.6$
3	$4.0 > K \geqslant 3.5$	8	$1.6 > K \geqslant 1.3$
4	$3.5 > K \geqslant 3.0$	9	$1.3 > K \geqslant 1.1$
5	$3.0 > K \geqslant 2.5$	10	$K < 1.1$

6.5.1　气密性能

6.5.1.1　试验依据及环境要求

1）试验依据

现行国家标准《建筑外门窗气密、水密、抗风压性能检测方法》（GB/T 7106）。

现行国家标准《建筑幕墙、门窗通用技术条件》（GB/T 31433）。

2）环境要求

检测应在室内进行，且应在环境温度不低于 5℃的试验条件下进行。

6.5.1.2　主要仪器设备

模拟静压箱：检测装置主要由压力箱、空气收集箱、试件、安装框架、供压装置（包括供风设备、压力控制装置）、淋水装置、水流量计、差压测量装置、密封条、封板及测量装置（包括空气流量测量装置、差压测量装置及位移测量装置）组成。检测装置的构成如图 6-10 所示。

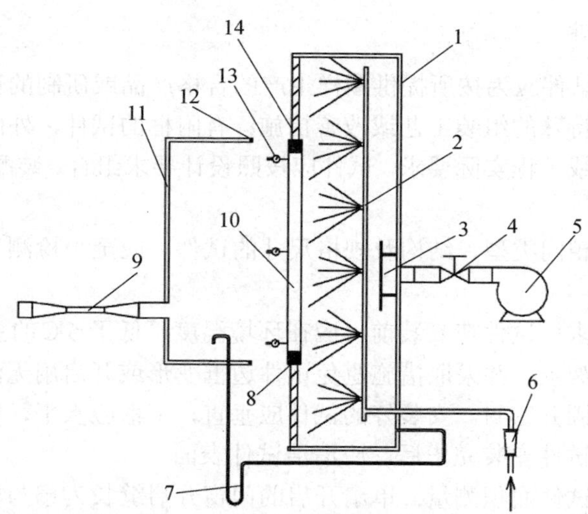

1—压力箱；2—淋水装置；3—进气口挡板；4—压力控制装置；5—供风设备；6—水流量计；7—差压测量装置；8—安装框架；9—空气流量测量装置；10—试件；11—空气收集箱；12—密封条；13—位移测量装置；14—封板。

图 6-10　检测装置

装置主要部分要求：

（1）压力箱的开口尺寸应能满足试件安装的要求，计算压力箱开口部位的构件在承受检测过程中可能出现最大压力差时，开口部位构件的最大挠度值不应超过 5 mm 或 l/1 000，同时应具有良好的密封性能且以不影响观察试件的水密性为最低要求。

（2）空气收集箱与压力箱连接且应有良好的密封性能，且在气密性能检测过程中箱体尺寸不应发生变化。空气收集箱深度宜为 500～800 mm。

（3）试件安装框架应保证试件安装牢固，不应产生倾斜及变形，同时不影响试件可开启部分的正常开启。

（4）供压装置应具备施加正负双向压力差的能力，静态压力控制装置应能调节出稳定的气流，动态压力控制装置应能稳定地提供 3～5 s 周期的波动风压，波动风压的波峰值、波谷值应满足检测要求。供压和压力控制能力应满足规范的要求。

（5）淋水装置应满足在门窗试件的全部面积上形成连续水膜并达到规定淋水量的要求。淋水装置宜采用锥角不小于 60° 的实心圆锥形喷雾喷嘴，喷嘴布置应均匀，各喷嘴与试件的距离宜相等且不应小于 500 mm；淋水装置的喷水量应能调节，并有措施保证喷水量的均匀性。

（6）空气流量测量装置的测量误差不应大于示值的 5%；差压测量装置的测量误差不应大于示值的 2%，响应速度应满足波动风压测量的要求，其 2 个探测点应在试件两侧就近布置；位移测量装置的精度应达到满量程的0.25%，其安装支架在测试过程中应牢固，并保证位移的测量不受试件及其支承设施的变形、移动所影响。

此外，空气流量测量装置和淋水装置还需根据规定的方法进行校验。其中，空气流量测量装置和固定淋水装置的校验周期不应大于6个月，非固定淋水装置应在每次试验前进行校验。

6.5.1.3 一般要求

（1）试件要求：试件应为按所提供图样生产的合格产品或研制的试件，不应附有任何多余的零配件或采用特殊的组装工艺或改善措施；有附框的试件，外门窗与附框的连接与密封方式应符合设计或工程实际要求。试件应按照设计要求组合、装配完好，并保持清洁、干燥。

（2）试件数量：相同类型、结构及规格尺寸的试件，应至少检测3樘，且以3樘为一组进行评定。

（3）试件安装要求：试件在安装前，应在环境温度不低于5℃的室内放置不少于4 h。试件应安装在安装框架上，并采取措施避免试件边框变形或开启扇无法开启。试件与安装框架之间的连接应牢固并密封。安装好的试件应垂直，下框应水平，下部安装框不应高于试件室外侧排水孔。试件安装完毕后，应清洁试件表面。

（4）开启缝长和试件面积测量：单扇开启的门窗开启缝长为扇与框的搭接长度；无中梃的双扇平开门窗、双扇推拉门窗，两活动扇搭接部分的缝长按一段计算；无附框的试件面积应按其外框外侧包含的面积计算；门窗安装附框时，试件面积应按附框外侧包含的面积计算。

6.5.1.4 试验步骤

（1）气密性能的检测需遵循相应的检测加压顺序。对于定级检测，检测加压顺序如图6-11所示；对于工程检测，检测加压顺序应根据工程设计要求的压力进行加压，检测加压顺序如图6-12所示。当工程对检测压力无设计要求时，可按定级检测进行；当工程检测压力值小于50 Pa时，则应采用定级检测的加压顺序进行检测，并回归计算出工程设计压力对应的空气渗透量。

（2）预备加压。在正压预备加压前，将试件上所有可开启部分启闭5次，最后关紧。在正压、负压检测前分别施加3个压力脉冲。定级检测时压力差绝对值为500 Pa，加载速度约为100 Pa/s，压力稳定作用时间为3 s，泄压时间不少于1 s。工程检测时压力差绝对值取风荷载标准值的10%和500 Pa二者的较大值，加载速度约为100 Pa/s，压力稳定作用时间为3 s，泄压时间不少于1 s。

（3）渗透量检测。

① 附加空气渗透量检测

检测前应在压力箱一侧，采取密封措施充分密封试件上的可开启部分缝隙和镶嵌缝隙，然后将空气收集箱扣好并可靠密封。按照上述规定的检测加压顺序进行加压，每级压力作用时间约为10 s，先逐级正压，后逐级负压。记录各级压力下的附加空气渗透量。附加空气渗透量不宜高于总空气渗透量的 20%。

② 总空气渗透量检测

去除试件上采取的密封措施后进行检测，检测程序同附加空气渗透量检测。记录各级压力下的总空气渗透量。

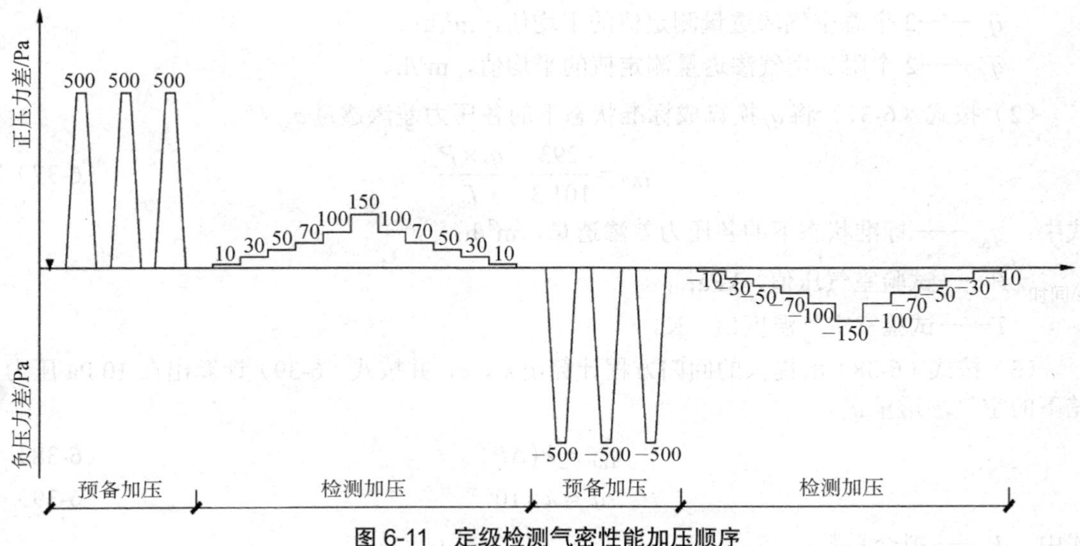

图 6-11　定级检测气密性能加压顺序

注：图中符号▼表示将试件的可开启部分启闭不少于 5 次。

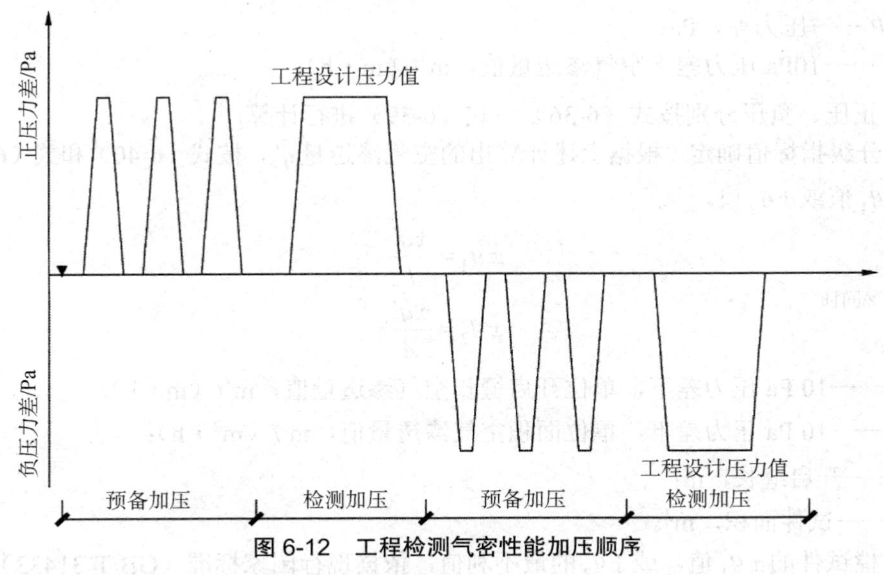

图 6-12　工程检测气密性能加压顺序

注：图中符号▼表示将试件的可开启部分启闭不少于 5 次。

6.5.1.5　试验结果

1）定级检测数据处理

（1）分别计算出升压和降压过程中各压力差下的 2 个附加空气渗透量测定值的平均值

$\overline{q}_f$ 和 2 个总空气渗透量测定值的平均值 $\overline{q}_z$，则试件本身在各压力差下的空气渗透量 q_t 即可按式（6-36）计算。

$$q_t = \overline{q}_z - \overline{q}_f \tag{6-36}$$

式中：q_t——试件空气渗透量，m^3/h；

$\overline{q}_z$——2 个总空气渗透量测定值的平均值，m^3/h；

$\overline{q}_f$——2 个附加空气渗透量测定值的平均值，m^3/h。

（2）按式（6-37）将 q_t 换算成标准状态下的各压力差渗透量 $q_{\Delta P}$ 值。

$$q_{\Delta P} = \frac{293}{101.3} \times \frac{q_t \times P}{T} \tag{6-37}$$

式中：$q_{\Delta P}$——标准状态下的各压力差渗透量，m^3/h；

P——试验室气压值，kPa；

T——试验室空气温度值，K。

（3）按式（6-38）所提供的回归方程计算出 k、c，并按式（6-39）计算出在 10 Pa 压力差下的空气渗透量 q'。

$$q_{\Delta P} = k\left(\Delta P\right)^c \tag{6-38}$$

$$q' = k \times 10^c \tag{6-39}$$

式中：k——拟合系数；

c——缝隙渗透系数；

ΔP——压力差，Pa；

q'——10Pa 压力差下空气渗透量值，m^3/（m・h）。

（4）正压、负压分别按式（6-36）～式（6-39）进行计算。

（5）分级指标值确定，根据上述计算出的空气渗透量 q'，按式（6-40）和式（6-41）分别计算 $\pm q_1$ 值或 $\pm q_2$ 值。

$$\pm q_1 = \frac{\pm q'}{l} \tag{6-40}$$

$$\pm q_2 = \frac{\pm q'}{A} \tag{6-41}$$

式中：q_1——10 Pa 压力差下，单位开启缝长空气渗透量值，m^3/（m・h）；

q_2——10 Pa 压力差下，单位面积空气渗透量值，m^3/（m^2・h）；

l——开启缝长，m；

A——试件面积，m^2。

取 3 樘试件的 $\pm q_1$ 值，或 $\pm q_2$ 的最不利值，依据现行国家标准（GB/T 31433）的相关规定，确定按照开启缝长和面积各自所属等级。最后取两者中的不利级别为该组试件所属等级。正压、负压分别定级。

2）工程检测数据处理

（1）分别计算出在设计压力差下的附加空气渗透量测定值 q_f 和总空气渗透量测定

值 q_z，则试件在该设计压力差下的空气渗透量 q_t 按式（6-42）进行计算。

$$q_t = q_z - q_f \tag{6-42}$$

式中：q_t——试件空气渗透量，m^3/h；

q_z——总空气渗透量测定值，m^3/h；

q_f——附加空气渗透量测定值，m^3/h。

（2）按式（6-37）、式（6-40）、式（6-41）计算试件在该设计压力差下的单位开启缝长空气渗透量 q_1 和单位面积空气渗透量 q_2。正、负压分别进行计算。

3 樘试件正、负压按照单位开启缝长和单位面积的空气渗透量均应满足工程设计要求，否则应判定为不满足工程设计要求。

6.5.2　水密性能

6.5.2.1　试验依据及环境要求

1）试验依据

现行国家标准《建筑外门窗气密、水密、抗风压性能检测方法》（GB/T 7106）。

现行国家标准《建筑幕墙、门窗通用技术条件》（GB/T 31433）。

2）环境要求

检测应在室内进行，且应在环境温度不低于 5℃的试验条件下进行。

当进行较高风压的水密性能检测时应采取适当的安全措施。

6.5.2.2　主要仪器设备

水密性能的检测装置及其要求同本章 6.5.1 节气密性能的检测装置。

6.5.2.3　一般要求

水密性能的试件要求、数量、安装要求等同本章 6.5.1 节气密性能检测。

6.5.2.4　试验步骤

（1）水密性检测分为稳定加压法和波动加压法，检测加压顺序分别见图 6-13 和表 6-6。工程所在地为热带风暴和台风地区的工程检测，应采用波动加压法；定级检测和工程所在地为非热带风暴和台风地区的工程检测，可采用稳定加压法。已进行波动加压法检测可不再进行稳定加压法检测。水密性能最大检测压力峰值应小于抗风压检测压力差值 P_3 或 P_3'。热带风暴和台风地区的划分按照现行国家标准《建筑气候区划标准》（GB 50178）的规定执行。

（2）预备加压。在预备加压前，将试件上所有可开启部分启闭 5 次，最后关紧。检测加压前施加 3 个压力脉冲，定级检测时压力差绝对值为 500 Pa，加载速度约为 100 Pa/s，压力稳定作用时间为 3 s，泄压时间不少于 1 s。工程检测时压力差绝对值取风荷载标准值的 10%和 500 Pa 二者的较大值，加载速度约为 100 Pa/s，压力稳定作用时间为 3 s，泄压时间不少于 1 s。

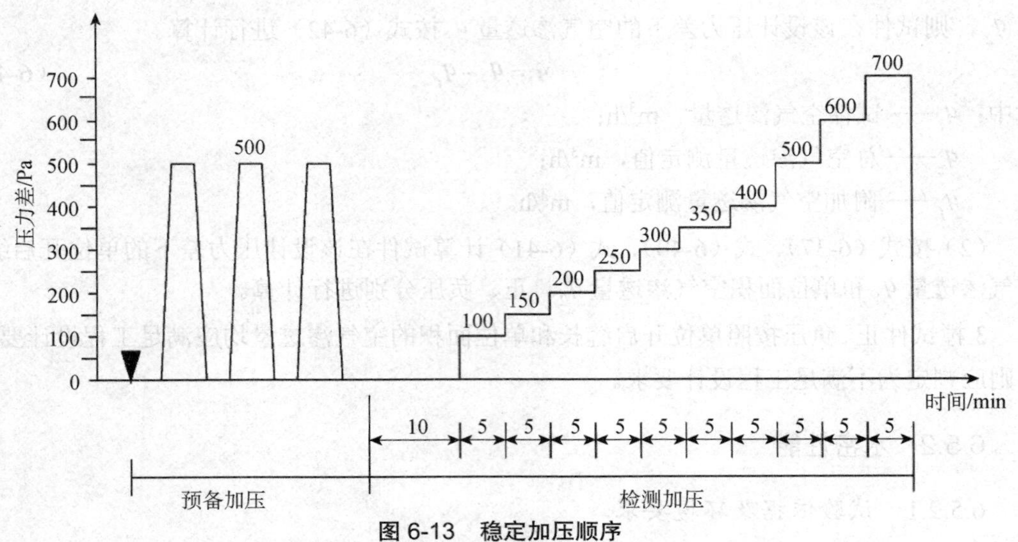

图 6-13 稳定加压顺序

注：图中符号▼表示将试件的可开启部分启闭不少于 5 次。

表 6-6 稳定加压顺序

加压顺序	1	2	3	4	5	6	7	8	9	10	11
检测压力/Pa	0	100	150	200	250	300	350	400	500	600	700
持续时间/min	10	5	5	5	5	5	5	5	5	5	5

注：当检测压力大于 700 Pa 时，每阶段增加幅度不宜大于 200 Pa，持续时间为 5 min，检测结果要标注实测压力值。

（3）稳定加压法。

① 定级检测。按照图 6-13 和表 6-6 顺序加压，并按以下步骤操作：

a. 淋水：对整个门窗试件均匀地淋水，淋水量为 2 L/（m^2 • min）。

b. 加压：在淋水的同时施加稳定压力，逐级加压至出现渗漏为止。

c. 观察记录：在逐级升压及持续作用过程中，观察记录渗漏部位。

② 工程检测。工程检测按以下步骤操作：

a. 淋水：对整个门窗试件均匀地淋水。年降水量小于或等于 400 mm 的地区，淋水量为 1 L/（m^2 • min）；年降水量为 400～1 600 mm 的地区，淋水量为 2 L/（m^2 • min）；年降水量大于 1 600 mm 的地区，淋水量为 3 L/（m^2 • min）。年降水量地区的划分按照现行国家标准（GB 50178）的规定执行。

b. 加压：在淋水的同时施加稳定压力。直接加压至水密性能设计值，压力稳定作用时间为 15 min 或产生渗漏为止。

c. 观察记录：在升压及持续作用过程中，观察记录渗漏部位。

（4）波动加压法

按照图 6-14 和表 6-7 顺序加压，并按以下步骤操作：

① 淋水：对整个门窗试件均匀地淋水，淋水量为 3 L/（m^2 • min）。

② 加压：在稳定淋水的同时施加波动压力，波动压力的大小用平均值表示，波幅为平均值的 0.5 倍。定级检测时，逐级加压至出现渗漏；工程检测时，直接加压至水密性能设

计值，加载速度约为 100 Pa/s，波动压力作用时间为 15 min 或产生渗漏为止。

③ 观察记录：在升压及持续作用过程中，观察并记录渗漏部位。

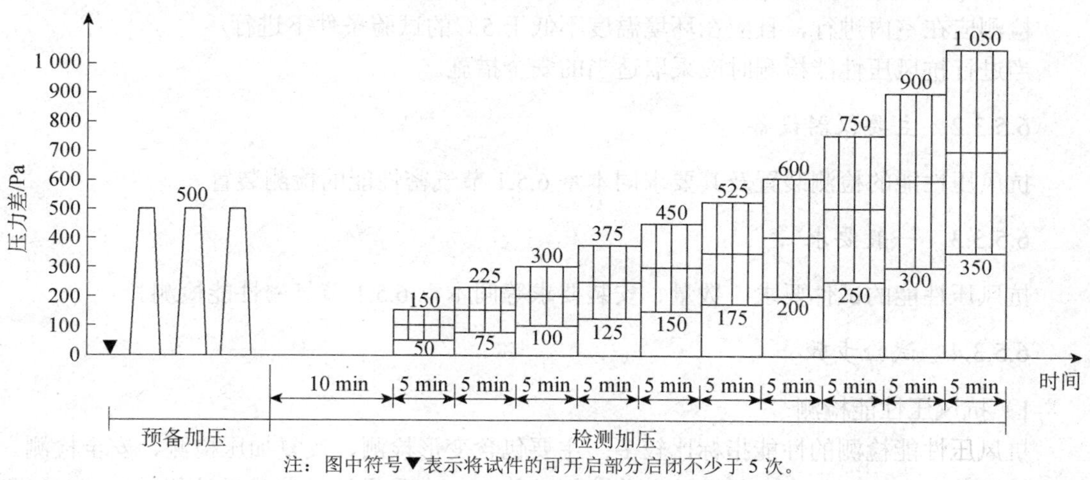

注：图中符号▼表示将试件的可开启部分启闭不少于 5 次。

图 6-14　波动加压顺序

表 6-7　波动加压顺序

加压顺序		1	2	3	4	5	6	7	8	9	10	11
波动压力值	上限值/Pa	0	150	225	300	375	450	525	600	750	900	1050
	平均值/Pa	0	100	150	200	250	300	350	400	500	600	700
	下限值/Pa	0	50	75	100	125	150	175	200	250	300	350
波动周期/s		0	3～5									
每级加压时间/min		10	5									

注：当波动压力平均值大于 700 Pa 时，每阶段平均值增加幅度不宜大于 200 Pa，持续时间为 5 min，检测结果要标注实测压力值。

6.5.2.5　试验结果

1）定级检测数据处理

记录每个试件的渗漏压力差值。以渗漏压力差值的前一级检测压力差值作为该试件水密性能检测值。以 3 樘试件中水密性能检测值的最小值作为水密性能定级检测值，并依据现行国家标准（GB/T 31433）的相关规定进行定级。

2）工程检测数据处理

3 樘试件在加压至水密性能设计值时均未出现渗漏，判定满足工程设计要求，否则判定为不满足工程设计要求。

6.5.3　抗风压性能

6.5.3.1　试验依据及环境要求

1）试验依据

现行国家标准《建筑外门窗气密、水密、抗风压性能检测方法》（GB/T 7106）。

现行国家标准《建筑幕墙、门窗通用技术条件》(GB/T 31433)。

2)环境要求

检测应在室内进行，且应在环境温度不低于5℃的试验条件下进行。

当进行抗风压性能检测时应采取适当的安全措施。

6.5.3.2 主要仪器设备

抗风压性能的检测装置及其要求同本章6.5.1节气密性能的检测装置。

6.5.3.3 一般要求

抗风压性能的试件要求、数量、安装要求等同本章6.5.1节气密性能检测。

6.5.3.4 试验步骤

1)抗风压性能检测

抗风压性能检测的性能指标比较多。主要包含变形检测、反复加压检测、安全检测。定级检测的安全检测包含产品设计风荷载标准值 P_3、产品设计风荷载设计值 P_{max}(P_{max} 取 1.4 P_3)检测；工程检测的安全检测包含风荷载标准值 P_3'、风荷载设计值 P_{max}' (P_{max}' 取 1.4 W_k)检测，风荷载标准值 W_k 应按现行国家标准《建筑结构荷载规范》(GB 50009)规定的方法确定。

上述各项抗风压性能指标检测的加压顺序如图6-15所示。

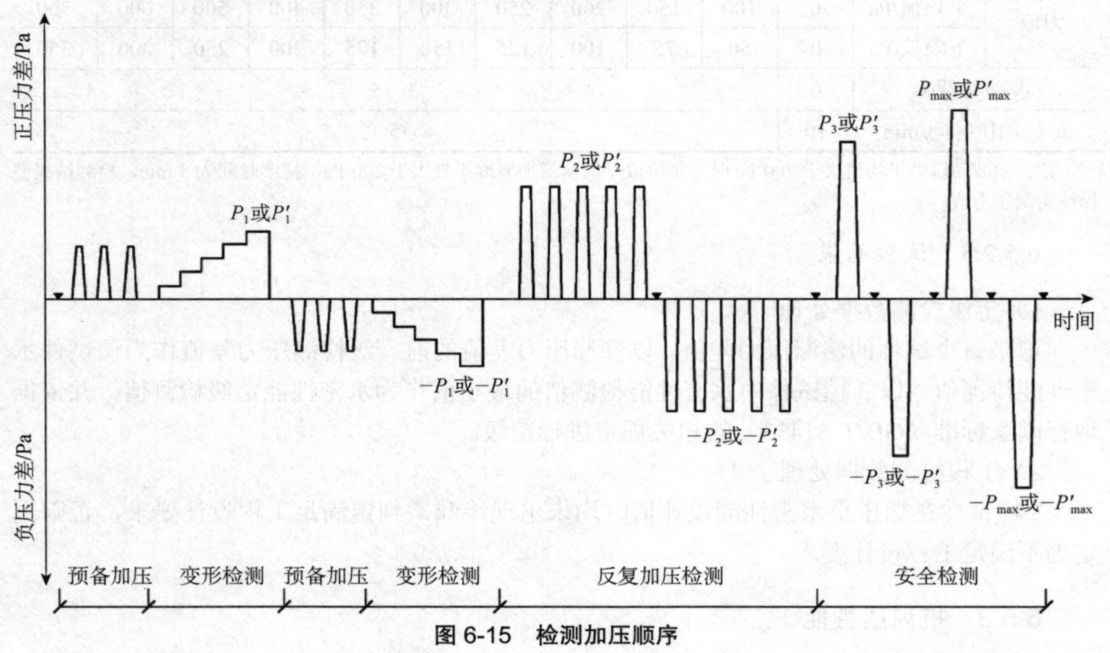

图6-15 检测加压顺序

2)确定测点和安装位移计

将位移计安装在规定位置上。测点位置规定如下：

(1)对于测试杆件，测点布置如图6-16所示。中间测点在测试杆件中点位置，两端测点在距该杆件端点向中点方向 10 mm 处。玻璃面板测点如图 6-17 所示。当试件最不利的构件难以判定时，应选取多个测试杆件和玻璃面板（图 6-18），分别布点测量。

（2）对于单扇固定扇：测点布置如图 6-17 所示。

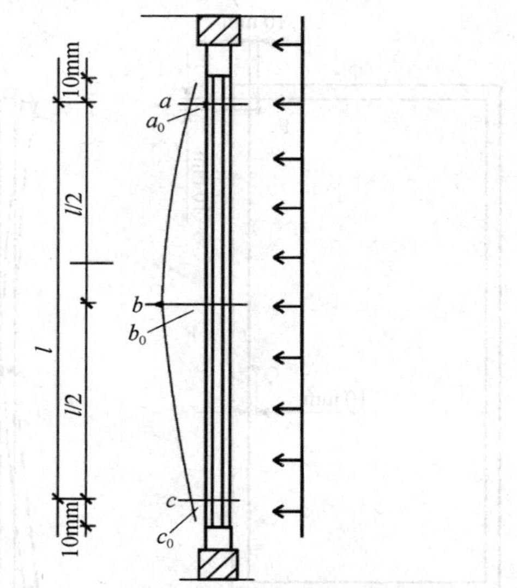

a_0、b_0、c_0—3 测点初始读数值（mm）；a、b、c—3 测点在压力差作用过程中的稳定读数值（mm）；l—测试杆件两端测点 a、c 之间的长度（mm）。

图 6-16　测试杆件测点分布

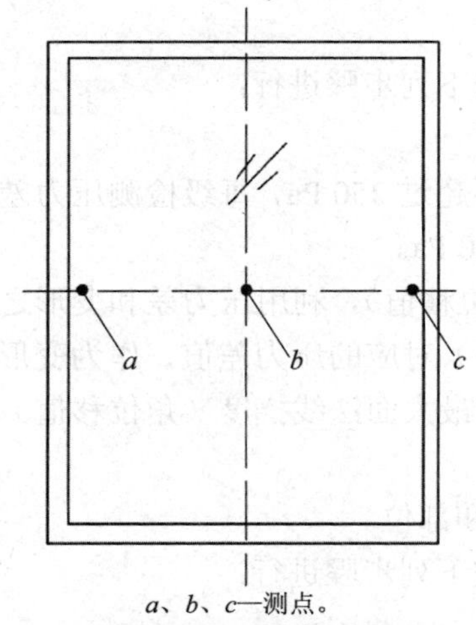

a、b、c—测点。

图 6-17　玻璃面板（单扇固定扇）测点分布

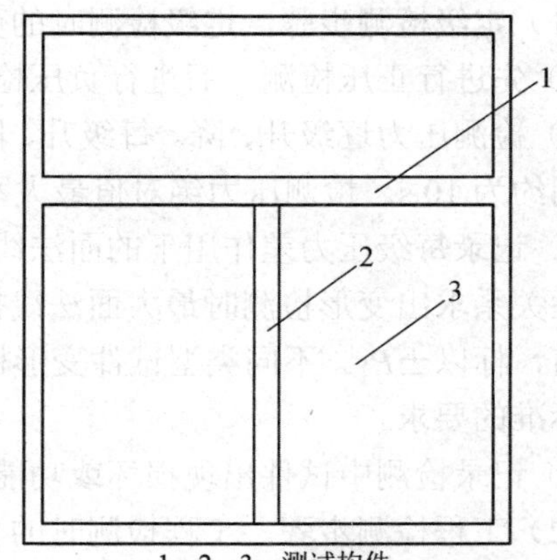

1、2、3—测试构件。

图 6-18　多测试杆件及玻璃面板分布

（3）对于单扇平开窗（门）：当采用单锁点时，测点布置见图 6-19，取距锁点最远的窗（门）扇自由边（非铰链边）端点的角位移值 δ 为最大挠度值，当窗（门）扇上有受力杆件时应同时测量该杆件的最大相对挠度，取两者中的不利者作为抗风压性能检测结果；无受力杆件外开单扇平开窗（门）只进行负压检测，无受力杆件内开单扇平开窗（门）只进行正压检测；当采用多点锁时，按照单扇固定扇的方法进行检测。

3）预备加压

在预备加压前，将试件上所有可开启部分启闭 5 次，最后关紧。检测加压前施加 3 个压力脉冲，定级检测时压力差绝对值为500 Pa，加载速度约为100 Pa/s，压力稳定作用时间为3 s，泄压时间不少于1 s。工程检测时压力差绝对值取风荷载标准值的10%和500 Pa二者的较大值，加载速度约为100 Pa/s，压力稳定作用时间为3 s，泄压时间不少于1 s。

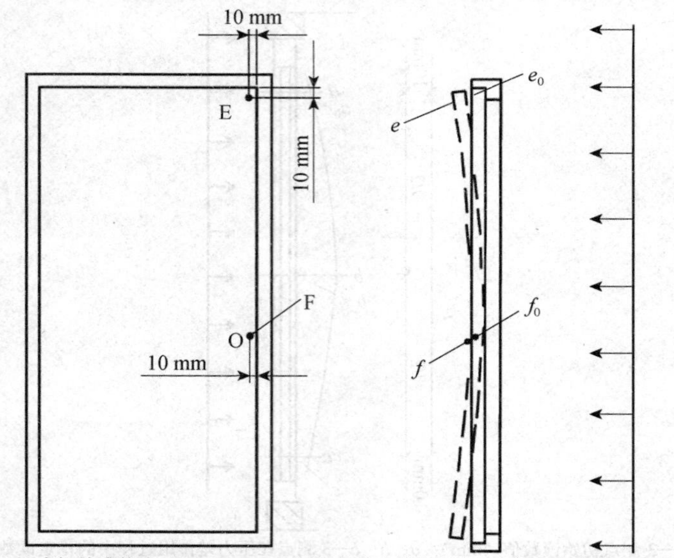

e_0、f_0—测点初始读数值（mm）；e、f—测点在压力差作用过程中的稳定读数值（mm）。

图 6-19　单扇单锁点平开窗（门）测点分布

4）变形检测

（1）定级检测步骤。定级检测时的变形检测应按下列步骤进行：

① 先进行正压检测，后进行负压检测。

② 检测压力逐级升、降。每级升、降压力差值不超过250 Pa，每级检测压力差稳定作用时间约为10 s。检测压力绝对值最大不宜超过2 000 Pa。

③ 记录每级压力差作用下的面法线挠度值（角位移值），利用压力差和变形之间的相对线性关系求出变形检测时最大面法线挠度（角位移）对应的压力差值，作为变形检测压力差值，标以$\pm P_1$。不同类型试件变形检测时对应的最大面法线挠度（角位移值）应符合产品标准的要求。

④ 记录检测中试件出现损坏或功能障碍的状况和部位。

（2）工程检测步骤。工程检测时的变形检测应按下列步骤进行：

① 先进行正压检测，后进行负压检测。

② 检测压力逐级升、降。每级升、降压力差值不超过风荷载标准值的10%，每级压力作用时间不少于10 s。压力差的升、降直到任一受力构件的相对面法线挠度值达到变形检测规定的最大面法线挠度（角位移），或压力达到风荷载标准值的40%[对于单扇单锁点平开窗（门），风荷载标准值的50%]为止。

③ 记录每级压力差作用下的面法线挠度值（角位移值），利用压力差和变形之间的相对线性关系求出变形检测时最大面法线挠度（角位移）对应的压力差值，作为变形检测压力差值，标以$\pm P_1'$。当P_1'小于风荷载标准值的40%[对于单扇单锁点平开窗（门），风荷载

标准值的 50%]时，应判为不满足工程设计要求，检测终止；当 P_1' 大于或等于风荷载标准值的 40%[对于单扇单锁点平开窗（门），风荷载标准值的 50%]时，P_1' 取风荷载标准值的 40%[对于单扇单锁点平开窗（门），风荷载标准值的 50%]。

④ 记录检测中试件出现损坏或功能障碍的状况和部位。

（3）面法线挠度及角位移值的计算

求取杆件或面板的面法线挠度按式（6-43）进行。

$$B=(b-b_0)-\frac{(a-a_0)+(c-c_0)}{2} \tag{6-43}$$

式中：a_0、b_0、c_0——各测点在预备加压后的稳定初始读数值，mm；

a、b、c——某级检测压力差作用过程中的稳定读数值，mm；

B——面法线挠度，mm。

单扇单锁点平开窗（门）的角位移值 δ 为 E 测点和 F 测点位移值之差，按式（6-44）计算。

$$\delta=(e-e_0)-(f-f_0) \tag{6-44}$$

式中：e_0、f_0——测点 E 和 F 在预备加压后的稳定初始读数值，mm；

e、f——某级检测压力差作用过程中的稳定读数值，mm。

（4）反复加压检测

定级检测和工程检测应按图 6-15 反复加压检测部分进行，并满足以下要求：

① 检测压力从 0 升到 P_2（P_2'）后降至 0，P_2（P_2'）=1.5P_1（P_1'），反复 5 次，再由 0 降至$-P_2$（P_2'）后升至 0，$-P_2$（P_2'）=$-1.5\,P_1$（P_1'），反复 5 次。加载速度为 300～500 Pa/s，每次压力差作用时间不应少于 3 s，泄压时间不应少于 1 s。定级检测 P_2 值不宜大于 3 000 Pa。

② 正、负压反复加压后，将试件可开启部分启闭 5 次，最后关紧。记录检测中试件出现损坏或功能障碍的压力差值及部位。

5）定级检测时的安全检测

（1）产品设计风荷载标准值 P_3 检测。P_3 取 2.5P_1 对于单扇单锁点平开窗（门），P_3 取 2.0 P_1。没有要求的，P_3 不宜大于 5 000 Pa。检测压力从 0 升至 P_3 后降至 0，再降至$-P_3$ 后升至 0。加载速度为 300～500 Pa/s，压力稳定作用时间均不应少于 3 s，泄压时间不应少于 1 s。正、负加压后各将试件可开启部分启闭 5 次，最后关紧。记录面法线位移量（角位移值）、发生损坏或功能障碍时的压力差值及部位。如有要求，可记录试件残余变形量，残余变形量记录时间应在 P_3 检测结束后 5～60 min 进行。如试件未出现损坏或功能障碍，但主要构件相对面法线挠度（角位移值）超过允许挠度，则应降低检测压力，直至主要构件相对面法线挠度（角位移值）在允许挠度范围内，以此压力差作为±P_3 值。

（2）产品设计风荷载设计值 P_{max} 检测。检测压力从 0 升至 P_{max} 后降至 0，再降至$-P_{max}$ 后升至 0。加载速度为 300～500 Pa/s，压力稳定作用时间均不应少于 3 s，泄压时间不应少于 1 s。正、负加压后各将试件可开启部分启闭 5 次，最后关紧。记录发生损坏或功能障碍的压力差值及部位。如有要求，可记录试件残余变形量，残余变形量记录时间应在 P_{max} 检测结束后 5～60 min 进行。

6）工程检测时的安全检测

（1）风荷载标准值 P_3' 检测。检测压力从 0 升至 P_3' 后降至 0；再降至 $-P_3'$ 后升至 0。加载速度为 300～500 Pa/s，压力稳定作用时间均不应少于 3 s，泄压时间不应少于 1 s。正、负加压后各将试件可开启部分启闭 5 次，最后关紧。记录面法线位移量（角位移值）、发生损坏或功能障碍时的压力差值及部位。如有要求，可记录试件残余变形量，残余变形量记录时间应在风荷载标准值检测结束后 5～60 min 进行。

（2）风荷载设计值 P_{max}' 检测。检测压力从 0 升至 P_{max}' 后降至 0；再降至 $-P_{max}'$ 后升至 0，压力稳定作用时间均不应少于 3 s，泄压时间不应少于 1 s。正、负加压后各将试件可开启部分启闭 5 次，最后关紧。记录发生损坏或功能障碍的压力差值及部位。如有要求，可记录试件残余变形量，残余变形量记录时间应在风荷载设计值检测结束后 5～60 min 进行。

6.5.3.5 试验结果

1）变形检测的评定

定级检测时以试件杆件或面板达到变形检测最大面法线挠度时对应的压力差值为 $\pm P_1$；对于单扇单锁点平开窗（门），以角位移值为 10 mm 时对应的压力差值为 $\pm P_1$。当检测中试件出现损坏或功能障碍时，以相应压力差值的前一级压力差作为 P_{max}，按 $P_{max}/1.4$ 中绝对值较小者进行定级。

工程检测出现损坏或功能障碍时，应判为不满足工程设计要求。

2）反复加压检测的评定

定级检测时，试件未出现损坏或功能障碍，注明 $\pm P_2$。当检测中试件出现损坏或功能障碍时，以相应压力差值的前一级压力差作为 P_{max}，按 $\pm P_{max}/1.4$ 中绝对值较小者进行定级。

工程检测试件出现损坏或功能障碍时，应判为不满足工程设计要求。

3）安全检测的评定

（1）定级检测的评定。产品设计风荷载标准值 P_3 检测时，试件未出现功能障碍和损坏，且主要构件相对面法线挠度（角位移值）未超过允许挠度，注明 $\pm P_3$；当检测中试件出现损坏或功能障碍时，以相应压力差值的前一级压力差作为 P_{max}，按 $\pm P_{max}/1.4$ 中绝对值较小者进行定级。

产品设计风荷载设计值 P_{max} 检测时，试件未出现损坏或功能障碍时，注明正、负压力差值，按 $\pm P_3$ 中绝对值较小者定级；如试件出现损坏或功能障碍时，按 $\pm P_3/1.4$ 中绝对值较小者进行定级。

以 3 樘试件定级值的最小值为该组试件的定级值，依据现行国家标准（GB/T 31433）进行定级。

（2）工程检测的评定。试件在风荷载标准值 P_3' 检测时未出现损坏或功能障碍、主要构件相对面法线挠度（角位移值）未超过允许挠度，且在风荷载设计值 P'_{max} 检测时未出现损坏或功能障碍，则该试件判为满足工程设计要求，否则判为不满足工程设计要求。

3 樘试件应全部满足工程设计要求。

6.5.4　保温性能（传热系数）

6.5.4.1　试验依据及环境要求

1）试验依据

现行国家标准《建筑外门窗保温性能检测方法》（GB/T 8484）。

现行国家标准《建筑幕墙、门窗通用技术条件》（GB/T 31433）。

2）环境要求

检测装置应放在装有空调设备的实验室内，环境空间空气温度波动不应大于 0.5 K，保证热箱壁内外表面平均温差小于 1.0 K。

实验室围护结构应有良好的保温性能和热稳定性，墙体及顶棚内表面应进行绝热处理，且太阳光不应直接透过窗户进入室内。热箱壁外表面与周围壁面之间至少应留有 500 mm 的空间，以保证热箱壁外表面空气流通。

6.5.4.2　主要仪器设备

检测装置主要由热箱、冷箱、试件框、填充板和环境空间等部分组成，见图 6-20。

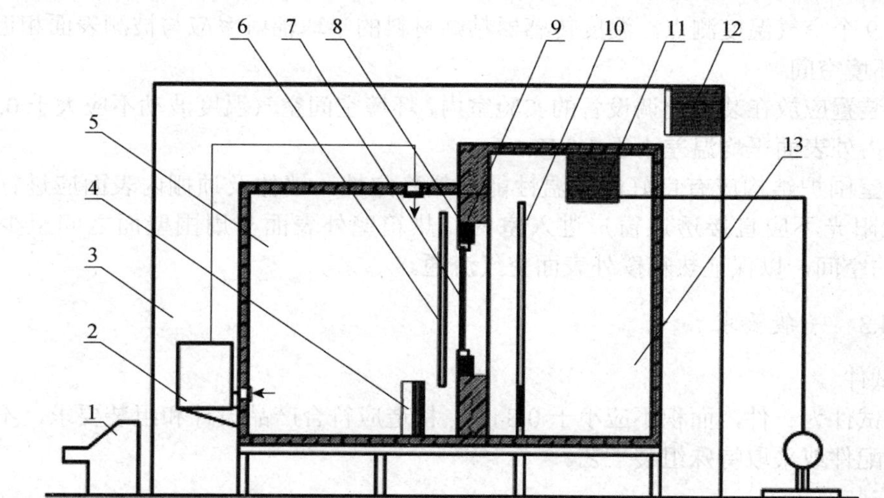

1—控制系统；2—控湿系统；3—环境空间；4—加热装置；5—热箱；6—热箱导流板；7—试件；8—填充板；9—试件框；10—冷箱导流板；11—制冷装置；12—空调装置；13—冷箱。

图 6-20　检测装置组成

装置主要部分要求：

1）热箱

热箱内净尺寸不宜小于 2 200 mm×2 500 mm（宽×高），进深不宜小于 2 000 mm。热箱壁应为均质材料，热阻值不应小于 3.5（m²·K）/W。热箱内导流板面向试件表面的半球发射率 ε 值应大于 0.85，导流板应位于距试件框热侧表面 150～300 mm 的平面内，应大于所测试件尺寸。热箱应采用稳压电源加热装置加热，计量用功率表的准确度等级不应低于 0.5 级。

热箱导流板与试件间应均匀布置至少 9 个空气温度测点，且应进行热辐射屏蔽。热箱每个壁的内外表面应均匀布置至少 9 个空气温度测点，温度传感器粘贴材料的半球辐射率应与被测表面相近。温度传感器测量不确定度不应大于 0.25 K。

2）冷箱

冷箱内净尺寸应与试件框外边缘尺寸相同，进深应能容纳制冷装置和导流板。冷箱内表面应采用不吸湿、耐腐蚀材料，冷箱壁热阻值不得小于 3.5（$m^2 \cdot K$）/W。冷箱内导流板面向试件表面的半球发射率 ε 值应大于 0.85，导流板应位于距试件框冷侧表面 150～300 mm 的平面内，应大于所测试件尺寸。冷箱内应利用导流板和风机进行强迫对流，形成沿试件表面自上而下的均匀稳定气流；与试件冷侧表面之间的平均风速为（3.0±0.2）m/s。

冷箱导流板与试件间应均匀布置至少 9 个空气温度测点，且应进行热辐射屏蔽。

3）试件框

试件框外缘尺寸不应小于热箱开口部位的内缘尺寸。试件框热阻值不应小于 7.0（$m^2 \cdot K$）/W，表面应采用不吸湿、耐腐蚀材料。其热侧、冷侧各表面应均匀布置至少 6 个空气温度测点。

4）填充板

填充板应采用导热系数小于 0.040 W/（m·K）的匀质材料。其热侧、冷侧表面应均匀布置至少 9 个空气温度测点，温度传感器粘贴材料的半球辐射率应与被测表面相近。

5）环境空间

检测装置应放在装有空调设备的实验室内，环境空间空气温度波动不应大于 0.5 K，保证热箱壁内外表面平均温差小于 1.0 K。

实验室围护结构应有良好的保温性能和热稳定性，墙体及顶棚内表面应进行绝热处理，且太阳光不应直接透过窗户进入室内。热箱壁外表面与周围壁面之间至少应留有 500 mm 的空间，以保证热箱壁外表面空气流通。

6.5.4.3 一般要求

1）试件

被检试件为一件，面积不应小于 0.8 m^2，构造应符合产品设计和组装要求，不应附加任何多余配件或采取特殊组装工艺。

2）安装要求

试件热侧表面应与填充板热侧表面齐平。试件与试件框之间的填充板宽度不应小于 200 mm，厚度不应小于 100 mm 且不应小于试件边框厚度，见图 6-21。试件开启缝应双面密封。

6.5.4.4 试验步骤

1）热流系数的标定

热箱壁热流系数 M_1 和试件框热流系数 M_2 每年应至少标定一次，箱体构造、尺寸发生变化时应重新标定，热流系数标定应符合现行国家标准（GB/T 8484）的规定。

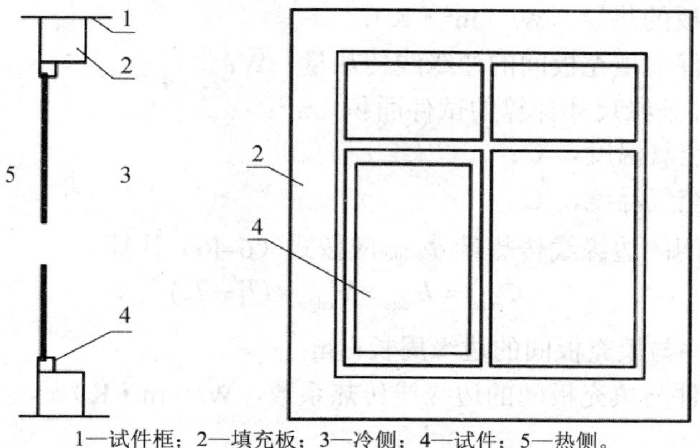

1—试件框；2—填充板；3—冷侧；4—试件；5—热侧。

图 6-21　试件安装要求

2）检测条件的控制

热箱空气平均温度设定为 19～21℃，温度波动幅度不应大于 0.2 K，热箱内空气为自然对流；冷箱空气平均温度设定为−19～−21℃，温度波动幅度不应大于 0.3 K；与试件冷侧表面之间的平均风速为（3.0±0.2）m/s。

3）检测程序

（1）启动检测装置，设定冷、热箱和环境空间空气温度；

（2）当冷、热箱和环境空间空气温度达到设定值，且测得的热箱和冷箱的空气平均温度每小时变化的绝对值分别不大于 0.1 K 和 0.3 K，热箱内、外表面面积加权平均温度差值和试件框冷热侧表面面积加权平均温度差值每小时变化的绝对值分别不大于 0.1 K 和 0.3 K，且不是单向变化时，传热过程已达到稳定状态；

（3）待传热过程达到稳定状态后，每隔 30 min 测量一次参数，共测 6 次；

（4）测量结束后记录试件热侧表面结露或结霜状况。

6.5.4.5　试验结果

各参数取 6 次测量结果的平均值，试件传热系数 K 值应按式（6-45）计算，并取两位有效数字。

$$K=\frac{Q-M_1\times\Delta\theta_1-M_2\times\Delta\theta_2-S\times\Lambda\times\Delta\theta_3-\Phi_{\mathrm{edge}}}{A\times\left(T_1-T_2\right)} \tag{6-45}$$

式中：Q——加热装置加热功率，W；

M_1——由标定试验确定的热箱外壁热流系数，W/K；

M_2——由标定试验确定的试件框热流系数，W/K；

$\Delta\theta_1$——热箱外壁内、外表面面积加权平均温度之差，K；

$\Delta\theta_2$——试件框热侧冷侧表面面积加权平均温度之差，K；

$\Delta\theta_3$——填充板热侧冷侧表面的平均温差，K；

S——填充板的面积，m^2；

Λ——填充板的热导，W/（$m^2 \cdot K$）；

Φ_{edge}——试件与填充板间的边缘线传热量，W；

A——按试件外缘尺寸计算的试件面积，m^2；

T_1——热侧空气温度，℃；

T_2——冷侧空气温度，℃。

试件与填充板间的边缘线传热量 Φ_{edge} 应按式（6-46）计算。

$$\Phi_{edge} = L_{edge} \times \Psi_{edge} \times (T_1 - T_2) \tag{6-46}$$

式中：L_{edge}——试件与填充板间的边缘周长，m；

Ψ_{edge}——试件与填充板间的边缘线传热系数，W/（$m \cdot K$）。

第7章　供暖通风空调设备

供暖通风与空气调节系统的性能高低不仅与建筑室内外环境参数直接相关，还直接受空气处理设备的性能影响。风机盘管机组作为常见的空气处理设备，其性能不仅影响系统性能，还直接影响建筑室内环境的舒适性。

7.1　风机盘管机组性能检测

风机盘管机组是用于空气处理的设备，基本配置包括风机、盘管、电机、凝结水盘等，根据使用要求的不同可附加配置控制器、排水隔气装置、空气过滤和净化装置、进出风风管、进出风分布器等配件。风机将室内空气或室外混合空气通过表冷器进行冷却或加热后送入室内，使室内温度降低或升高，以满足人们的舒适性要求，盘管内的冷（热）媒水由机器房集中供给。

1）机组材料

机组的材料应满足以下要求：

（1）机组使用的材料不应出现锈蚀和霉变，并鼓励使用符合环保要求的新材料；

（2）机组的绝热材料应符合现行国家标准《建筑设计防火规范》（GB 50016）中9.3.15节的规定，粘贴应平整牢固；

（3）机组主要部位材料应按表7-1的要求选用，并鼓励使用优于表7-1要求的优质材料；

（4）当机组采用冷轧钢板加工面板和零部件时，其内外表面应进行有效的防锈处理；

（5）当机组采用黑色金属加工的零配件时，应对表面进行热镀锌工艺处理和有效的防锈处理。

表7-1　机组主要部位材料的基本要求

部位	材料名称	基本要求
箱体	热镀锌钢板	满足现行国家标准（GB/T 2518）的相关要求
	冷轧钢板	满足现行国家标准（GB/T 11253）的相关要求
	电镀锌钢板	满足现行国家标准（GB/T 15675）的相关要求
盘管	钢管	满足现行国家标准（GB/T 17791）的相关要求
	铝箔	满足现行国家标准（GB/T 3198）的相关要求
风机	热镀钢板	满足现行国家标准（GB/T 2518）的相关要求

续表

部位	材料名称	基本要求
风机	铝或铝合金板	满足现行国家标准（GB/T 3880）的相关要求
	塑料	满足现行国家标准（GB/T 1040.1）的相关要求
电机	交流电机	满足现行国家标准（GB/T 5171.1）的相关要求
	永磁同步电机	满足现行国家标准（GB/T 12350）和（GB/T 5171.1）的相关要求
空气过滤器（网）	尼龙网、铝合金网等	使用维护方便

2）机组结构

机组的结构应满足以下要求：

（1）凝结水盘的长度和坡度应确保凝结水排除畅通、机组凝露滴入盘内；

（2）机组应在能有效排除盘管内滞留空气处设置放气装置；

（3）具有特殊功能（如抑菌、杀菌、净化等）的机组，其实现特殊功能的构件应满足国家有关规定和相关标准的要求；

（4）干式机组应配置凝结水盘；

（5）单供暖机组可不保温，可不配置凝结水盘。

3）基本规格

风机盘管机组在高挡转速下的通用机组基本规格应符合表 7-2 和表 7-3 的规定。

表 7-2　高挡转速下通用机组基本规格的风量、供冷量和供热量额定值

规格	额定风量/（m^3/h）	额定供冷量/W	额定供热量/W			
			供水温度 60℃		供水温度 45℃	
			两管制	四管制	两管制	四管制
FP-34	340	1 800	2 700	1 210	1 800	810
FP-51	510	2 700	4 050	1 820	2 700	1 210
FP-68	680	3 600	5 400	2 430	3 600	1 620
FP-85	850	4 500	6 750	3 030	4 500	2 020
FP-102	1 020	5 400	8 100	3 650	5 400	2 430
FP-119	1 190	6 300	9 450	4 250	6 300	2 830
FP-136	1 360	7 200	10 800	4 860	7 200	3 240
FP-170	1 700	9 000	13 500	6 070	9 000	4 050
FP-204	2 040	10 800	16 200	7 290	10 800	4 860
FP-238	2 380	12 600	18 900	8 500	12 600	5 670
FP-272	2 720	14 400	21 600	9 720	14 400	6 480
FP-306	3 060	16 200	24 300	10 930	16 200	7 290
FP-340	3 400	18 000	27 000	12 150	18 000	8 100

注：① 机组的额定供热量按照铭牌规定的供水温度进行测试；② 四管制机组的额定供热量为仅采用热水盘管进行供暖时对应的供热量。

表 7-3　高挡转速下交流电机通用机组基本规格的风量、输入功率、噪声和水阻力额定值

<table>
<tr><th rowspan="3">规格</th><th rowspan="3">额定风量/(m³/h)</th><th colspan="4">输入功率/W</th><th colspan="4">噪声/dB（A）</th><th colspan="2">水阻力/kPa</th></tr>
<tr><th rowspan="2">低静压机组</th><th colspan="3">高静压机组</th><th rowspan="2">低静压机组</th><th colspan="3">高静压机组</th><th rowspan="2">两管制机组盘管及四管制机组冷水盘管</th><th rowspan="2">四管制机组热水盘管</th></tr>
<tr><th>30 Pa</th><th>50 Pa</th><th>120 Pa</th><th>30 Pa</th><th>50 Pa</th><th>120 Pa</th></tr>
<tr><td>FP-34</td><td>340</td><td>36</td><td>43</td><td>48</td><td>96</td><td>37</td><td>40</td><td>42</td><td>44</td><td>30</td><td>30</td></tr>
<tr><td>FP-51</td><td>510</td><td>50</td><td>57</td><td>64</td><td>129</td><td>39</td><td>42</td><td>44</td><td>46</td><td>30</td><td>30</td></tr>
<tr><td>FP-68</td><td>680</td><td>60</td><td>70</td><td>81</td><td>164</td><td>41</td><td>44</td><td>46</td><td>48</td><td>30</td><td>30</td></tr>
<tr><td>FP-85</td><td>850</td><td>74</td><td>84</td><td>97</td><td>195</td><td>43</td><td>46</td><td>47</td><td>49</td><td>30</td><td>30</td></tr>
<tr><td>FP-102</td><td>1 020</td><td>93</td><td>105</td><td>114</td><td>230</td><td>45</td><td>47</td><td>49</td><td>51</td><td>40</td><td>40</td></tr>
<tr><td>FP-119</td><td>1 190</td><td>112</td><td>121</td><td>131</td><td>263</td><td>46</td><td>48</td><td>50</td><td>53</td><td>40</td><td>40</td></tr>
<tr><td>FP-136</td><td>1 360</td><td>130</td><td>151</td><td>169</td><td>339</td><td>46</td><td>48</td><td>50</td><td>53</td><td>40</td><td>40</td></tr>
<tr><td>FP-170</td><td>1 700</td><td>147</td><td>169</td><td>204</td><td>383</td><td>48</td><td>50</td><td>52</td><td>54</td><td>40</td><td>40</td></tr>
<tr><td>FP-204</td><td>2 040</td><td>183</td><td>206</td><td>243</td><td>510</td><td>50</td><td>52</td><td>54</td><td>56</td><td>40</td><td>40</td></tr>
<tr><td>FP-238</td><td>2 380</td><td>221</td><td>245</td><td>291</td><td>630</td><td>52</td><td>54</td><td>56</td><td>58</td><td>50</td><td>50</td></tr>
<tr><td>FP-272</td><td>2 720</td><td>257</td><td>282</td><td>340</td><td>705</td><td>53</td><td>55</td><td>57</td><td>59</td><td>50</td><td>50</td></tr>
<tr><td>FP-306</td><td>3 060</td><td>294</td><td>320</td><td>390</td><td>825</td><td>54</td><td>56</td><td>58</td><td>60</td><td>50</td><td>50</td></tr>
<tr><td>FP-340</td><td>3 400</td><td>333</td><td>358</td><td>441</td><td>962</td><td>55</td><td>57</td><td>59</td><td>61</td><td>50</td><td>50</td></tr>
</table>

注：机组的电源应为单相 220 V，频率 50 Hz。

4）检测概述

风机盘管机组的性能检测一般采用见证取样检测方式，且需要在规定的试验工况下进行，故检测机构应有专业的风机盘管检测设备。本节主要介绍风机盘管性能检测的基本原理及其在性能实验室中实际检测的一般操作方法，其检测参数主要包括风机盘管机组的风量、出口静压、电机输入功率和供冷量、供热量及水路阻力。

检测中各参数应尽量满足规定试验工况，其读数的允许偏差应符合表 7-4 的规定。

表 7-4　试验读数的允许偏差

<table>
<tr><th colspan="2">项目</th><th>单次读数与规定试验工况最大偏差</th><th>读数平均值与规定试验工况的偏差</th></tr>
<tr><td rowspan="2">进口空气状态</td><td>干球温度/℃</td><td>±0.5</td><td>±0.3</td></tr>
<tr><td>湿球温度/℃</td><td>±0.3</td><td>±0.2</td></tr>
<tr><td rowspan="3">水温</td><td>供冷/℃</td><td>±0.2</td><td>±0.1</td></tr>
<tr><td>供暖/℃</td><td>±0.2</td><td>±0.1</td></tr>
<tr><td>进出口水温差/℃</td><td>±0.2</td><td>—</td></tr>
<tr><td colspan="2">出口静压/Pa</td><td>±2.0</td><td>—</td></tr>
<tr><td colspan="2">电源电压/Pa</td><td>±2.0</td><td>—</td></tr>
</table>

7.1.1 风机盘管机组风量、出口静压及输入功率检测原理

风机盘管机组应按铭牌上的额定电压和额定频率进行试验，其额定风量和输入功率的试验工况参数应满足表 7-5 的要求。

表 7-5 通用机组额定风量和输入功率的试验工况参数

项目			试验参数
机组进口空气干球温度/℃			19～21
供水状态			不供水
风机转速			高挡
出口静压/Pa	低静压机组	带风口和过滤器等	0
		不带风口和过滤器等	12
	高静压机组		额定静压
机组电源	电压/V		220
	频率/Hz		50

机组在表 7-5 规定的试验工况下按本节介绍的方法进行检测，风量实测值不应低于额定值及名义值的 95%，输入功率实测值不应大于额定值及名义值的 110%。

7.1.1.1 检测装置

风机盘管机组风量检测装置由静压孔、流量喷嘴、穿孔板、排气室（包括风机）等部件组成，如图 7-1 所示。

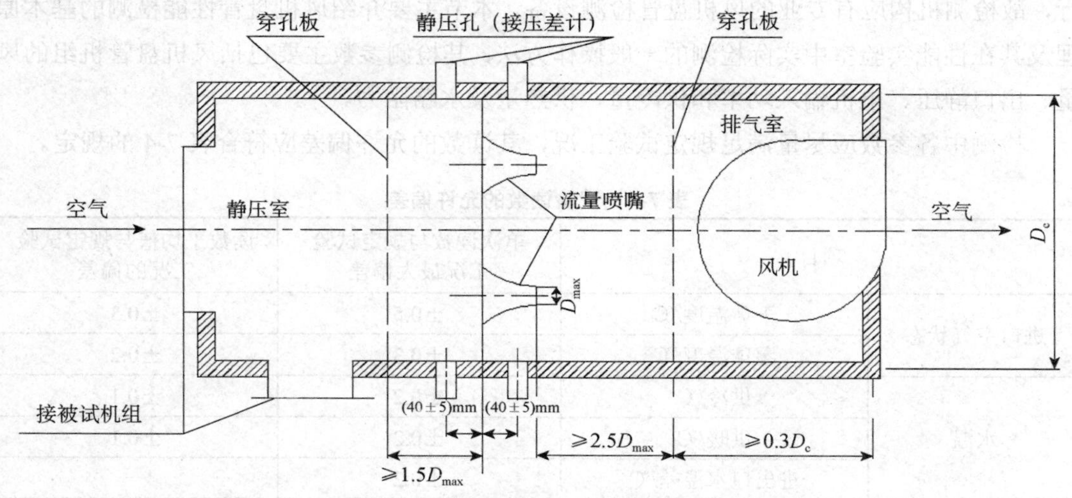

图 7-1 风机盘管机组风量检测装置

检测装置组装和使用时需要注意以下几点：

（1）流量喷嘴喉部速度必须为 15～35 m/s。

（2）多个喷嘴的布置方式如图 7-1 所示，即两个喷嘴中心之间距离不得小于 3 倍最大喷嘴喉部直径（D_{max}），喷嘴距箱体距离不得小于 1.5 倍最大喷嘴喉部直径（D_{max}）。

（3）穿孔板的穿孔率应为 40%。

（4）机组出口断面尺寸应与其相连接的试验管段的断面尺寸相同。

（5）暗装机组试验时不应带空气进出口格栅、空气过滤器（网）等部件，且测量时机组出口静压应为额定静压；其他被试机组若带有空气进出口格栅、空气过滤器（网）等部件，试验时应安装完备。

（6）若被试机组带有旁通阀门，试验时应关闭。

7.1.1.2　检测方法

机组应在高、中、低三挡风量和规定的出口静压下测量风量、输入功率、出口静压、温度、大气压力。

高静压机组应进行风量和出口静压关系的测量，中、低挡风量时的出口静压值应按式（7-1）进行计算。

$$P_M = \left(\frac{L_M}{L_H}\right)^2 P_H \qquad P_L = \left(\frac{L_L}{L_H}\right)^2 P_H \tag{7-1}$$

式中：P_H、P_M、P_L——机组高、中、低三挡风量时的出口静压，Pa；

L_H、L_M、L_L——机组高、中、低三挡风量，m^3/h。

（1）出口静压测量。

在机组出口静压测量截面上将静压孔的取压口连接成静压环，将压力计一端与该环连接，另一端和周围大气相通，压力计的读数即为机组出口静压。

管壁上静压孔直径应为 1～3 mm，孔边应呈直角、无毛刺，取压接口管的内径不应小于两倍静压孔直径。

（2）风量计算。

机组风量可通过对检测装置喷嘴的风量计算得到，单个喷嘴风量可按式（7-2）计算。

$$L_n = 3\,600 C A_n \sqrt{\frac{2\Delta P}{\rho_n}} \tag{7-2}$$

式中：L_n——流经每个喷嘴的风量，m^3/h；

C——喷嘴流量系数，见表 7-6，喷嘴喉部直径≥125 mm 时，可设定 C=0.99；

A_n——喷嘴面积，m^2；

ΔP——喷嘴前后静压差或喷嘴喉部的动压，Pa；

ρ_n——喷嘴处空气密度，kg/m^3。

其中，喷嘴处空气密度 ρ_n 可按式（7-3）计算。

$$\rho_n = \frac{P_t + B}{287T} \tag{7-3}$$

式中：P_t——机组出口空气全压，Pa；

B——大气压力，Pa；

T——机组出口空气热力学温度，K。

表 7-6　喷嘴流量系数

雷诺数（Re）	流量系数（C）	雷诺数（Re）	流量系数（C）
40 000	0.973	150 000	0.988
50 000	0.977	200 000	0.991
60 000	0.979	250 000	0.993
70 000	0.981	300 000	0.994
80 000	0.983	350 000	0.994
100 000	0.985		

注：$Re = \omega D / \upsilon$。

式中：ω——喷嘴喉部气流速度，m/s；D——喷嘴喉部直径，m；υ——空气的运动黏性系数，m^2/s。

机组风量等于各单个喷嘴测量的风量总和 L，测量结果可按式（7-4）换算为标准空气状态下的风量（标准空气状态是指温度为 20℃、压力为 101.3 kPa、密度为 1.2 kg/m^3 时的空气状态）。

$$L_S = \frac{L\rho_n}{1.2} \tag{7-4}$$

7.1.2　风机盘管机组供冷量、供热量和水阻检测原理

风机盘管机组应按铭牌上的额定电压和额定频率进行试验，其额定供冷量、供热量的试验工况参数应满足表 7-7 的要求。

表 7-7　通用机组额定供冷量、供热量的试验工况参数

<table>
<tr><th colspan="3" rowspan="2">项目</th><th rowspan="2">供冷工况</th><th colspan="4">供暖工况</th></tr>
<tr><th colspan="2">两管制</th><th colspan="2">四管制</th></tr>
<tr><td rowspan="2">进口空气状态</td><td colspan="2">干球温度/℃</td><td>27</td><td colspan="2">21</td><td colspan="2">21</td></tr>
<tr><td colspan="2">湿球温度/℃</td><td>19.5</td><td colspan="2">≤15</td><td colspan="2">≤15</td></tr>
<tr><td rowspan="3">供水状态</td><td colspan="2">供水温度/℃</td><td>7</td><td>60</td><td>45</td><td>60</td><td>45</td></tr>
<tr><td colspan="2">供回水温差/℃</td><td>5</td><td>—</td><td>—</td><td>10</td><td>5</td></tr>
<tr><td colspan="2">供水量/（kg/h）</td><td>按水温差得出</td><td colspan="2">与供冷工况相同</td><td colspan="2">按水温差得出</td></tr>
<tr><td colspan="3">风机转速</td><td colspan="5">高挡</td></tr>
<tr><td rowspan="3">出口静压/Pa</td><td rowspan="2">低静压机组</td><td>带风口和过滤器等</td><td colspan="5">0</td></tr>
<tr><td>不带风口和过滤器等</td><td colspan="5">12</td></tr>
<tr><td colspan="2">高静压机组</td><td colspan="5">额定静压</td></tr>
</table>

机组在表 7-7 规定的试验工况下按本节介绍的方法进行检测，供冷量和供热量的实测值不应低于额定值及名义值的 95%。

测量盘管进出口水压即为水阻，试验时，应满足以下要求：

（1）水温为 7～12℃，调整水流量为额定供冷工况水流量；

（2）热水盘管水温为 40～60℃，调整水流量为额定供暖工况水流量。

7.1.2.1　检测装置

风机盘管机组供冷量和供热量一般采用房间空气焓值法进行检测，其装置由空气预处理设备、风路系统、水路系统及控制系统组成，如图 7-2 所示，整个试验装置应保温。

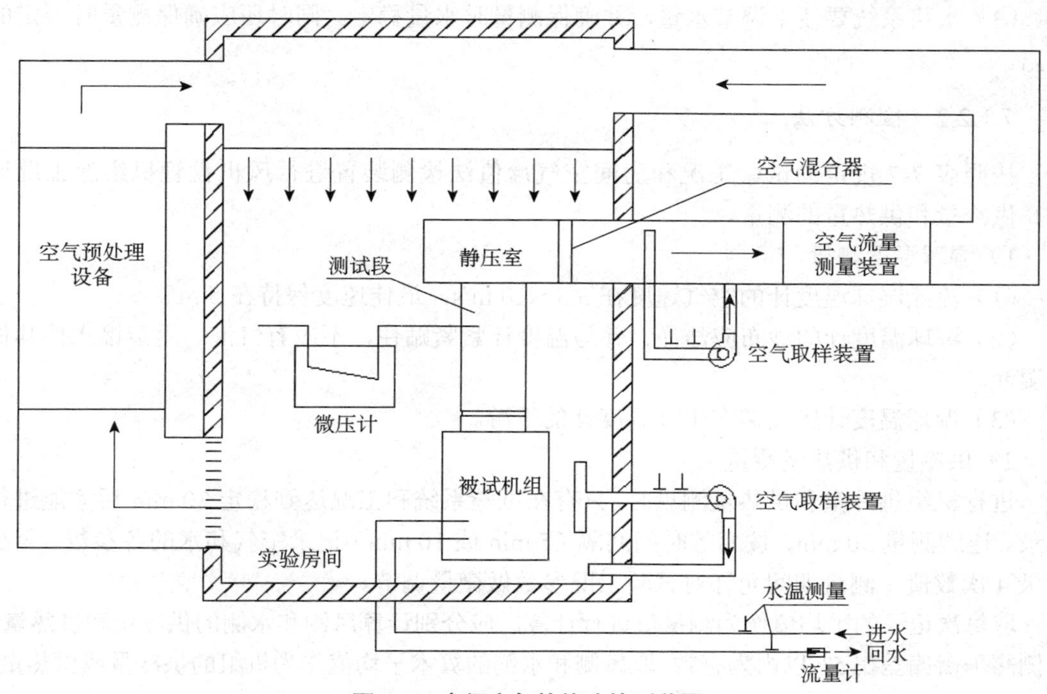

图 7-2　房间空气焓值法检测装置

1）空气预处理设备

空气预处理设备应包括加热器、加湿器、冷却器及制冷装置等，空气预处理设备要有足够的容量，应能确保被试机组入口空气状态参数的要求。

2）风路系统

风路系统由测试段、静压室、空气混合器、空气流量测量装置、静压环和空气取样装置等组成。测试段截面尺寸应与被试机组出口尺寸相同。机组组装方式与空气流量测量装置相同，即被试机组带空气进出口格栅、空气过滤器或网等部件的试验时应安装，若带有旁通阀门则应关闭；安装机组不带空气进出口格栅、空气过滤器或网等部件，测量时机组出口静压应为 12 Pa。

风路系统应满足下列要求：

（1）便于调节机组测量所需的风量，并能满足机组出口所要求的静压值；

（2）保证空气取样处的温度、湿度、速度分布均匀；

（3）机组出口至流量喷嘴段之间的漏风量应小于被试机组风量的 1%；

（4）测试段和静压室至排气室之间应隔热，其漏热量应小于被试机组换热量的 2%。

3）水路系统

水路系统包括空气预处理设备水路系统和被试机组水路系统。

（1）空气预处理设备水路系统应包括冷、热水输送和水量、水温的控制调节处理装置；

（2）被试机组水路系统应包括水温、水阻测量装置，水量测量、水箱和水泵、调节阀等，水管应保温；

（3）水路系统要便于调节水量，并确保测量时水量稳定。同时还应确保测量时规定的水温。

7.1.2.2　检测方法

按照表 7-7 规定的试验工况和房间空气焓值法检测装置进行风机盘管机组湿工况风量、供冷量和供热量的测量。

1）湿球温度测量

（1）流经湿球温度计的空气速度在 3.5～10 m/s，最佳速度保持在 5 m/s。

（2）湿球温度计的纱布应洁净，并与温度计紧紧贴住，不应有气泡。用蒸馏水使其保持湿润。

（3）湿球温度计应安装在干球温度计的下游。

2）供冷量和供热量测量

进行机组供冷量和供热量测量时，只有在试验系统和工况达到稳定 30 min 后才能进行记录。连续测量 30 min，按相等时间间隔（5 min 或 10 min）记录空气和水的各参数，至少记录 4 次数值，测量期间允许对试验工况参数做微量调节。

取每次记录的平均值作为测量值进行计算。应分别计算风侧和水侧的供冷量和供热量，两侧热平衡偏差在 5%以内为有效，取风侧和水侧的算术平均值作为机组的供冷量或供热量。

（1）湿工况风量计算。

标准空气状态下湿工况的风量同样可按式（7-2）和式（7-4）计算，不同点在于喷嘴处需采用湿空气的密度，可按式（7-5）计算。

$$\rho = \frac{(B + P_t)(1 + 0.001d)}{461T(0.622 + 0.001d)} \tag{7-5}$$

式中：P_t——机组出口空气全压，Pa；

B——大气压力，Pa；

T——机组出口空气热力学温度，K；

d——喷嘴处湿空气含湿量， g/kg 。

（2）供冷量计算。

风侧供冷量 Q_a 和湿冷量 Q_{se} 可分别按式（7-6）和式（7-7）计算。

$$Q_a = \frac{L\rho(I_1 - I_2)}{1 + d} \tag{7-6}$$

$$Q_{se} = L\rho C_{pa}(t_{a1} - t_{a2}) \tag{7-7}$$

式中：Q_a——风侧供冷量，kW；

L——试验风量，m^3/s；

ρ——湿空气的密度，kg/m^3；

I_1、I_2——被试机组进出口空气焓值，kJ/kg（a）。

d——喷嘴处湿空气的含湿量，kg/kg 干空气；

Q_{se}——风侧显热供冷量，kW；

C_{pa}——空气比定压热容，取 1.005 kJ/（kg・℃）；

t_{a1}、t_{a2}——被试机组进出口空气温度，℃。

水侧供冷量 Q_w 可按式（7-8）计算。

$$Q_w = GC_{pw}(t_{w2} - t_{w1}) - N \tag{7-8}$$

式中：Q_w——水侧供冷量，kW；

G——供水量，kg/s；

C_{pw}——水的定压比热，取为 4.18kJ/（kg・℃）；

t_{w1}、t_{w2}——被试机组进出口水温，℃；

N——输入功率，kW。

实测供冷量 Q_L 可按式（7-9）计算。

$$Q_L = \frac{1}{2}\left(Q_a + Q_w\right) \tag{7-9}$$

式中：Q_L——被测机组实测供冷量，kW；

Q_a——风侧供冷量，kW；

Q_w——水侧供冷量，kW。

两侧供冷量平衡误差可按式（7-10）计算。

$$\left|\frac{Q_a - Q_w}{Q_L}\right| \times 100\% \leqslant 5\% \tag{7-10}$$

（3）供热量计算。

风侧供热量 Q_{ah} 可按式（7-11）计算。

$$Q_{ah} = \frac{L_s}{3\,600}\rho C_{pa}(t_{a2} - t_{a1}) \tag{7-11}$$

水侧供热量 Q_{wh} 可按式（7-12）计算。

$$Q_{wh} = GC_{pw}(t_{w1} - t_{w2}) + N \tag{7-12}$$

实测供热量 Q_h 可按式（7-13）计算。

$$Q_h = \frac{1}{2}\left(Q_{ah} + Q_{wh}\right) \tag{7-13}$$

式中：Q_h——被测机组实测供热量，kW；

Q_{ah}——风侧供热量，kW；

Q_{wh}——水侧供热量，kW。

两侧供热量平衡误差可按式（7-14）计算。

$$\left|\frac{Q_{ah}-Q_{wh}}{Q_h}\right|\times 100\% \leqslant 5\% \quad (7\text{-}14)$$

7.1.3 风机盘管机组噪声检测原理

风机盘管机组噪声检测的试验工况参数应满足表 7-8 的要求。

表 7-8 噪声的试验工况参数

<table>
<tr><th colspan="3">项目</th><th>噪声试验</th></tr>
<tr><td rowspan="2" colspan="2">进口空气状态</td><td>干球温度/℃</td><td rowspan="2">常温</td></tr>
<tr><td>湿球温度/℃</td></tr>
<tr><td rowspan="3" colspan="2">供水状态</td><td>供水温度/℃</td><td>—</td></tr>
<tr><td>水温差/℃</td><td>—</td></tr>
<tr><td>供水量/（kg/h）</td><td>不供水</td></tr>
<tr><td colspan="3">风机转速</td><td>高挡</td></tr>
<tr><td rowspan="3">出口静压/Pa</td><td rowspan="2">低静压机组</td><td>带风口和过滤器等</td><td>0</td></tr>
<tr><td>不带风口和过滤器等</td><td>12</td></tr>
<tr><td colspan="2">高静压机组</td><td>额定静压</td></tr>
</table>

机组在表 7-8 规定的试验工况下按本节介绍的方法进行检测，噪声实测值不应大于额定值，且不应大于名义值 1 dB（A）。

7.1.3.1 检测环境

噪声测量室应为消声室或半消声室，半消声室地面应为反射面，测量室的声学环境应满足表 7-9 的要求。

表 7-9 声学环境要求

测量室类型	1/3 倍频带中心频率/Hz	最大允许差/dB
消声室	≤630	±1.5
	800～5 000	±1.0
	≥6 300	±1.5
半消声室	≤630	±2.0
	800～5 000	±2.0
	≥6 300	±3.0

噪声测量条件需要满足以下几点：

（1）机组电源输入应为额定电压、额定功率，并可进行高、中、低三挡风量运行；

（2）机组出口静压值应与风量测量时一致；

（3）在半消声室内测量时，测点距反射面应大于 1 m；

（4）机组与背景噪声之差应大于 10 dB（A）。

7.1.3.2　检测方法

使用声级计测出机组高、中、低三挡风量时的声压级 dB（A）。

出口静压为 0 Pa 的立式、卧式、卡式和壁挂式机组应分别按图 7-3～图 7-6 的要求进行测量。

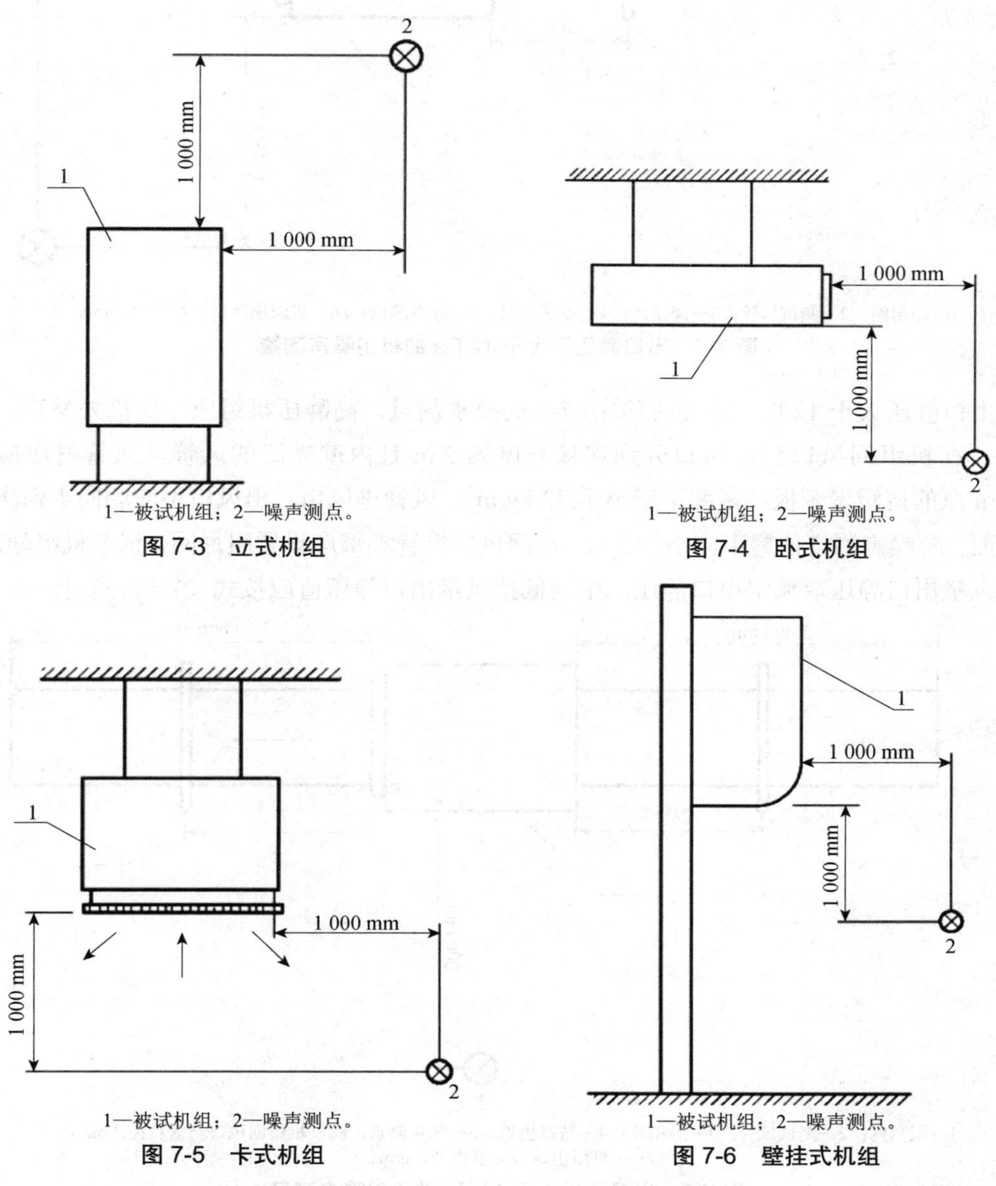

1—被试机组；2—噪声测点。

图 7-3　立式机组

1—被试机组；2—噪声测点。

图 7-4　卧式机组

1—被试机组；2—噪声测点。

图 7-5　卡式机组

1—被试机组；2—噪声测点。

图 7-6　壁挂式机组

出口静压不大于 12 Pa 的机组应按图 7-7 的要求进行测量，低静压机组可只测量出风口噪声。测量时，在机组回风口连接长度为 1 m 且内壁光滑的风管，风管材质应为 20 mm 厚的挤塑聚苯板，密度不应小于 32 kg/m^3。在风管端部应设置阻尼网调节机组静压。高挡风量出口静压取额定出口静压，中、低挡风量出口静压值应按式（7-1）确定。

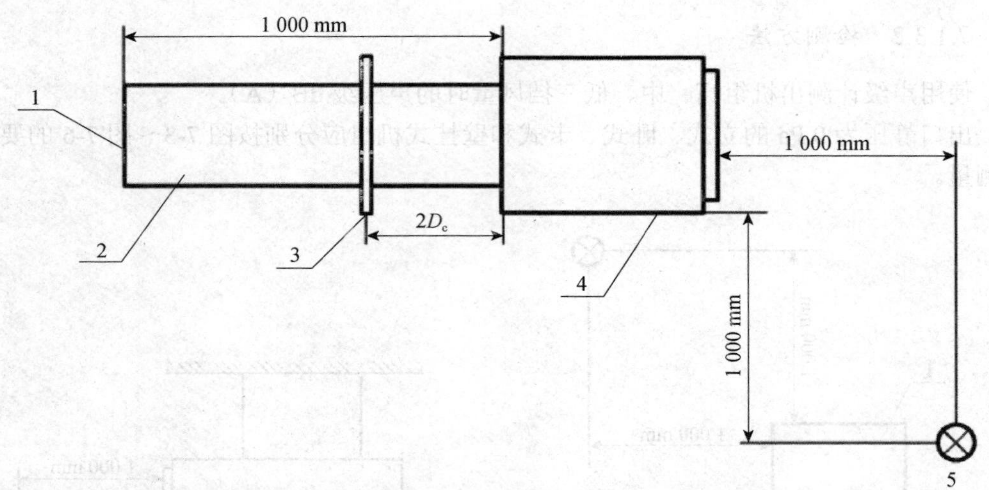

1—阻尼网；2—测试风管；3—静压环；4—被试机组；5—噪声测点；D_c—机组出风口当量直径，mm。

图 7-7　出口静压不大于 12 Pa 的机组噪声测量

出口静压大于 12 Pa 的机组应按图 7-8 的要求测量，高静压机组应测试机外噪声。测量时，在机组回风口和出风口分别连接长度为 2 m 且内壁光滑的风管，风管材质应为 20 mm 厚的挤塑聚苯板，密度不应小于 32 kg/m^3。风管进风口、出风口不应朝向半消声室反射面，距噪声测点位置不应小于 2 m。在回风口风管端部应设置阻尼网，调节机组静压。高挡风量出口静压取额定出口静压，中、低挡风量出口静压值应按式（7-1）确定。

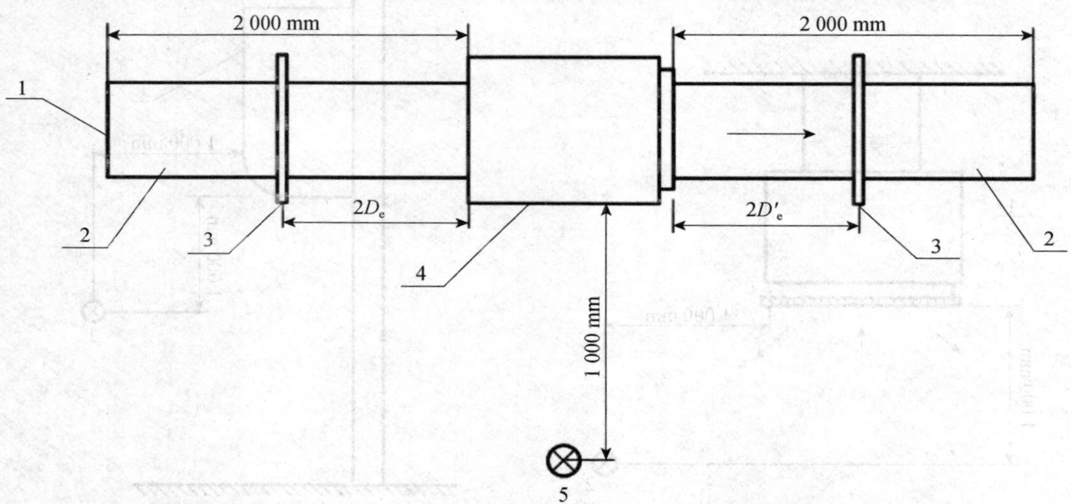

1—阻尼网；2—测试风管；3—静压环；4—被试机组；5—噪声测点；D_e—机组回风口当量直径，mm；D'_e—机组出风口当量直径，mm。

图 7-8　出口静压大于 12 Pa 的机组噪声测量

7.1.4　风机盘管机组性能检测的一般操作方法

确认试验前准备工作按照操作说明书要求准确无误（特别是喷嘴的选择）。

7.1.4.1　风量检测

风量检测的操作步骤如下：

（1）确认试验前准备工作无误。

（2）打开计算机，进入“制冷空调综合试验装置测试软件”，选择相应试验类型按钮，按照提示和具体情况填写软件要求输入的项目（特别注意按实际打开喷嘴数输入软件中），并输入被试机的铭牌参数，请留意软件页面中的帮助信息。

（3）设定工况参数（环境间干、湿球温度，出风静压等）并发送到调节仪表，运行试验程序。

（4）打开触摸屏画面中根据房间所需空气处理量选择“空调机风机高速”或“空调机风机低速”，打开“进口取样风机”，并选择适当的电加热。

除试验工况外，仪表内的其他参数一经设定，不得随意改动。风量试验工况干球温度按标准一般设在 20～21℃，湿球温度不作要求。

做风量试验时，注意将水管路阀门关上。风量试验结束后，注意记下被试机的输入功率，该功率在制冷和制热试验时需要输入。

7.1.4.2　供冷量检测

供冷量检测的操作步骤如下：

（1）做完风量试验后，进入“制冷空调综合试验装置测试软件”，选择相应试验类型按钮，按照提示和具体情况填写软件要求输入的项目（特别注意按实际打开喷嘴数输入软件中），并输入被试机的铭牌参数，请留意软件页面中的帮助信息。

（2）设定工况参数（环境间干、湿球温度，进出水温度，出风静压等）并发送到调节仪表，输入风量试验的功耗，运行试验程序。

（3）打开触摸屏画面中根据房间所需空气处理量选择“空调机风机高速”或“空调机风机低速”，打开“进口取样风机”，并选择适当的电加热。

（4）在触摸屏中选择适当流量的样机水泵供水，并打开样机水泵变频器（此时最好将“水出口温度”调节表设置为手动并观察软件采集的数据，使其接近额定流量）。打开触摸屏画面中根据房间所需空气处理量选择“空调机风机高速”或“空调机风机低速”，打开“进口取样风机”，根据被试机的散热负荷选择打开制冷机的个数，并选择适当的电加热和电加湿（可以根据计算和实际情况选择开启固定电加热和固定电加湿）来使房间热湿负荷得以平衡。

（5）在触摸屏中根据被试机实际情况打开对应行的“引风机（大）”。

（6）在试验装置的风侧和水侧均运行起来后，按照被试机说明书要求的步骤运行被试机供冷工况，并根据被试机的辅侧负荷适当开启触摸屏画面中的冷水机组、恒温水箱的电加热，以使恒温水箱温度保持相对稳定。

（7）将室内侧干、湿球温度调节表均设置为自动状态，为提高试验速度可适当手动干预调节表使其尽快进入工况。加湿为电加湿，整箱加湿箱冷水烧开需要一段时间（30 min），为提高试验速度和节约能源，可以先将湿球温度调节设置为手动，开启固定电加湿和可调电加湿（手动设为 100%），待加湿箱水烧开后，将固定电加湿设置为自动状态。

（8）待工况稳定后，在软件中选择“正式开始”，计算机将自动记录试验数据，并将结果保存起来，用户可以随时打印试验结果。

在制冷工况时恒温水箱温度设为5～7℃，在恒温水箱温度接近5℃时，此时冷水机组进口温度较低，则出口温度会更低，注意冷水机组的防冻开关的设定不能太高，否则冷水机组会因自动保护而跳机，使已经做了一半的工况跑掉。

7.1.4.3 供热量检测

实际操作步骤同制冷试验。

制热工况的调节类似冷水机组的制热工况的调节，控制进水温度在60℃，出水温度不控制，水流量按制冷试验的流量值调节。恒温水箱温度调节表可以设为62～65℃，先开水箱固定和可调电加热，等恒温水箱温度接近58℃时，再停固定电加热。让可调电加热热负荷与被试机散热负荷平衡，使恒温水箱温度保持相对稳定。因恒温水箱的温度为60℃，温度较高，而电加热为48 kW，需要加热一段时间，为节约能源，建议先开恒温水箱电加热和电加湿，待恒温水箱温度接近设定值，加湿水箱快烧开时，再开启空气处理系统。

7.1.4.4 关机程序

（1）试验结束后，应首先关闭被试机，被试机供电，空气处理机中的电加热、电加湿，恒温水箱电加热，冷水机组和压缩冷凝机组。

（2）再过1～2 min关闭空气处理机的风机、被试机水泵变频器和被试机水泵。

（3）关闭“出口取样风机”和“进口取样风机”。

（4）关闭控制柜电源开关。

（5）关闭动力柜电源开关。

（6）关闭稳压电源及总配电柜电源。

7.2 室内外环境检测

室外环境检测参数主要包括室外空气温度、室外风速检测和室内温湿度检测。

7.2.1 室外空气温度

7.2.1.1 试验依据

现行行业标准《居住建筑节能检测标准》（JGJ/T 132）。

7.2.1.2 主要仪器设备

室外空气温度的检测宜采用温度自动检测仪逐时检测和记录。若需要同时检测室外空气温度、室外风速、太阳辐射照度等参数，宜采用自动气象站。

7.2.1.3　试验方法

（1）测点布置。

① 室外空气温度传感器应设置在外表面为白色的百叶箱内，百叶箱应放置在距离建筑物 5～10 m 处。

② 无百叶箱时，室外空气温度传感器应设置防辐射罩，安装位置距外墙外表面宜大于 200 mm，且宜在建筑物 2 个不同方向同时设置测点。

③ 超过 10 层的建筑宜在屋顶加设 1～2 个测点。

④ 室外空气温度传感器距地面的高度宜在 1 500～2 000 mm 处，且应避免阳光直接照射和室外固有冷热源的影响。

（2）检测时间。

温度传感器的环境适应时间不应少于 30 min。

7.2.1.4　试验结果

室外空气温度计算：室外空气温度逐时值应取所有测点相应时刻检测结果的平均值。

7.2.2　室外风速检测

7.2.2.1　试验依据

现行国家标准《居住建筑节能检测标准》（JGJ/T 132）。

7.2.2.2　主要仪器设备

室外风速宜采用旋杯式风速计或其他风速计逐时检测和记录。

7.2.2.3　试验方法

室外风速测点应布置在距建筑物 5～10 m、距地面 1500～2 000 mm 处。

7.2.2.4　试验结果

当工作高度和室外风速测点位置的高度不一致时，应按式（7-15）进行修正。

$$V = V_0\left[0.85 + 0.065\,3\left(\frac{H}{H_0}\right) - 0.000\,7\left(\frac{H}{H_0}\right)^2\right] \tag{7-15}$$

式中：V——工作高度（H）处的室外风速，m/s；

V_0——室外风速测点布置高度（H_0）处的室外风速，m/s；

H——工作高度，m；

H_0——室外风速测点布置的高度，m。

7.2.3　室内温湿度检测

7.2.3.1　试验依据

现行国家标准《采暖通风与空气调节工程检测技术规程》（JGJ/T 260）。

现行国家标准《公共建筑节能检测标准》(JGJ/T 177)。

7.2.3.2 主要仪器设备

室内环境基本参数检测仪表性能应符合表 7-10 的要求。

表 7-10 室内环境基本参数检测仪表性能

序号	测量参数	单位	检测仪器	仪表准确度
1	温度	℃	温度计（仪）	0.5℃ 热相应时间不应大于 90 s
2	相对湿度	%RH	相对湿度仪	5%RH
3	风速	m/s	风速仪	0.5m/s
4	噪声	dB(A)	声级计	0.5dB（A）
5	洁净度	粒/m³	尘埃粒子计数器	采样速率大于 1 L/min
6	静压差	Pa	微压计	1.0Pa

7.2.3.3 试验方法

（1）测点布置。

① 当室内面积不足 16 m² 时，测室中央 1 点；

② 当室内面积为 16 m² 及以上且不足 30 m² 时测 2 点（居室对角线三等分，其二个等分点作为测点）；

③ 当室内面积为 30 m² 及以上且不足 60 m² 时测 3 点（居室对角线四等分，其三个等分点作为测点）；

④ 当室内面积为 60 m² 及以上且不足 100 m² 时测 5 点（二对角线上梅花设点）；

⑤ 当室内面积为 100 m² 及以上时每增加 20～50 m² 酌情增加 1～2 个测点（均匀布置）；

⑥ 测点应距离地面以上 0.7～1.8 m，且应离开外墙表面和冷热源不小于 0.5 m，避免辐射影响。

（2）检测步骤。

① 根据设计图纸绘制房间平面图，对各房间进行统一编号；

② 检查测试仪表是否满足使用要求；

③ 检查空调系统是否正常运行，对于舒适性空调，系统运行时间不少于 6 h；

④ 根据系统形式和测点布置原则布置测点；

⑤ 待系统运行稳定后，依据仪表的操作规程，对各项参数进行检测并记录测试数据；

⑥ 对舒适性空调系统测量一次。

7.2.3.4 试验结果

通过温度计（仪）对室内测点的温度进行检测，得到各测点数据后即可按式（7-16）和式（7-17）计算室内平均温度。

$$t_{rm}=\frac{\sum_{i=1}^{n}t_{rm,i}}{n} \tag{7-16}$$

$$t_{rm,i}=\frac{\sum_{j=1}^{p}t_{i,j}}{P} \tag{7-17}$$

式中：t_{rm}——检测持续时间内受检房间的室内平均温度，℃；

$t_{rm,i}$——检测持续时间内受检房间第 i 个室内逐时温度，℃；

n——检测持续时间内受检房间的室内逐时温度的个数；

$t_{i,j}$——检测持续时间内受检房间第 j 个测点的第 i 个温度逐时值，℃；

p——检测持续时间内受检房间布置的温度测点的点数。

通过相对湿度计（仪）对室内测点的相对湿度进行检测，得到各测点数据后即可按式（7-18）和式（7-19）计算室内平均相对湿度。

$$\phi_{rm}=\frac{\sum_{i=1}^{n}\phi_{rm,i}}{n} \tag{7-18}$$

$$\phi_{rm,i}=\frac{\sum_{j=1}^{p}\phi_{i,j}}{P} \tag{7-19}$$

式中：ϕ_{rm}——检测持续时间内受检房间的室内平均相对湿度，%；

$\phi_{rm,i}$——检测持续时间内受检房间第 i 个室内逐时相对湿度，%；

n——检测持续时间内受检房间的室内逐时相对湿度的个数；

$\phi_{i,j}$——检测持续时间内受检房间第 j 个测点的第 i 个相对湿度逐时值，%；

p——检测持续时间内受检房间布置的相对湿度测点的点数。

第 8 章　配电与照明节能工程

8.1 照明灯具

照明灯具是分配、透过或改变一个或多个光源发出光线的器具，它包括支承、固定和保护光源所必需的所有部件，以及必需的电路辅助装置和将它们连接到电源的装置，但不包括光源本身。照明灯具是家居的眼睛，不仅具有照明功能，还起到装饰作用。

灯具效能是在规定的使用条件下，灯具发出的总光通量与其所输入的功率之比，灯具效能是用于评价发光二极管灯具能源使用效率的指标。照明光源初始光效是在标准规定测试条件下，灯实测初始光通量与输入功率的比值，照明光源初始光效的选择是照明系统设计中至关重要的一环，只有选择合适的照明光源，才能确保照明系统的照明质量和能效。

镇流器是接入电源与一个或多个放电灯之间的器件，它通过单个或组合的电感、电容或电阻将灯电流限定到要求的数值，可以分为电感镇流器和电子镇流器。镇流器效率（controlgear）是镇流器的输出功率（灯功率）与镇流器-灯线路总输入功率的比值。照明灯具的技术指标包括照明光源初始光效，镇流器能效值、效率或能效，照明灯具效率，照度，照明功率密度等。

8.1.1　照明光源初始光效

8.1.1.1　试验依据及环境要求

1）试验依据

现行国家标准《单端荧光灯性能要求》（GB/T 17262）。

现行国家标准《光通量的测量方法》（GB/T 26178）。

2）环境要求

试验应在无对流风、环境温度为（25±1）℃的条件下进行。

8.1.1.2　主要仪器设备

镇流器：试验时应使用现行国家标准《管形荧光灯用镇流器》（GB/T 14044）（用于交流电源频率工作灯），或《管形荧光灯用交流和/或直流电子控制装置》（GB/T 15144）（用于高频灯）中规定的基准镇流器，基准镇流器的电特性应符合有关灯参数表中的规定。

电源：电源电压应与基准镇流器的额定电压相等。稳定期间，电源电压应稳定在±0.5%，测量时该波动应降至 0.2%。对于交流电源，其频率应与基准镇流器额定频率相等，波动为 0.5%；对于高频电源，其频率应在 20～26 kHz。电源电压的波形应为正弦波，总谐波含量应不超过 3%（对于高频电源，该值待定）。

电气测量仪表：测量仪表为真有效值型，基本无波形失真并且适合于工作频率。测量仪表的电压测量绕组的阻抗应不小于 100 kΩ，不使用时应断开；仪器的电流测量绕组的阻抗应尽可能低，如果必要，不使用时则应短路。当测量灯功率时，对功率表的自耗量不必校正（线路与灯端的电流测量线路连接）。当测量光通量时，电压表和功率表的电压测量线路应尽量开路。

球形光度计：包括积分球、带有数据输出的光度探头以及供电电源，相关参数应满足现行国家标准（GB/T 26178）。

光通量标准灯：当标准灯与被测灯有一项或几项不同特性时，需增加相应辅助灯。

8.1.1.3　一般要求

（1）初始光效应按照国际照明委员会（CIE）的有关技术文件进行测量。

（2）灯在首次测试之前，应按照正常燃点的要求燃点 100 h。

（3）灯应在无对流风、环境温度为（25±1）℃的条件下进行测试，但另有规定者除外。

（4）灯在试验时所放置的位置应按照有关规定执行。

（5）对于带有外启动装置的灯，灯触点与镇流器端子的连接方式在整个试验过程中应保持不变。

（6）测试应在灯充分达到稳定之后进行。确切的稳定时间是指由制造商或销售商所宣称的调整期之后的 15 min。

8.1.1.4　试验步骤

1）光源输入功率测量方法

灯在下述电路中进行试验：带内启动装置的灯采用图 8-1 所示电路；带外启动装置的灯采用图 8-2 所示电路；高频灯采用图 8-3 所示电路。在采用高频灯所用的电路时，各项连接应尽可能短而直，以避免产生寄生电容。

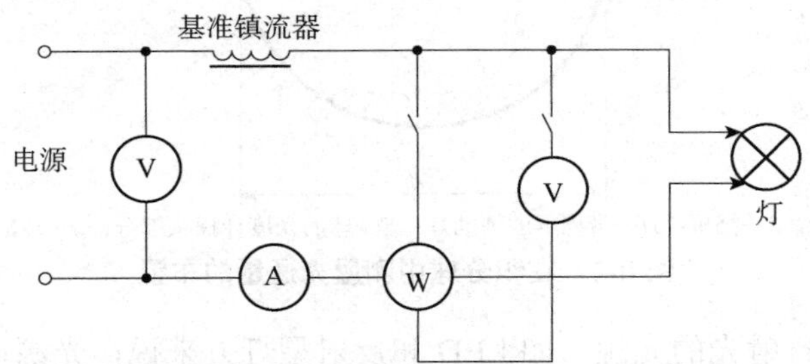

图 8-1　带内启动器的灯的光电特性之测量线路

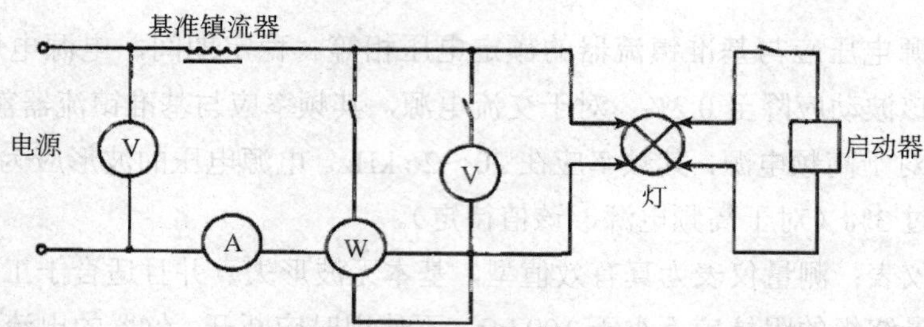

图 8-2 带外启动器的灯的光电特性之测量线路

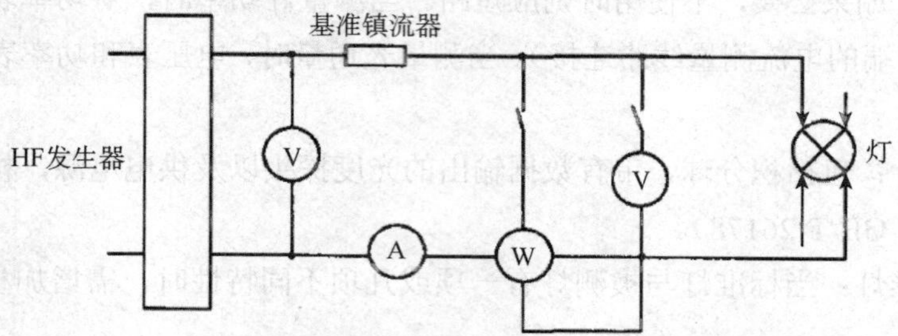

图 8-3 高频工作灯的光电特性之测量线路

2）光源光通量的积分球测量方法

（1）测量原理：光源的光通量可以在积分球中通过与标准灯的比较测量中得到。在测试的过程中，将光源和标准灯先后放置在积分球中相同的位置。将测量球体表面的间接照度作为光通量的测量方法。

（2）光源和挡屏的布局。

挡屏：应防止光源的光直射到光度计的光探头。

光源位置：

① 通常光源放置在球的正中心，确定好方向，保证最少的直射光落在挡屏上（图 8-4）。

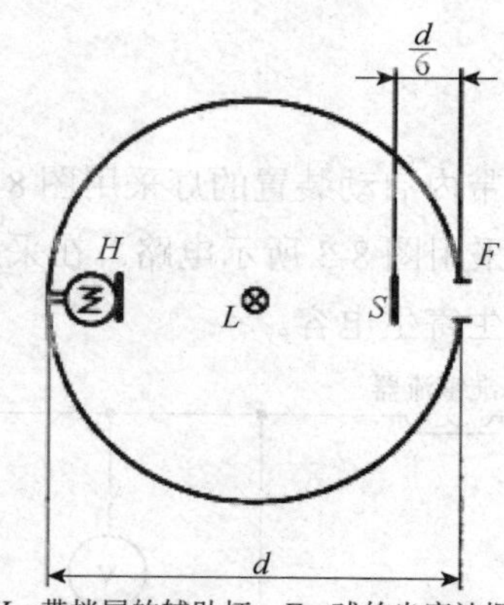

L—光源；S—挡屏；H—带挡屏的辅助灯；F—球的光度计探头部分；d—球的直径。

图 8-4 在积分球中测量光通量的布置

② 对于有强烈直射光的光源（如 LED 和反射型灯）来说，光源可以被放置在接近光探头的一个发射区的球壁上。一个小的挡屏挡住光源射向探头的直射光（图 8-5）。

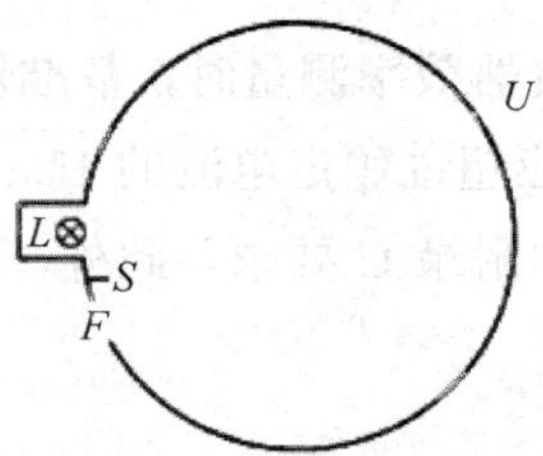

L—光源；F—球的光度计探头部分；S—挡屏；U—积分球。

图 8-5　具有较强方向性的发光强度分布的光源在积分球中的测量

（3）测量和计算方法。

标准灯放入积分球，测量标准灯的数值是 Y_{N}。

关闭标准灯，打开辅助灯，测量值为 Y_{HN}。

被测灯放入标准灯位置进行测量，记录辅助灯数值 Y_{H}。

之后关闭辅助灯，得到被测灯数值 Y（每次测量都应考虑灯的稳定时间）。

被测灯的光通量可以通过标准灯的光通量和测量值用式（8-1）计算：

$$\Phi = \Phi_{\mathrm{N}} \times \frac{Y}{Y_{\mathrm{N}}} \times \frac{Y_{\mathrm{HN}}}{Y_{\mathrm{N}}} \quad (8\text{-}1)$$

式中：Φ_{N}——标准灯光通量，l m。

注：误差修正略。

8.1.1.5　试验结果

照明光源初始光效的计算。在通过上述方法测得被测光源的输入功率和光通量后，通过式（8-2）计算光源初始光效：

$$\eta = \frac{\Phi}{E} \quad (8\text{-}2)$$

式中：η——照明光源初始光效，lm/W。

E——输入功率，W。

8.1.2　镇流器能效值、效率或能效

8.1.2.1　试验依据及环境要求

1）试验依据

现行国家标准《灯控制装置的效率要求　第 1 部分：荧光灯控制装置 控制装置线路总输入功率和控制装置效率的测量方法》（GB/T 32483.1）。

2）环境要求

试验应在无对流风、环境温度为（25±1）℃的条件下进行。

8.1.2.2　主要仪器设备

（1）功率计；

（2）电源：满足上述试验条件要求；

（3）基准灯：在进行电感镇流器效率测量时，基准灯应符合 IEC60921：2004 的附录 D 要求，此外，灯电流的偏离不应超过额定电流的 1%；在进行电子镇流器效率测量时，基准灯应符合 IEC60929：2011 的附录 C 要求，此外，灯电流的偏离不应超过额定电流的 1%。

8.1.2.3　一般要求

（1）镇流器流明系数：镇流器流明系数（*BLF*）是基准灯用受试镇流器在其额定电压下工作时的光输出，与同一个灯用配套的基准镇流器在其额定电压和频率下工作时的光输出之比用式（8-3）计算：

$$BLF = \frac{Light_{test}}{Light_{ref}} \tag{8-3}$$

式中：$Light_{test}$——光电测试仪所测得的连接到基准镇流器的基准灯光输出；

$Light_{ref}$——光电测试仪所测得的连接到受试控制装置的基准灯光输出。

对于每一个为试验而提交的控制装置-灯组合，控制装置的生产者应声称测得的镇流器流明系数。声称的镇流器流明系数应在 0.925～1.075。镇流器流明系数低于此范围的控制装置不适用于测试。如果灯工作电流最大值和导入任一阴极的电流最大值符合 IEC 60081 和 IEC 60901 规定的额定值，镇流器流明系数允许超过上限 1.075。

（2）可调光控制装置：在控制装置有效调光范围内任何可能的调光位置上，加热电路应产生足够的阴极温度，见 IEC 60081 和 IEC 60901 中相关数据表。

可调光控制装置应在配套工作灯流明输出为 100%和 25%下测量。

（3）多功率和（或）多灯的控制装置：如果控制装置设计为可配套不同功率的灯工作，那么试验应对每个型号的灯进行，生产者应声称每个灯相应的 *BLF*。多灯控制装置的试验应对所有可能的组合进行。

（4）测量准确度：测量的准确度应符合 IEC 60929：2009 中 A.1.2 和 A.1.7 的规定。测量准确度包括光度计的测量准确度，对电感镇流器-灯线路应在±1.5%之内，对电子镇流器-灯线路应在±2.5%之内。

（5）灯的预处理：灯应按 IEC 60081 的 B.1.1 和 IEC 60901 的 B.1.1 的描述安装和稳定。

（6）试验电压和频率：试验电压和频率应为所在国家或地区的标称电压和标称频率，测量偏差为±2%。我国标称电压和标称频率为 220 V，50 Hz。

8.1.2.4　试验步骤

1）电感镇流器效率的测量

用连接到镇流器-灯线路的功率计测量总的输入功率：对于电感镇流器灯线路，使用 IEC 60921：2004 的 A.6.1 所规定的条件和图 8-6 所示的测试电路。当达到稳定状态时（控制装置温度和灯电流已稳定），记录总输入功率值（$P_{tot,meas}$）。

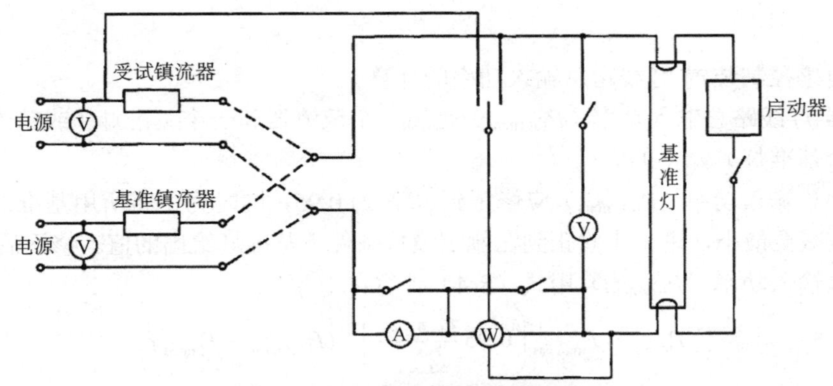

图 8-6　电感控制装置-灯线路的测量

2）电子镇流器效率的测量

镇流器-灯线路的总输入功率是用一个镇流器和一个基准灯（或控制装置设计要求的若干个基准灯）测量的。连接受试镇流器与基准镇流器的镇流器-灯线路之间的比较是用相同的基准灯做出的，线路在适用限度内尽可能按照 IEC 60921：2004 中的 A.6.1 或 A.6.2 的要求，灯的光输出用光电测试仪测量。测量用图 8-7 规定的试验电路进行。

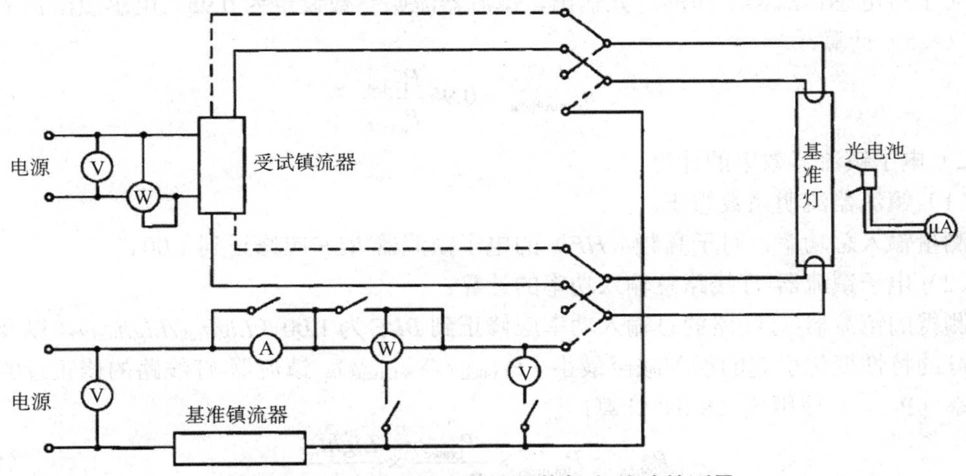

图 8-7　交流供电的电子控制装备-灯线路的测量

达到稳定的条件后（镇流器的温度和灯电流已稳定），光电测试仪的测量值设置为 100%。在相同的试验条件下（灯和光电测试仪的位置不变），将受试镇流器连接到灯线路上，并让其工作，直到再次达到稳定的条件。通过光电测试仪测得的连接受试镇流器的灯光输出与连接基准镇流器的灯光输出的比值应至少为 92.5%。

随后，测量电源输入受试镇流器的总输入功率。

8.1.2.5　试验结果

1）电感镇流器效率的计算

（1）镇流器流明系数修正。

测量输入总功率，对于电感镇流器，*BLF* 应修正到 0.95。此外，对基准灯的偏差也要进行补偿。

（2）电感控制装置-灯线路总输入功率的计算。

镇流器-灯线路总输入功率（$P_{tot,meas}$）是用一个镇流器和一个基准灯（或镇流器设计要求的若干个基准灯）测得的。

测得的总输入功率（$P_{tot,meas}$）应修正到 BLF 为 0.95，同时为了将所用基准灯特性变化引起的误差减至最小，进一步修正到在额定设置条件下基准灯给出的值。修正后的镇流器-灯线路的总输入功率（$P_{tot,meas}$）用式（8-4）计算：

$$P_{tot,ref} = P_{tot,meas}\left(0.95\frac{P_{Lref,meas}}{P_{Lmeas}}\right) - (P_{Lref,meas} - P_{Lrated}) \tag{8-4}$$

式中：$P_{tot,ref}$——修正到可比较的基准条件下的受试镇流器-灯线路的总输入功率，W；

$P_{tot,meas}$——实测到的输入受试镇流器-灯线路的总输入功率，W；

$P_{Lref,meas}$——在用基准镇流器的电路中实测到的灯功率，W；

P_{Lmeas}——在用试验镇流器的电路中实测到的灯功率，W；

P_{Lrated}——相关基准灯参数表中给出的灯额定功率，W。

（3）电感镇流器效率计算。

对于带电感镇流器工作的灯光输出，镇流器流明系数设定为 0.95，电感镇流器的效率用式（8-5）计算：

$$\eta_{controlgear} = 0.95\frac{P_{Lrated}}{P_{tot,ref}} \tag{8-5}$$

2）电子镇流器效率的计算

（1）镇流器流明系数修正。

测量输入总功率，对于高频（HF）的电子镇流器 BLF 应修正到 1.00。

（2）电子镇流器-灯线路总输入功率的计算。

测得的镇流器-灯线路的总输入功率应修正到 BLF 为 1.00（$Ligh_{ref}/Ligh_{test}$），以及将由基准灯的特性变化引起的误差减至最小（$P_{Lrated}/P_{Lref,meas}$）。镇流器-灯线路的修正过的输入总功率（$P_{tot,ref}$）使用式（8-6）计算：

$$P_{tot,ref} = P_{tot,meas} \times \frac{P_{Lrated}}{P_{Lref,meas}} \times \frac{Light_{ref}}{Light_{test}} \tag{8-6}$$

式中：$P_{tot,ref}$——修正到可比较的基准条件下的受试镇流器-灯线路的总输入功率，W；

$P_{tot,meas}$——实测到的输入受试镇流器-灯线路的总输入功率，W；

$P_{Lref,meas}$——在用基准镇流器的电路中实测到的灯功率，W；

P_{Lrated}——相关基准灯参数表中给出的灯额定功率，W；

$Light_{test}$——光电测试仪所测得的连接到基准镇流器的基准灯光输出；

$Light_{ref}$——光电测试仪所测得的连接到受试镇流器的基准灯光输出。

为了比较用基准镇流器的光输出测量与用受试控制装置的光输出测量，光输出的测量应覆盖整个灯表面。高频工作灯可以用“热”或“冷”电极工作。这将导致灯两端的光输出有差异。因此必须将传感器放置在离灯正确的距离上。这可以通过按图 8-8 所示位置放置传感器来实现（R=2L）。

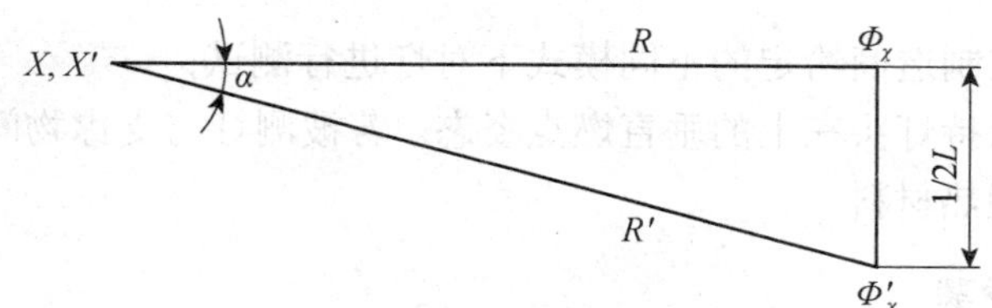

图 8-8　灯与光电传感器的配置

（3）电子镇流器效率计算。

电子镇流器的效率用式（8-7）计算：

$$\eta_{\text{controlgear}} = \frac{P_{\text{Lrated}}}{P_{\text{tot,ref}}} \tag{8-7}$$

8.1.3　照明灯具效率

8.1.3.1　试验依据及环境要求

1）试验依据

现行国家标准《反射型自镇流 LED 灯性能测试方法》（GB/T 29295）。

现行国家标准《普通照明用 LED 模块测试方法》（GB/T 24824）。

2）环境要求

光电参数测量应在环境温度为（25±1）℃、最大相对湿度为 65%的无对流风的环境中进行；

老炼和寿命燃点应在环境温度为（25±15）℃、最大相对湿度为 65%的无对流风环境中进行。

8.1.3.2　主要仪器设备

电源：灯的光电参数测量所用的电源应该在灯额定电压和试验电压及 50 Hz 的额定工作频率下提供正弦波形的电压，并保证测试过程中谐波含量不超过 3%，频率变化范围应保持在额定频率的±0.5%。测量期间电源电压变化范围应保持在灯额定电压（或试验电压）±0.2%。

数字式仪表。

球形光度计。

光通量标准灯：标准灯发光光谱、尺寸、外形和发光光束形状与被测灯具应尽量相似。

8.1.3.3　测量条件

光电参数测量应在环境温度为（25±1）℃、最大相对湿度为 65%的无对流风的环境中进行；

老炼和寿命燃点应在环境温度为（25±15）℃、最大相对湿度为 65%的无对流风环境中进行，燃点过程中不允许有灯的振动或冲击；

对于可调光灯，应保证灯工作于最大输入功率的模式，对于具有可变有关色温等多种工作模式的灯，应在制造商给定的不同模式下对灯进行测试；

测试过程中应保持灯头在上的垂直燃点姿态。若被测灯与支撑物间存在除灯头之外的机械接触，应使用绝热材料。

8.1.3.4 试验步骤

1）灯具输入功率测量方法

测量使用如图 8-9 所示电路。灯的电参数应在稳定后，在灯额定电压条件下，用数字式仪表测量灯功率。判定灯稳定工作的条件为：在至少 30 min 内对电功率进行至少 7 次读数，以 5 min 时间间隔的读数计算，电功率的偏差应低于 0.5%，且不应呈现单调变化趋势。

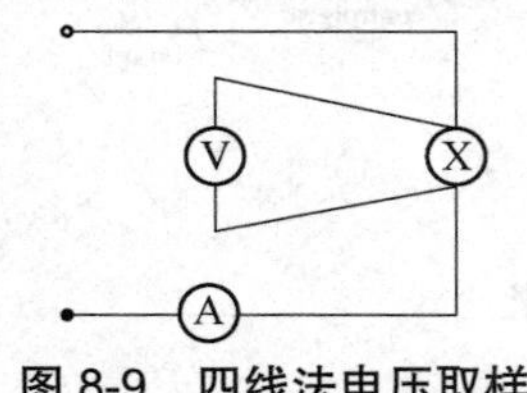

图 8-9 四线法电压取样

2）灯具光通量的积分球测量方法

测量方法与本书 8.1.1.4 节 2）中所述光源光通量的积分球测量方法一致。其他光通量测量方法见《普通照明用 LED 模块测试方法》（GB/T 24824）。

8.1.3.5 试验结果

根据上述所测试灯的总光通量和所测试灯具输入功率的比值计算灯具能效。

8.1.4 照度

8.1.4.1 试验依据及环境要求

1）试验依据

现行国家标准《照明测量方法》（GB/T 5700）。

2）环境要求

试验应在常温常湿条件下进行。

8.1.4.2 主要仪器设备

照度计：照明的照度测量应采用不低于一级的光照度计，对于道路和广场照明的照度测量，应采用分辨率≤0.1 lx 的光照度计，照度计的计量性能满足相关规范。

8.1.4.3 测量条件

（1）在现场进行照明测量时，现场的照明光源宜满足下列要求：白炽灯和卤钨灯累计燃点时间在 50 h 以上；气体放电灯类光源累计燃点时间在 100 h 以上。

（2）在现场进行照明测量时，应在下列时间后进行：白炽灯和卤钨灯应燃点 15 min；气体放电灯类光源应燃点 40 min。

（3）宜在额定电压下进行照明测量。在测量时，应监测电源电压；若实测电压偏差超过相关标准规定的范围，应对测量结果做相应的修正。

（4）室内照明测量应在没有天然光和其他非被测光源影响下进行。室外照明测量应在清洁和干燥的路面或场地上进行，不宜在明月和测量场地有积水或积雪时进行。

8.1.4.4　试验步骤

1）中心布点法

在照度测量的区域一般将测量区域划分成矩形网格，网格宜为正方形，应在矩形网格中心点测量照度，如图 8-10 所示。该布点方法适用于水平照度、垂直照度或摄像机方向的垂直照度的测量，垂直照度应标明照度测量面的法线方向。

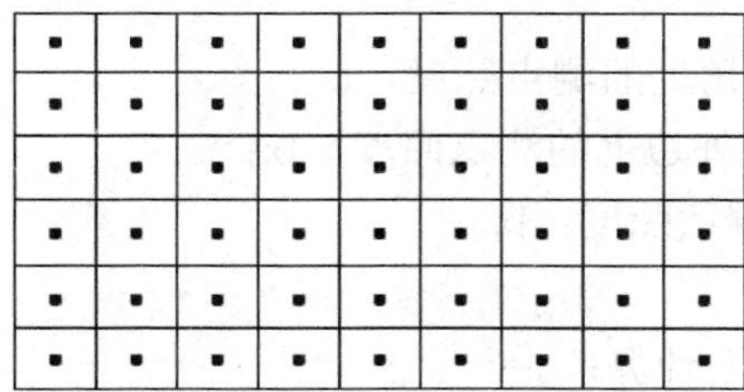

● —测点

图 8-10　在网格中心布点

2）四角布点法

在照度测量的区域一般将测量区域划分成矩形网格，网格宜为正方形，应在矩形网格 4 个角点上测量照度，如图 8-11 所示。该布点方法适用于水平照度、垂直照度或摄像机方向的垂直照度的测量，垂直照度应标明照度测量面的法线方向。

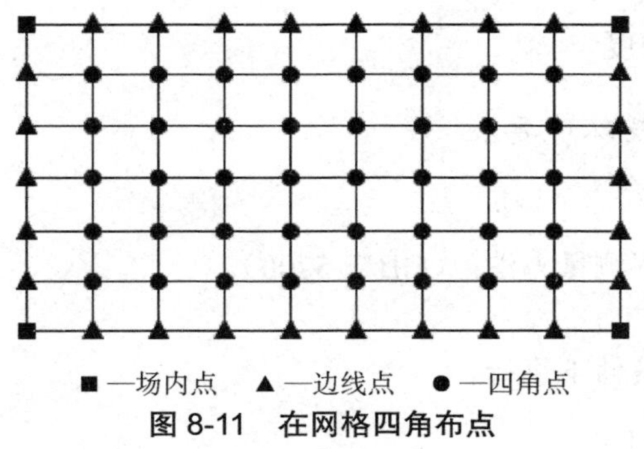

■ —场内点　▲ —边线点　● —四角点

图 8-11　在网格四角布点

8.1.4.5　试验结果

1）中心布点法

中心布点法的平均照度按式（8-8）计算：

$$E_{\mathrm{av}} = \frac{1}{MN}\sum E_i \tag{8-8}$$

式中：E_{av}——平均照度，lx；

E_i——在第 i 个测点上的照度，lx；

M——纵向测点数；

N——横向测点数。

2）四角布点法

四角布点法的平均照度按式（8-9）计算：

$$E_{av}=\frac{1}{4MN}\left(\sum E_{\theta}+2\sum E_0+4\sum E\right) \tag{8-9}$$

式中：E_{av}——平均照度，lx；

M——纵向测点数；

N——横向网格数；

E_{θ}——测量区域 4 个角处的测点照度，lx；

E_0——除 E_{θ} 外，4 条外边上的测点照度，lx；

E——4 条边以内的测点照度，lx。

3）照度均匀度

照度均匀度按式（8-10）计算：

$$U_0=\frac{E_{min}}{E_{av}} \tag{8-10}$$

式中：U_0——照度均匀度；

E_{min}——最小照度，lx；

E_{av}——平均照度，lx。

注：各照明场所照明测量的测点布置要求及测量记录表详见现行国家标准《照明测量方法》（GB/T 5700）。

8.1.5 照明功率密度

8.1.5.1 试验依据及环境要求

1）试验依据

现行国家标准《照明测量方法》（GB/T 5700）。

2）环境要求

试验应在常温常湿条件下进行。

8.1.5.2 主要仪器设备

功率计：电功率测量应采用精度不低于 1.5 级的数字功率计，功率计的检定应符合现行国家行业标准（JJG 780）的规定。

8.1.5.3 测量条件

（1）在现场进行照明测量时，现场的照明光源宜满足下列要求：白炽灯和卤钨灯累计燃点时间在 50 h 以上；气体放电灯类光源累计燃点时间在 100 h 以上。

（2）在现场进行照明测量时，应在下列时间后进行：白炽灯和卤钨灯应燃点 15 min；气体放电灯类光源应燃点 40 min。

（3）宜在额定电压下进行照明测量。在测量时，应监测电源电压；若实测电压偏差超过相关标准规定的范围，应对测量结果做相应的修正。

8.1.5.4　试验步骤

单个照明灯具电参数的测量，采用量程适宜、功能满足要求的单相电气测量仪表。照明系统的电气参数的测量，宜采用量程适宜、功能满足要求的三相测量仪表；也可采用单相电气测量仪表分别测量，再用分别测量数值计算出总的数值，作为照明系统电气参数数据。

8.1.5.5　试验结果

照明功率密度由式（8-11）计算：

$$\mathrm{LPD}=\frac{\sum P_i}{S} \tag{8-11}$$

式中：LPD——照明功率密度，$\mathrm{W/m^2}$；

P_i——被测量照明场所中的第 i 个照明灯具的输入功率，W；

S——被照明场所的面积，$\mathrm{m^2}$。

8.2　照明设备

功率是指物体在单位时间内所做的功的多少，功率可分为电功率、力的功率等。电功率是指电流在单位时间内做的功，是用来表示消耗电能快慢的物理量。

线路功率因素是镇流器和与之配套的光源整体消耗之有功功率与电源提供的视在功率之比。提高线路功率因素有利于减少线路的无功功率，节约电能，但对于靠直流电压工作的灯具，一定的无功功率是必要的。

谐波含量是从交流量中减去基波分量后所得到的量，可分为谐波电流（A）和谐波电压（V）。谐波可以导致设备附加损耗和发热，使同步发电机的额定输出功率降低，效率降低，缩短使用寿命，甚至损坏等危害。照明设备的技术指标包括功率、功率因素、谐波含量值等。

8.2.1　功率

8.2.1.1　试验依据及环境要求

1）试验依据

现行国家标准《照明测量方法》（GB/T 5700）。

2）环境要求

试验应在常温常湿条件下进行。

8.2.1.2　主要仪器设备

功率计：电功率测量应采用精度不低于 1.5 级的数字功率计，功率计的检定应符合现行行业标准《交流数字功率表》(JJG 780) 的规定。

8.2.1.3　测量条件

按照 8.1.5 照明功率密度的测量条件。

8.2.1.4　试验步骤

测量灯功率和照明设备功率是为了检验照明设备功率与额定功率是否相符；测量场所照明设备功率，计算场所照明功率密度。功率测量方法见 8.1.5 节测量方法。

8.2.1.5　试验结果

照明功率密度按式（8-11）计算。

8.2.2　功率因素

8.2.2.1　试验依据及环境要求

1）试验依据
现行国家标准《照明测量方法》(GB/T 5700)。
2）环境要求
试验应在常温常湿条件下进行。

8.2.2.2　主要仪器设备

功率计：电功率测量应采用精度不低于 1.5 级的数字功率计，功率计的检定应符合现行行业标准 (JJG 780) 的规定。
电气测量仪表。

8.2.2.3　测量条件

按照 8.1.5 节照明功率密度的测量条件。

8.2.2.4　试验步骤

测量功率因素是为了检验灯具功率因素是否符合相关规范，功率因素的测量方法除选用相应的电气测量仪表外与功率测量方法相同。功率测量方法见 8.1.5 节测量方法。

8.2.2.5　试验结果

照明功率密度按式（8-11）计算。

8.2.3　谐波含量值

8.2.3.1　试验依据及环境要求

1）试验依据
现行国家标准《电磁兼容　限值 第 1 部分：谐波电流发射限值（设备每相输入电流≤16 A）》(GB 17625.1)。

2）环境要求

试验应在大气无对流、环境温度为 20～27℃的条件下进行。

8.2.3.2　主要仪器设备

电气测量仪表；

电源：进行测量时，受试设备接线端处的试验电压（*U*）应满足下列要求：

（1）试验电压（*U*）应为受试设备的额定电压，单相和三相电源的试验电压应分别为 220 V 和 380 V。试验电压的变化范围应保持在额定电压的±2.0%之内，频率变化范围应保持在额定频率的±0.5%。

（2）三相试验电源的每一对相电压基波之间的相位角应为 120°±1.5°。

（3）电压谐波对试验电压（*U*）的均方根值的比例不应超过以下值：

3 次谐波 0.9%，5 次谐波 0.4%；

7 次谐波 0.3%，9 次谐波 0.2%；

2～10 次偶次谐波 0.2%，11～40 次谐波 0.1%。

（4）试验电压的峰值应在其均方根值的 1.40～1.42 倍，并应在过零后 87°～93°达到峰值。

在某些特殊情况下，需特别注意避免电源内电感与受试设备电容之间发生谐振。对于某些类型的设备，如单相非稳压整流器，部分谐波幅值随供电电压急剧变化。为使该变化降到最低限度，宜将 *EUT* 与测量设备连接点的电压维持在 220 V±1.0 V/380 V±1.0 V，采用与谐波评定相同的 200 ms 观察窗进行评估。

8.2.3.3　测量条件

（1）应在大气无对流、环境温度为 20～27℃的条件下测量，在测量期间温度变化应不大于 1 K。

（2）放电光源应在额定电压下至少老化 100 h，在开始一系列测量之前，放电光源应至少已通电 15 min，某些光源要求的稳定时间超过 15 min，应遵守相关的 IEC 性能标准中给出的信息。在老化、稳定和测量期间，光源应按照正常使用状态安装。集成式灯应处于灯头朝上位置工作。

（3）灯具应在带有配套装置且在成品状态下进行试验，装置应按使用说明进行装配。

8.2.3.4　试验步骤

谐波电流的测量。

应按照下列图中所给出的电路测量受试设备（EUT）谐波电流：图 8-12 适用于单相设备；图 8-13 适用于三相设备。应使用符合 IEC 61000-4-7：2002+Amd1：2008 要求的测量设备。

如果灯具还包括其他独立功能，这些独立功能与照明功能不相关，可在不改动灯具、每个功能单独运行的条件下进行试验。和灯具配套使用的内装式照明控制装置，如果按照相关规定的独立试验，符合相应的灯具要求，且任何内装式的独立装置符合相关要求，则认为灯具符合所有的要求，不需要再进行检查。如果不是这样，则应对灯具本体进行试验并应满足限值。如果灯具具有辉光启动器，应使用符合现行国家标准《荧光灯用辉光启动器》（GB/T 20550）的启动器。

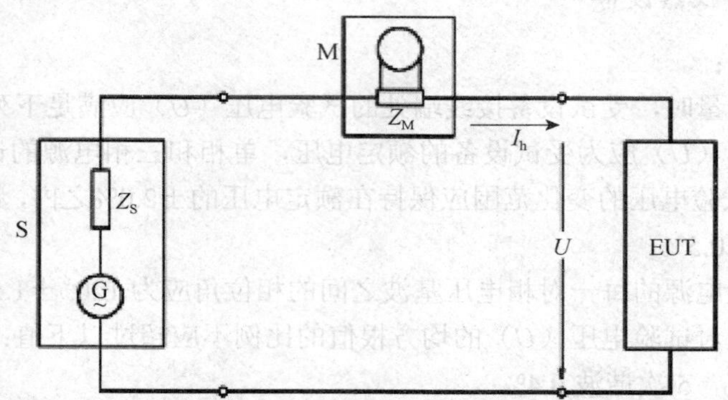

S—供电电源；M—测量设备；EUT—受试设备；U—试验电压；Z_M—测量设备的输入阻抗；Z_S—供电电源的内阻抗；I_h—线电流的 h 次谐波分量；G—供电电源的开路电压。

图 8-12　单相设备测量电路

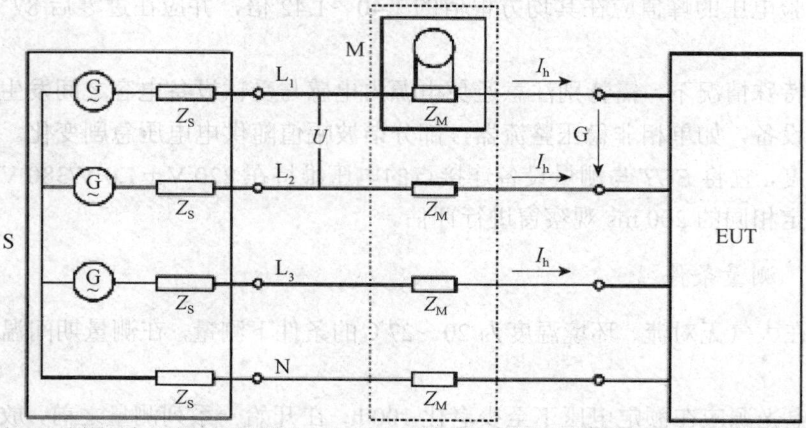

S—供电电源；M—测量设备；EUT—受试设备；U—试验电压（如 L_1 相和 L_2 相之间）；Z_M—测量设备的输入阻抗；Z_S—供电电源的内阻抗；I_h—线电流的 h 次谐波分量；G—供电电源的开路电压。

图 8-13　三相设备测量电路

8.2.3.5　试验结果

在整个试验观察时长内得到的单个谐波电流的平均值应不大于所采用的限值。

8.3　电线电缆

电线电缆是用于传输电能、信号和实现电磁能转换的一种线材产品。通常由导体（通常是铜或铝等金属材料）、绝缘层（用于包裹导体以防止电流泄漏和短路）、屏蔽层（用于减少电磁干扰和信号损失）和护套（用于保护整个电缆结构免受机械损伤和环境影响）等部分组成。电线电缆在建筑工程领域中主要应用在供电、照明、通信、控制、安全报警等方面，连接电源、配电板、开关、插座、灯具等设备，提供照明、电力供应、设备控制等功能。

电线电缆的技术指标包括导体电阻值、绝缘层厚度、非金属护套厚度、绝缘材料机械性能、护套材料机械性能。

8.3.1　导体电阻值

8.3.1.1　试验依据及环境要求

1）试验依据

现行国家标准《电线电缆电性能试验方法　第 4 部分：导体直流电阻试验》（GB/T 3048.4）。

现行国家标准《电缆的导体》（GB/T 3956）。

2）环境要求

型式试验：温度为 15～25℃，湿度不大于 85%。

例行试验：温度为 5～35℃。

8.3.1.2　主要仪器设备

（1）电桥的原理如图 8-14 和图 8-15 所示。

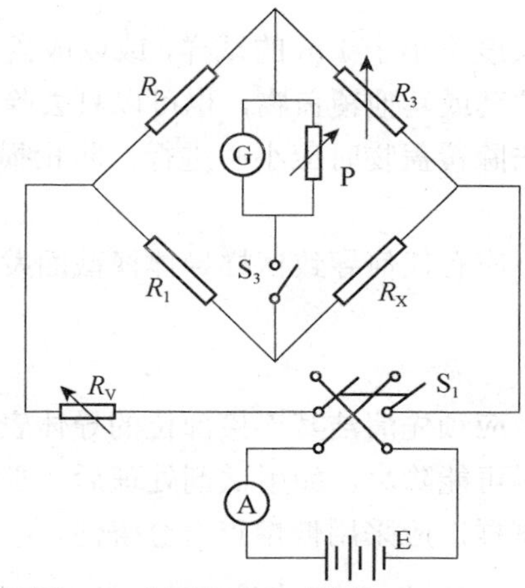

A—电流表；E—直流电源；G—检流计；P—分流器；R_V—变阻器；R_1、R_2、R_3—电桥桥臂电阻；R_X—被测电阻；S_1—直流电源开关；S_3—检流计开关。

图 8-14　单臂电桥

（2）电桥可以是携带式电桥或试验室专用的固定式电桥，实验室专用固定式电桥及附件的接线与安装应按仪器技术说明书进行。

（3）只要测量误差符合电阻测量误差，也可使用除电桥以外的其他仪器。如根据直流电流-电压降直接法原理，并采用四端测量技术，具有高精度的数字式直流电阻测试仪。

（4）当被测电阻小于 1 Ω 时，应尽可能采用专用的四端测量夹具进行接线，四端夹具的外侧一对为电流电极，内侧一对为电位电极，电位接触应由相当锋利的刀刃构成，且互相平行，均垂直于试样。每个电位接点与相应的电流接点之间的间距应不小于试样断面周长的 1.5 倍。

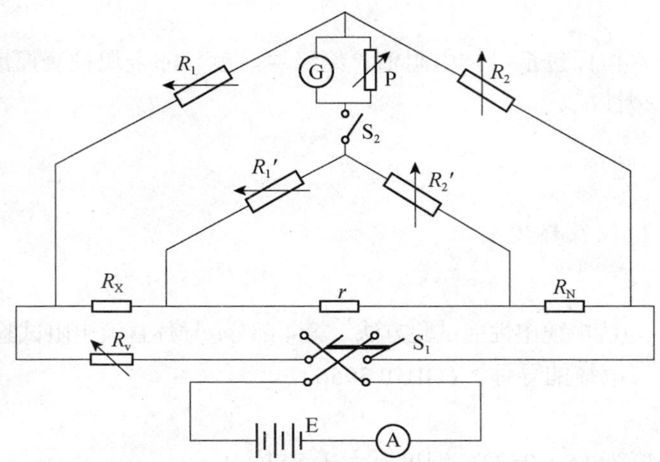

A—电流表；E—直流电源；G—检流计；P—分流器；R_N—标准电阻；r—跨线电阻；R_v—变阻器；
R_1、R_1'、R_2、R_2'—电桥桥臂电阻；R_X—被测电阻；S_1—直流电源开关；S_2—检流计开关。

图 8-15　双臂电桥

8.3.1.3　样品制备

1）试样截取

从被试电线电缆上截取长度不小于 1 m 的试样，或以成盘（圈）的电线电缆作为试样。去除试样导体外表面绝缘、护套或其他覆盖物，也可以只去除试样两端与测量系统相连接部位的覆盖物、露出导体。去除覆盖物时应小心进行，防止损伤导体。

2）试样拉直

如果需要将试样拉直，不应有任何导致试样导体横截面发生变化的扭曲，也不应导致试样导体伸长。

3）试样表面处理

试样在接入测量系统前，应预先清洁其连接部位的导体表面，去除附着物、污秽和油垢。连接处表面的氧化层应尽可能除尽。如用试剂处理后，必须用水充分清洗以清除试剂的残留液。对于阻水型导体试样，应采用低熔点合金浇注。

4）大截面铝导体试样

（1）型式试验的试样长度。推荐采用试样长度：导体截面 95～185 mm^2，取 3 m；导体截面 240 mm^2 及以上，取 5 m。有争议时，导体截面 185 mm^2 及以下，取 5 m；导体截面 240 mm^2 及以上，取 10 m。

（2）电流端和电位端。铝绞线的电流引入端可采用铝压接头（铝鼻子），并按常规压接方法压接，以使压接后的导体与接头融为一体。其电位电极可采用直径约 1.0 mm 的软铜丝在绞线外紧密缠绕 1～2 圈后打结引出，以防松动。

8.3.1.4　试验步骤

（1）测试前，试样应在试验环境中放置足够长的时间，以确保使用提供校正系数时，导体温度已经达到精确测定电阻值允许的水平。

（2）试样连接。

① 采用单臂电桥测量时，用两个专用夹头连接被测试样。

② 采用双臂电桥或其他电阻测试仪器测量时，用四端测量夹具或 4 个夹头连接被测试样。

③ 绞合导线的全部单线应可靠地与测量系统的电流夹头相连接。对于两芯及以上成品电线电缆的导体电阻测量，单臂电桥两夹头或双臂电桥的一对电位夹头应在长度测量的实际标线处与被测试样相连接。

（3）电阻测量误差。

型式试验时电阻测量误差应不超过±0.5%；例行试验时电阻测量误差应不超过±2%。

（4）试样长度测量。

应在单臂电桥的夹头或双臂电桥的一对电位夹头之间的试样上测量试样长度，型式试验时测量误差应不超过±0.15%，例行试验时测量误差应不超过±0.5%。

（5）小电阻试样的电阻测量。

当试样的电阻小于 0.1 Ω 时，应注意消除由于接触电势和热电势引起的测量误差。应采用电流换向法，读取一个正向读数和一个反向读数，取算术平均值；或采用平衡点法（补偿法），检流计接入电路后，在电流不闭合的情况下调零，达到闭合电流时检流计上基本观察不到冲击。

（6）细微导体的电阻测量。

对细微导体进行测量时，在满足试验系统灵敏度要求的情况下，应尽量选择最小的测试电流以防止电流过大而引起导体升温。推荐采用电流密度，铝导体应不大于 0.5 A/mm^2，铜导体应不大于 1.0 A/mm^2，可用比例为“1∶1.41”的两个测量电流，分别测出试样的电阻值。如两者之差不超过 0.5%，则认为用比例为“1”的电流测量时，试样导体未发生升温变化。

8.3.1.5　试验结果

1）电阻试验结果

（1）用电桥测量时，应按电桥说明书给出的公式计算电阻值。

（2）用数字式仪器测量时，应按仪器说明书规定读数。

2）标准温度下单位长度电阻值换算

（1）型式试验时，温度为 20℃时每千米长度电阻值按式（8-12）计算：

$$R_{20} = \frac{R_x}{1 + a_{20}(t - 20)} \times \frac{1000}{L} \tag{8-12}$$

式中：R_{20}——20℃时每千米长度电阻值，Ω/km；

R_x——t℃时 L 长电缆的实测电阻值，Ω；

a_{20}——导体材料 20℃时的电阻温度系数，℃$^{-1}$；

t——测量时的导体温度（环境温度），℃；

L——试样的测量长度（成品电缆的长度，而不是单根绝缘线芯的长度），m。

注：按式（8-13）的定义应为导体温度。本试验方法采用环境温度代替导体温度，并规定了相关要求。

（2）例行试验时，温度为20℃时每千米长度电阻值应按式（8-13）计算：

$$R_{20} = R_x K_t \times \frac{1000}{L} \tag{8-13}$$

式中：K_t——测量环境温度为t℃时的电阻温度校正系数。

表 8-1 规定了在通常温度范围内的温度校正系数K_t值。其值按式（8-14）计算：

$$K_t = \frac{1}{1+0.004(t-20)} = \frac{250}{230+t} \tag{8-14}$$

式（8-16）为近似公式，但能计算出足以达到在测量环境温度和电缆长度的准确度范围内的实际值。

表 8-1　在t℃时测量导体电阻校正到20℃时的温度校正系数

测量时环境温度（t）/℃	校正系数（K_t）	测量时环境温度（t）/℃	校正系数（K_t）	测量时环境温度（t）/℃	校正系数（K_t）
5	1.064	16	1.016	27	0.973
6	1.059	17	1.012	28	0.969
7	1.055	18	1.008	29	0.965
8	1.050	19	1.004	30	0.962
9	1.046	20	1.000	31	0.958
10	1.042	21	0.996	32	0.954
11	1.037	22	0.992	33	0.951
12	1.033	23	0.988	34	0.947
13	1.029	24	0.984	35	0.943
14	1.025	25	0.980	—	—
15	1.020	26	0.977	—	—

8.3.2　绝缘层厚度

8.3.2.1　试验依据及环境要求

1）试验依据

现行国家标准《额定电压 450/750 V 及以下聚氯乙烯绝缘电缆　第 2 部分：试验方法》（GB/T 5023.2）。

现行国家标准《电缆和光缆绝缘和护套材料通用试验方法　第 11 部分：通用试验方法 厚度和外形尺寸测量　机械性能试验》（GB/T 2951.11）。

2）环境要求

除非另有规定，试验应在环境温度下进行。

8.3.2.2　主要仪器设备

读数显微镜或放大倍数至少 10 倍的投影仪，两种装置读数均应至 0.01 mm。当测量绝缘厚度小于 0.5 mm 时，则小数点后第 3 位数为估计读数。

有争议时，应采用读数显微镜测量作为基准方法。

8.3.2.3　样品制备

（1）试验应在绝缘层挤出或硫化（或交联）后存放至少 16 h 后进行。除非另有规定，任何试验前，所有试样包括老化或未老化的试样应在温度（23±5）℃下至少保持 3 h。

（2）取样需在至少相隔 1 m 的 3 处各取一段电缆试样。

（3）五芯及以下电缆，每芯均应检查，五芯以上电缆，任检五芯。

（4）从绝缘上去除所有护层，抽出导体和隔离层（若有的话）。小心操作以免损坏绝缘，内外半导电层若与绝缘粘连在一起，则不必去掉。若取出导体有困难，可放在拉力机上抽取，或将绝缘线芯试样的中心部分拉伸至绝缘变得松弛，也可采用其他方法，但不能对绝缘产生伤害。

（5）每一试件由一绝缘薄片组成，应用适当的工具（锋利的刀片，如剃刀刀片等）沿着与导体轴线相垂直的平面切取薄片。

（6）无护套扁平软线的线芯不应分开。

（7）如绝缘上有压印标记凹痕，则会使该处厚度变薄，因此试件应取包含该标记的一段。

8.3.2.4　试验步骤

（1）将试件置于装置的工作面上，切割面与光轴垂直。

（2）绝缘厚度测量。

① 当试件内侧为圆形时，应按图 8-16 径向测量 6 点。如果是扇形绝缘线芯，则按图 8-17 测量 6 点；

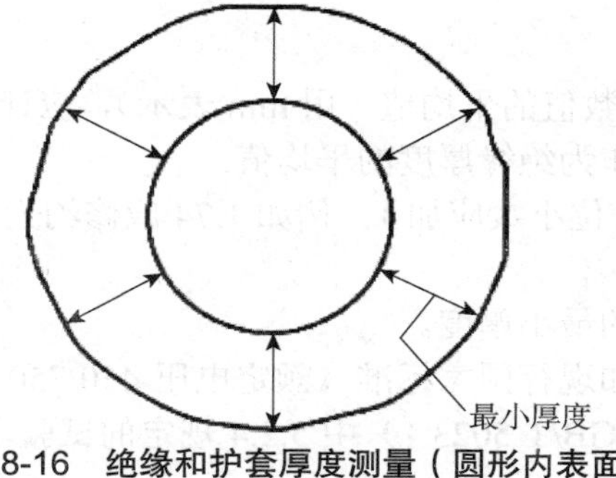

图 8-16　绝缘和护套厚度测量（圆形内表面）

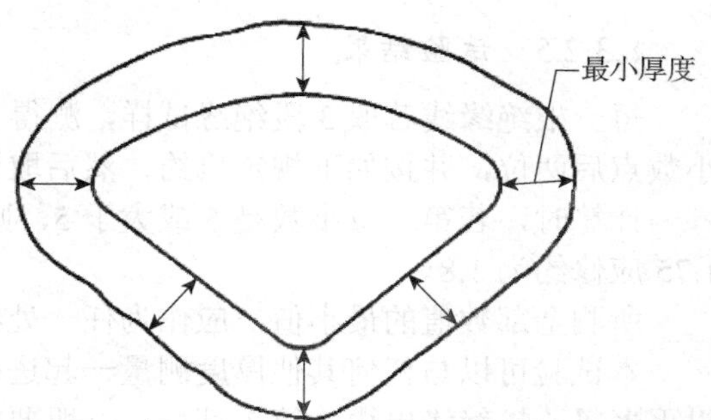

图 8-17　绝缘厚度测量（扇形导体）

② 当绝缘是从绞合导体上截取时，应按图 8-18 和图 8-19 径向测量 6 点；

③ 当试件外表面凹凸不平时，应按图 8-20 测量 6 点；

④ 当绝缘内、外均有不可去除的屏蔽层时，屏蔽层厚度应从测量值中减去，当不透明绝缘内、外均有不可除去的屏蔽层时，应使用读数显微镜测量；

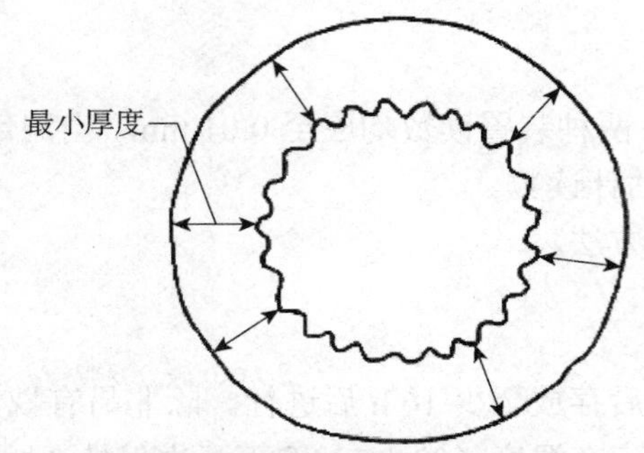

图 8-18 绝缘厚度测量（绞合导体）

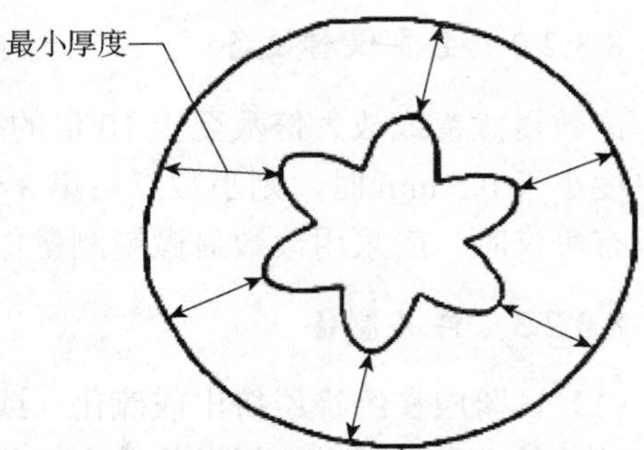

图 8-19 绝缘厚度测量（绞合导体）

⑤ 无护套扁平软线应按图 8-21 测量，应把两导体之间最短距离的一半作为绝缘线芯的绝缘厚度。

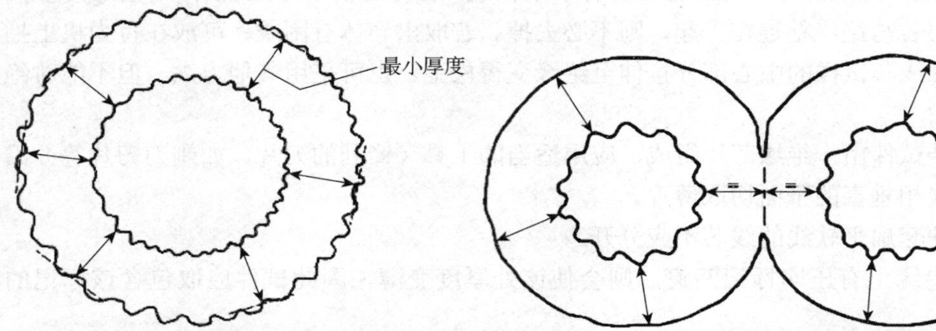

图 8-20 绝缘厚度测量（不规则外表面）

图 8-21 绝缘厚度测量（扁平双芯无护套软线）

（3）在任何情况下，第一次测量应在绝缘最薄处进行。

（4）如果绝缘试件包括压印标记凹痕，则该处绝缘厚度不应用来计算平均厚度。但在任何情况下，压印标记凹痕处的绝缘厚度应符合有关电缆产品标准中规定的最小值。

（5）若规定的绝缘厚度为 0.5 mm 及以上时，读数应测量到小数点后两位（以 mm 计）；若规定的绝缘厚度小于 0.5 mm 时，则读数应测量到小数点后三位，第三位为估计数。

8.3.2.5 试验结果

每一根绝缘线芯取 3 段绝缘试样，测得 18 个数值的平均值（用 mm 表示），应计算到小数点后两位，并按如下规定修约，然后取该值作为绝缘厚度的平均值。

计算时，若第二位小数是 5 或大于 5，则第一位小数应加 1。例如 1.74 应修约为 1.7，1.75 应修约为 1.8。

所测全部数值的最小值，应作为任一处绝缘的最小厚度。

本试验可以与任何其他厚度测量一起进行，如现行国家标准《额定电压 450/750 V 及以下聚氯乙烯绝缘电缆 第 1 部分：一般要求》（GB/T 5023.1）中 5.2.4 规定的试验项目。

8.3.3 非金属护套厚度

8.3.3.1 试验依据及环境要求

1）试验依据

现行国家标准《额定电压 450/750 V 及以下聚氯乙烯绝缘电缆 第 2 部分：试验方法》

（GB/T 5023.2）。

现行国家标准《电缆和光缆绝缘和护套材料通用试验方法　第 11 部分：通用试验方法 厚度和外形尺寸测量 机械性能试验》（GB/T 2951.11）。

2）环境要求

除非另有规定，试验应在环境温度下进行。

8.3.3.2　主要仪器设备

读数显微镜或放大倍数至少 10 倍的投影仪，两种装置读数均应至 0.01 mm。当测量绝缘厚度小于 0.5 mm 时，则小数点后第 3 位数为估计读数。

有争议时，应采用读数显微镜测量作为基准方法。

8.3.3.3　样品制备

（1）试验应在护套料挤出或硫化（或交联）后存放至少 16 h 方可进行。除非另有规定，任何试验前，所有试样包括老化或未老化的试样应在温度（23±5）℃下至少保持 3 h。

（2）取样需在至少相隔 1 m 的 3 处各取一段电缆试样。

（3）去除护套内、外所有元件（若有的话），用一适当的工具（锋利的刀片，如剃刀刀片等）沿垂直于电缆轴线的平面切取薄片。

如果护套上有压印标记凹痕，则会使该处厚度变薄，因此试件应取包含该标记的一段。

8.3.3.4　试验步骤

（1）将试件置于测量装置工作面上，切割面与光轴垂直。

（2）护套厚度测量。

① 当试件内侧为圆形时，应按图 8-16 径向测量 6 点；

② 如果试件的内圆表面实质上是不规整或不光滑的，则应按图 8-22 在护套最薄处径向测量 6 点；

③ 当试件内侧有导体造成很深的凹槽时，应按图 8-23 在每个凹槽底部径向测量，当凹槽数目超过 6 个时，应按②项进行测量；

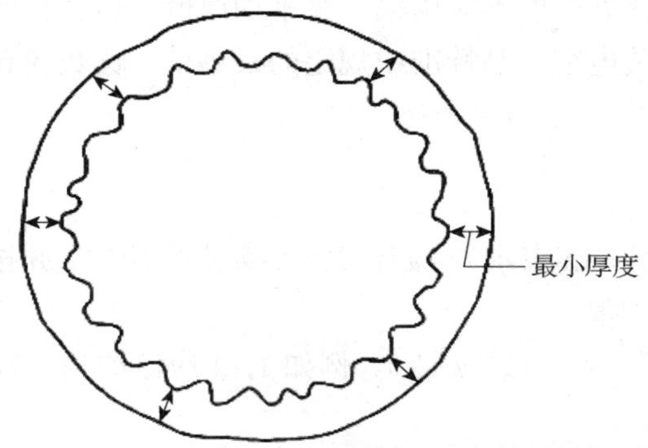

图 8-22　护套厚度测量（不规整圆形内表面）

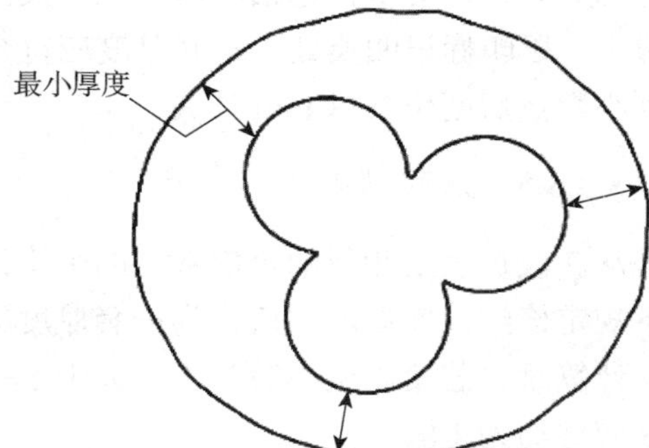

图 8-23　护套厚度测量（非圆形内表面）

④ 当因刮胶带或肋条形护套外形引起的护套外表面不规整时，应按图 8-24 进行测量；

⑤ 对于有护套的扁平软线，应按图 8-25 在与每个绝缘线芯截面的短轴大致平行的方

向及长轴上分别测量。但无论如何应在最薄处测量一点；

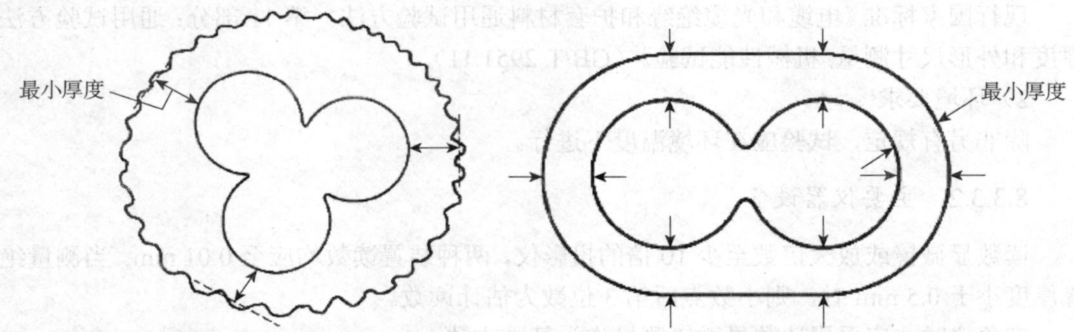

图 8-24　护套厚度测量（不规整外表面）　　图 8-25　护套厚度测量（扁平带护套双芯软线）

⑥ 六芯及以下有护套的扁平电缆应按图 8-26 进行测量。

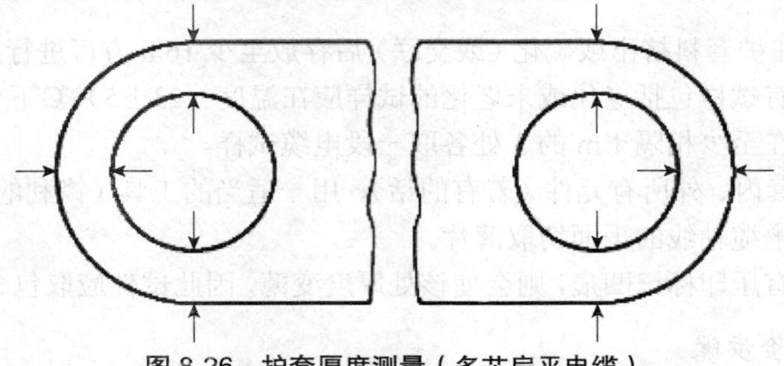

图 8-26　护套厚度测量（多芯扁平电缆）

——在圆弧形两头沿着横截面的长轴进行测量。

——在扁平的两边，在第一根和最后一根绝缘线芯上测量；如果最薄厚度不在上述几次测量值中，则应增加最薄处及其对面方向上厚度的测量。

（3）上述规定也适用于六芯以上扁平电缆护套厚度的测量，但应增加中间绝缘线芯处或者当绝缘线芯为偶数时取中间两个绝缘线芯之一进行测量。

（4）在任何情况下，应有一次测量在护套最薄处进行。

（5）如果护套试样包括压印标记凹痕，则该处厚度不应用来计算平均厚度。但在任何情况下，压印标记凹痕处的护套厚度应符合有关电缆产品标准中规定的最小值。读数应精确到小数点后两位（以 mm 计）。

8.3.3.5　试验结果

从 3 段护套上测得的全部数值的平均值（用 mm 表示），应计算到小数点后两位，并按如下规定修约，然后取该值作为护套厚度的平均值。

计算时，若第二位小数是 5 或大于 5，则第一位小数应加 1。例如 1.74 应修约为 1.7，1.75 应修约为 1.8。

所测全部数值的最小值，应作为任一处护套的最小厚度。

本试验可以与任何其他厚度测量一起进行，如现行国家标准《额定电压 450/750 V 及以下聚氯乙烯绝缘电缆　第 1 部分：一般要求》（GB/T 5023.1）中 5.2.4 规定的试验项目。

8.3.4　绝缘材料机械性能

8.3.4.1　试验依据及环境要求

1）试验依据

现行国家标准《电缆和光缆绝缘和护套材料通用试验方法　第 11 部分：通用试验方法 厚度和外形尺寸测量 机械性能试验》（GB/T 2951.11）。

2）环境要求

实验室温度（23±5）℃。

对热塑性绝缘材料有疑问时，实验室温度为（23±2）℃。

8.3.4.2　主要仪器设备

拉伸试验机：有连续记录力和对应距离的装置，能按下面规定的速度均匀地移动夹具，拉伸试验机有足够的量程；

拉伸试验机的夹具：能随着试件拉力的增加而保持或增加夹具的夹持力；

测厚仪：接触压力不大于 0.02 N/mm^2 的指针式测厚仪。

8.3.4.3　样品制备

制备每个试件的取样长度要求 100 mm，至少 5 个试件。

扁平软线的绝缘线芯不应分开，有机械损伤的任何试样均不应用于试验。

1）哑铃试件

尽可能使用哑铃试件。将绝缘线芯轴向切开，抽出导体，从绝缘试样上制取哑铃试件。绝缘内、外两侧若有半导电层，应用机械方法去除而不应使用溶剂。每一绝缘试样应切成适当长度的试条，在试条上标上记号，以识别取自哪个试样及其在试样上彼此相关的位置。

绝缘试条应磨平或削平，使标记线之间具有平行的表面，磨平时应注意避免过热。对 PE 和 PP 绝缘只能削平而不能磨平。磨平或削平后，包括毛刺的去除，试条厚度应不小于 0.8 mm，不大于 2.0 mm。如果不能获得 0.8 mm 的厚度，允许最小厚度为 0.6 mm。

然后在制备好的绝缘试条上冲切如图 8-27 所示的哑铃试件，如有可能，应并排冲切两个哑铃试件，为了提高试验结果的可靠性，推荐采取下列措施：

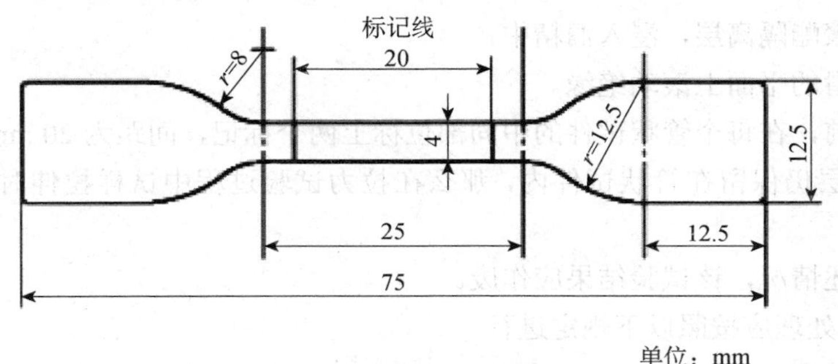

图 8-27　哑铃试件

（1）冲模（哑铃刀）应非常锋利以减少试件上的缺陷；

（2）在试条和底板之间放置一块硬纸板或其他适当的垫片。该垫片在冲切过程中可能被冲破但不会被冲模（哑铃刀）完全切断；

（3）应避免试件两边的毛刺。

当绝缘线芯直径太小不能用图 8-27 冲模冲切试件时，可用图 8-28 所示的小冲模冲切试件。

拉力试验前，在每个哑铃试件的中央标上两条标记线。其间距离：大哑铃试件为 20 mm；小哑铃试件为 10 mm。

允许哑铃试件的两端不完整，只要断裂点发生在标记线之间。

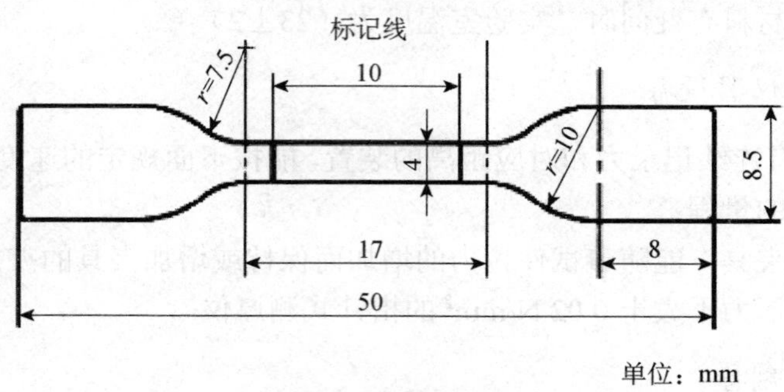

图 8-28　小哑铃试件

2）管状试件

只有当绝缘线芯尺寸不能制备哑铃试件时才使用管状试件。将线芯试样切成约 100 mm 长的小段，抽出导体，去除所有外护层，注意不要损伤绝缘。每个管状试件均标上记号，以识别取自哪个试样及其在试样上彼此相关的位置。

采用以下一个或多个操作方法抽取导体：

（1）拉伸硬导体；

（2）在小的机械力作用下小心滚动绝缘线芯；

（3）如果是绞合线芯或软导体，可先抽取中心 1 根或几根导体。

导体抽出后，将隔离层（如有的话）除去。如有困难，可使用以下任一种方法：

（1）如是纸隔离层，浸入水中；

（2）如是聚酯隔离层，浸入酒精中；

（3）在光滑的平面上滚动绝缘。

拉力试验前，在每个管状试件的中间部位标上两个标记，间距为 20 mm。

如果隔离层仍保留在管状试件内，那么在拉力试验过程中试样拉伸时会发现试件不规整。

如发生上述情况，该试验结果应作废。

3）试件的处理应按照以下规定进行

（1）高温处理。

当有关电缆产品标准要求试样在高温下处理时，或者对试验结果有疑问时，应按以下方式处理后重复试验：

——对于哑铃试件

将绝缘从电缆上取下后，去除半导电层（如有的话），在试条冲切哑铃试件之前进行处理；

将试样磨平或削平得到平行表面之后进行处理；若不需要磨平（或削平）时，根据上述试验方案进行处理。

——对于管状试件，取出导体和隔离层（若有的话），在试件上标上拉力试验的标志线之前对试件进行处理。

当有关电缆产品标准要求进行高温处理时，其电缆产品标准应规定处理的温度和时间。在有疑问时，试样应在（70±2）℃下放置 24 h，或者在低于导体最高工作温度下放置 24 h 后重新试验。

（2）环境温度处理。

在测量截面积前，所有的试件应避免阳光直射，并在（23±5）℃温度下存放至少 3 h，但热塑性绝缘材料试件的存放温度为（23±2）℃。

8.3.4.4　截面积的测量

1）哑铃试件

每个试件的截面积是试件宽度和测量的最小厚度的乘积，试件的宽度和厚度应按以下方法测量。

（1）宽度。任意选取 3 个试件测量它们的宽度，取最小值作为该组哑铃试件的宽度；如果对宽度的均匀性有疑问，则应在 3 个试件上分别取 3 处测量其上、下两边的宽度，计算上、下测量处测量值的平均值。取 3 个试件的 9 个平均值中的最小值为该组哑铃试件的宽度。如还有疑问，应在每个试件上测量宽度。

（2）厚度。每个试件的厚度取拉伸区域内 3 处测量值的最小值。应使用光学仪器或指针式测厚仪进行测量，测量时接触压力不超过 0.07 N/mm^2。

测量厚度时的误差应不大于 0.01 mm，测宽度时的误差应不大于 0.04 mm。

如有疑问，并在技术上可行的情况下，应使用光学仪器，或者也可使用接触压力不大于 0.02 N/mm^2 的指针式测厚仪。

注：如果哑铃试片的中间部分成弧状，可使用带合适弧形测量头的指针式测厚仪。

2）管状试件

在试样中间处截取一个试件，然后用以下测量方法中的一种测量其截面积 A（单位为 mm^2）。

如有疑问，应使用第二种方法。

（1）根据截面尺寸计算[式（8-15）]：

$$A = \pi(D - \delta)\delta \qquad (8\text{-}15)$$

式中：δ——绝缘厚度平均值，mm；

D——管状试样外径的平均值，mm。外径超过 25 mm 时，应用测量带测量其圆周长，然后计算直径。也可使用能直接读数的测量带测量，并修约到小数点后两位。

（2）根据密度、质量和长度计算[式（8-16）]：

$$A=\frac{1\,000m}{d\times L} \tag{8-16}$$

式中：m——试样的质量，g，到小数点后三位；

L——长度，mm，到小数点后一位；

d——密度，g/cm^3，按现行国家标准《电缆和光缆绝缘和护套材料通用试验方法　第13部分：通用试验方法——密度测定方法——吸水试验——收缩试验》（GB/T 2951.13）第8章在同一绝缘样段的（未老化）的另一个试样上测量，到小数点后三位。

（3）根据体积和长度计算[式（8-17）]：

$$A=\frac{V}{L} \tag{8-17}$$

式中：V——体积，mm，到小数点后两位；

L——长度，mm，到小数点后一位。可用将试样浸入酒精中的方法测量体积 V。将试样浸入酒精中时，应小心避免在试样上产生气泡。

3）对需老化的试样

截面积应在老化处理前测量。但绝缘带导体一起老化的试件除外。

8.3.4.5　试验步骤

1）夹头之间的间距

拉力试验机的夹头可以是自紧式夹头，也可以是非自紧式夹头。夹头之间的总间距约为：

——如图8-28的小哑铃试件34 mm；

——如图8-27的哑铃试件50 mm；

——用自紧式夹头试验时，管状试件50 mm；

——用非自紧式夹头试验时，管状试件85 mm。

2）夹头移动速度

夹头移动速度应为（250±50）mm/min，但PE和PP绝缘除外。有疑问时，移动速度应为（25±5）mm/min。

PE和PP绝缘或含有这些材料的绝缘，其移动速度应为（25±5）mm/min。但在进行例行试验时，允许移动速度为（250±50）mm/min及以下。

3）测量

试验期间测量并记录最大拉力。同时在同一试件上测断裂时，两个标记线之间的距离。在夹头处拉断的任何试件的试验结果均应作废，在这种情况下，计算抗张强度和断裂伸长率至少需要4个有效数据，否则试验应重做。

8.3.4.6　试验结果

1）抗张强度

绝缘材料抗张强度 R_m 按式（8-18）计算：

$$R_m = \frac{F_m}{A} \tag{8-18}$$

式中：R_m——试件的抗张强度，N/mm²；

F_m——试件断裂时的拉力，N；

A——试件截面积，mm²。

2）断裂伸长率

绝缘材料断裂伸长率按式（8-19）计算：

$$e = \frac{L_1 - L_0}{L_0} \times 100\% \tag{8-19}$$

式中：e——试件的断裂伸长率，%；

L_1——试件拉伸断裂时的长度，mm；

L_0——试件原始标记的长度，mm。

将获得抗张强度和断裂伸长率的应有个数的试验数据以递增或递减次序排列，当有效数据的个数为奇数时，则中间值为正中间一个数值；若有效数据的个数为偶数时，则中间值为中间两个数值的平均值。试验结果为中间值。

8.3.5　护套材料机械性能

8.3.5.1　试验依据及环境要求

1）试验依据

现行国家标准《电缆和光缆绝缘和护套材料通用试验方法　第 11 部分：通用试验方法　厚度和外形尺寸测量 机械性能试验》（GB/T 2951.11）。

2）环境要求

实验室温度为（23±5）℃。

8.3.5.2　主要仪器设备

拉伸试验机：有连续记录力和对应距离的装置，能按下面规定的速度均匀地移动夹具，拉伸试验机有足够的量程；

拉伸试验机的夹具：能随着试件拉力的增加而保持或增加夹具的夹持力；

测厚仪：接触压力不大于 0.02 N/mm² 的指针式测厚仪。

8.3.5.3　样品制备

（1）制备每个试件的取样长度要求 100 mm，至少 5 个试件。有机械损伤的任何试样均不应用于试验。

（2）护套试样制备试件方法同 8.3.4.3 节规定的绝缘试件制备方法。

（3）制备哑铃试件时，沿电缆轴向切开护套，截取一窄条，将窄条内的所有电缆元件全部除去。如果窄条内有凸脊或压印，则应磨平或削平。对于 PE 和 PP 护套，只能削平。

注：对于 PE 护套，如果护套比较厚，并且两面均光滑，则哑铃试件厚度不需削到 2.0 mm。

（4）制备管状试件时，护套内的全部电缆元件，包括绝缘线芯、填充物和内护层均应除去。试件的处理见绝缘试件制备方法。

8.3.5.4　截面积的测量

每个护套试样的截面积测量方法同 8.3.4 节规定的绝缘试样的测量方法。但对管状试件有下列改动：

——绝缘材料截面尺寸计算方法中使用的护套厚度应按 8.3.3 节规定测得；

——外径应按以下步骤测得：

（1）软线和电缆的外径不超过 25 mm 时，用测微计、投影仪或类似的仪器在互相垂直的两个方向上分别测量；

注：例行试验允许用刻度千分尺或游标卡尺测量，测量时应尽量减小接触压力。

（2）软线和电缆的外径超过 25 mm 时，应用测量带测量其圆周长，然后计算直径。也可使用能直接读数的测量带测量；

（3）扁平软线和电缆应使用测微计、投影仪或类似的仪器沿着横截面的长轴和短轴进行测量。除非有关电缆产品标准中另有规定：尺寸为 25 mm 及以下者，读数应到小数点后两位（以 mm 计），尺寸为 25 mm 以上者，读数应到小数点后一位。

——密度应按绝缘材料密度、质量和长度方法计算，在同一护套的另一个试件上测量。该方法不适用于多层护套。

8.3.5.5　试验步骤

1）夹头之间的间距

拉力试验机的夹头可以是自紧式夹头，也可以是非自紧式夹头。夹头之间的总间距约为：

——如图 8-28 的小哑铃试件 34 mm；

——如图 8-27 的哑铃试件 50 mm；

——用自紧式夹头试验时，管状试件 50 mm；

——用非自紧式夹头试验时，管状试件 85 mm。

2）夹头移动速度

夹头移动速度应为（250±50）mm/min，但 PE 和 PP 绝缘除外。有疑问时，移动速度应为（25±5）mm/min。

PE 和 PP 绝缘或含有这些材料的绝缘，其移动速度应为（25±5）mm/min。但在进行例行试验时，允许移动速度为（250±50）mm/min 及以下。

3）测量

试验期间测量并记录最大拉力。同时在同一试件上测断裂时，测量两个标记线之间的距离。在夹头处拉断的任何试件的试验结果均应作废，在这种情况下，计算抗张强度和断裂伸长率至少需要 4 个有效数据，否则试验应重做。

8.3.5.6　试验结果

1）抗张强度

护套材料抗张强度 R_m 按式（8-20）计算：

$$R_{m} = \frac{F_{m}}{A} \tag{8-20}$$

式中：R_m——试件的抗张强度，N /mm²；

F_m——试件断裂时的拉力，N；

A——试件截面积，mm²。

2）断裂伸长率

护套材料断裂伸长率按式（8-21）计算：

$$e = \frac{L_{1} - L_{0}}{L_{0}} \times 100\% \tag{8-21}$$

式中：e——试件的断裂伸长率，%；

L_1——试件拉伸断裂时的长度，mm；

L_0——试件原始标记的长度，mm。

将获得抗张强度和断裂伸长率的应有个数的试验数据以递增或递减次序排列，当有效数据的个数为奇数时，则中间值为正中间一个数值；若有效数据的个数为偶数时，则中间值为中间两个数值的平均值。试验结果为中间值。

第 9 章　可再生能源应用系统

可再生能源建筑应用是指在建筑供热水、采暖、空调和供电等系统中，采用太阳能、地热能等可再生能源系统提供全部或部分建筑用能的应用形式。

9.1　太阳能热利用系统

太阳能热利用系统是指将太阳能转换成热能，进行供热、制冷等应用的系统，在建筑中主要包括太阳能供热水、采暖和空调系统。主要依据现行国家标准《可再生能源建筑应用工程评价标准》（GB/T 50801）进行检测，测试内容主要包括集热系统热量、集热系统效率、系统总能耗、制冷机组制冷量、制冷机组耗热量、贮热水箱热损因数、供热水温度、室内温度。

注：制冷机组制冷量、制冷机组耗热量仅适用于太阳能空调系统，供热水温度仅适用太阳能供热水系统，室内温度仅适用于太阳能采暖或太阳能空调系统。

1）检测抽样方法

当太阳能供热水系统的集热器结构类型、集热与供热水范围、系统运行方式、集热器内传热工质、辅助能源安装位置以及辅助能源启动方式相同，且集热器总面积、贮热水箱容积的偏差均在 10%以内时，应视为同一类型太阳能供热水系统。同一类型太阳能供热水系统被测试数量应为该类型系统总数量的 2%，且不得少于 1 套。

当太阳能采暖空调系统的集热器结构类型、集热系统运行方式、系统蓄热（冷）能力、制冷机组形式、末端采暖空调系统相同，且集热器总面积、所有制冷机组额定制冷量、所供暖建筑面积的偏差在 10%以内时，应视为同一种太阳能采暖空调系统。同一种太阳能采暖空调系统被测试数量应为该种系统总数量的 5%，且不得少于 1 套。

2）检测条件

太阳能热水系统长期测试的周期不应少于 120 d，且应连续完成，长期测试开始的时间应在每年春分（或秋分）前至少 60 d 开始，结束时间应在每年春分（或秋分）后至少 60 d 结束；太阳能采暖系统长期测试的周期应与采暖期同步；太阳能空调系统长期测试的周期应与空调期同步。长期测试周期内的平均负荷率不应小于 30%。

太阳能热利用系统短期测试的时间不应少于 4 d。短期测试期间的运行工况应尽量接近系统的设计工况，且应在连续运行的状态下完成。短期测试期间的系统平均负荷率不应小于 50%，短期测试期间室内温度的检测应在建筑物达到热稳定后进行。

短期测试期间的室外环境平均温度 t_a应符合下列规定：

（1）太阳能热水系统测试的室外环境平均温度 t_a 的允许范围应为年平均环境温度±10℃；

（2）太阳能采暖系统测试的室外环境的平均温度 t_a应大于等于采暖室外计算温度且小于等于 12℃；

（3）太阳能空调系统测试的室外环境平均温度 t_a应大于等于 25℃且小于等于夏季空气调节室外计算干球温度。

太阳辐照量短期测试不应少于 4 d，每一太阳辐照量区间可测试天数不应少于 1 d，太阳辐照量区间划分应符合下列规定：

（1）太阳辐照量小于 8 MJ/（m^2·d）；

（2）太阳辐照量大于等于 8 MJ/（m^2·d）且小于 12 MJ/（m^2·d）；

（3）太阳辐照量大于等于 12 MJ/（m^2·d）且小于 16 MJ/（m^2·d）；

（4）太阳辐照量大于等于 16 MJ/（m^2·d）。

短期测试的太阳辐照量实测值与上述规定的 4 个区间太阳辐照量平均值的偏差宜控制在±0.5 MJ/（m^2·d）以内，对于全年使用的太阳能热水系统，不同区间太阳辐照量的平均值可按相关标准确定。

对于因集热器安装角度、局部气象条件等原因导致太阳辐照量难以达到 16 MJ/m^2 的工程，可由检测机构、委托单位等有关各方根据实际情况对太阳辐照量的测试条件进行适当调整，但测试天数不得少于 4 d，测试期间的太阳辐照量应均匀分布。

3）设备仪器

太阳总辐照度应采用总辐射表测量，总辐射表应符合现行国家标准《总辐射表》（GB/T 19565）的要求。

测量空气温度时应确保温度传感器置于遮阳且通风的环境中，高于地面约 1 m，距离集热系统为 1.5～10.0 m，环境温度传感器的附近不应有烟囱、冷却塔或热气排风扇等热源。测量水温时应保证所测水流完全包围温度传感器。温度测量仪器以及与它们相关的读取仪表的准确度和精度不应大于表 9-1 的限值，响应时间应小于 5 s。

表 9-1　温度测量仪器的准确度和精度

参数	仪器准确度	仪器精度
环境空气温度	±0.5℃	±0.2℃
水温度	±0.2℃	±0.1℃

液体流量的测量准确度应为±1.0%。质量测量的准确度应为±1.0%。计时测量的准确度应为±0.2%。

模拟或数字记录仪的准确度应等于或优于满量程的±0.5%，其时间常数不应大于 1 s。信号的峰值指示应在满量程的 50%～100%。使用的数字技术和电子积分器的准确度应等于或优于测量值的±1.0%。记录仪的输入阻抗应大于传感器阻抗的 1 000 倍或 10 MΩ，且二者取其高值。仪器或仪表系统的最小分度不应超过规定精度的 2 倍。

长度测量的准确度应为±1.0%。

热量表的准确度应达到现行行业标准《热量表》（CJ 128）规定的 2 级。

9.1.1 供热水温度与室内温度检测

9.1.1.1 检测条件

长期测试的时间应符合前述测试条件要求。

短期测试时应从上午 8 时开始至次日 8 时结束。

应测试并记录系统的供热水温度 t_{ri} 与室内温度 t_{ni}，记录时间间隔不得大于 600 s，采样时间间隔不得大于 10 s。

9.1.1.2 供热水温度与室内温度计算

供热水温度应取测试结果的算术平均值 t_r，室内温度应取测试结果的算术平均值 t_n。

9.1.1.3 评价指标

太阳能供热水系统的供热水温度 t_r 应符合设计文件的规定，当设计文件无明确规定时，t_r 应大于等于 45℃且小于等于 60℃。

太阳能采暖或空调系统的室内温度 t_n 应符合设计文件的规定，当设计文件无明确规定时，t_n 应符合国家现行相关标准的规定。

9.1.2 集热系统热量检测

检测参数应包括集热系统进、出口温度，流量，环境温度和风速。

9.1.2.1 检测条件

长期测试的时间应符合前述测试条件要求。

短期测试时，每日测试的时间从上午 8 时开始至达到所需要的太阳辐射量为止。

采样时间间隔不得大于 10 s。

9.1.2.2 集热系统热量计算

太阳能集热系统的热量 Q_j 可以用热量表直接测量，也可通过分别测量温度、流量等参数后按式（9-1）计算。

$$Q_j = \sum_{i=1}^{n} m_{ji} \rho_w c_{pw} (t_{dji} - t_{bji}) \Delta T_{ji} \times 10^{-6} \tag{9-1}$$

式中：Q_j——太阳能集热系统热量，MJ；

n——总记录数；

m_{ji}——第 i 次记录的集热系统平均流量，m^3/s；

ρ_w——集热工质的密度，kg/m^3；

c_{pw}——集热工质的比热容，J/（kg·℃）；

t_{dji}——第 i 次记录的集热系统的出口温度，℃；

t_{bji}——第 i 次记录的集热系统的进口温度，℃；

ΔT_{ji}——第 i 次记录的时间间隔，s，ΔT_{ji} 不应大于 600 s。

9.1.3　集热系统总能耗

9.1.3.1　检测条件

长期测试的时间应符合前述测试条件要求。

每日测试持续的时间应从上午 8 时开始到次日 8 时结束。

对于热水系统，应测试系统的供热量或冷水、热水温度，供热水的流量等参数；对于采暖空调系统应测试系统的供热量或系统的供、回水温度和热水流量等参数，采样时间间隔不得大于 10 s。

9.1.3.2　集热系统总能耗计算

系统总能耗 Q_z 既可采用热量表直接测量，也可通过分别测量温度、流量等参数后按式（9-2）计算。

$$Q_z = \sum_{i=1}^{n} m_{zi} \times \rho_w \times c_{pw} \times (t_{dzi} - t_{bzi}) \times \Delta T_{zi} \times 10^{-6} \tag{9-2}$$

式中：Q_z——系统总能耗，MJ；

n——总记录数；

m_{zi}——第 i 次记录的系统总流量，m^3/s；

ρ_w——水的密度，kg/m^3；

c_{pw}——水的比热容，J/（kg・℃）；

t_{dzi}——对于太阳能热水系统，t_{dzi} 为第 i 次记录的热水温度，℃；对于太阳能采暖、空调系统，t_{dzi} 为第 i 次记录的供水温度，℃；

ΔT_{zi}——第 i 次记录的时间间隔，s，ΔT_{zi} 不应大于 600 s。

9.1.4　集热系统效率

检测参数应包括集热系统热量、太阳总辐照量和集热系统集热器总面积等。

9.1.4.1　检测条件

长期测试的时间应符合前述测试条件要求。

短期测试时，每日测试的时间从上午 8 时开始至达到所需的太阳辐射量为止。达到所需的太阳辐射量后，应采取停止集热系统循环泵等措施，确保系统不再获取太阳能热。

9.1.4.2　集热系统效率计算

短期测试单日或长期测试期间集热系统的效率应按式（9-3）确定。

$$\eta = \frac{Q_j}{A \times H} \times 100\% \tag{9-3}$$

式中：η——太阳能热利用系统的集热系统效率，%；

Q_j——太阳能热利用系统的集热系统热量，MJ；

A——集热系统的集热器总面积，m^2；

H——太阳总辐照量，MJ/m^2。

采用长期测试时，设计使用期内的集热系统效率应取长期测试期间的集热系统效率。对于短期测试，设计使用期内的集热系统效率应按式（9-4）计算。

$$\eta = \frac{x_1\eta_1 + x_2\eta_2 + x_3\eta_3 + x_4\eta_4}{x_1 + x_2 + x_3 + x_4} \tag{9-4}$$

式中：η——集热系统效率，%；

η_1、η_2、η_3、η_4——由前述的各太阳辐射量下的单日集热系统效率，%，根据式（9-3）得出；

x_1、x_2、x_3、x_4——由前述的各太阳辐照量在当地气象条件下按供热水、采暖或空调的时期统计得出的天数。没有气象数据时，对于全年使用的太阳能热水系统，x_1、x_2、x_3、x_4可按相关标准取值。

9.1.4.3　评价指标

太阳能热利用系统的集热系统效率应符合设计文件的规定，当设计文件无明确规定时，应符合表9-2的规定。

表9-2　太阳能热利用系统的集热效率（η）　　单位：%

太阳能热水系统	太阳能采暖系统	太阳能空调系统
$\eta \geqslant 42$	$\eta \geqslant 35$	$\eta \geqslant 30$

9.1.5　太阳能保证率

太阳能保证率是指太阳能供热水、采暖或空调系统中由太阳能供给的能量占系统总消耗能量的百分率。

9.1.5.1　太阳能保证率计算

短期测试单日或长期测试期间的太阳能保证率应按式（9-5）计算。

$$f = \frac{Q_j}{Q_z} \times 100\% \tag{9-5}$$

式中：f——太阳能保证率，%；

Q_j——太阳能集热系统热量，MJ；

Q_z——系统能耗，MJ。

采用长期测试时，设计使用期内的太阳能保证率应取长期测试期间的太阳能保证率。对于短期测试，设计使用期内的太阳能热利用系统的太阳能保证率应按式（9-6）计算。

$$f = \frac{x_1 f_1 + x_2 f_2 + x_3 f_3 + x_4 f_4}{x_1 + x_2 + x_3 + x_4} \tag{9-6}$$

式中：f ——太阳能保证率，%；

f_1、f_2、f_3、f_4——由前述的各太阳辐照量下的单日太阳能保证率，%，根据式（9-5）计算；

x_1、x_2、x_3、x_4——由前述的各太阳辐照量在当地气象条件下按供热水、采暖或空调的时期统计得出的天数。当没有气象数据时，对于全年使用的太阳能热水系统，x_1、x_2、x_3、x_4可按相关标准取值。

9.1.5.2　评价指标

太阳能热利用系统的太阳能保证率应符合设计文件的规定，当设计无明确规定时，应符合表 9-3 的规定。太阳能资源区划按年日照时数和水平面上年太阳辐照量进行划分，应符合相关标准的规定。

表 9-3　不同地区太阳能热利用系统的太阳能保证率（f）　单位：%

太阳能资源区划	太阳能热水系统	太阳能采暖系统	太阳能空调系统
资源极富区	$f \geqslant 60$	$f \geqslant 50$	$f \geqslant 40$
资源丰富区	$f \geqslant 50$	$f \geqslant 40$	$f \geqslant 30$
资源较富区	$f \geqslant 40$	$f \geqslant 30$	$f \geqslant 20$
资源一般区	$f \geqslant 30$	$f \geqslant 20$	$f \geqslant 10$

9.1.6　贮热水箱热损因数

9.1.6.1　检测条件

测试时间应从晚上 8 时开始至次日早上 6 时结束。测试开始时贮热水箱水温不得低于 50℃，与水箱所处环境温度差不应小于 20℃。测试期间应确保贮热水箱的水位处于正常水位，且无冷、热水出入水箱。

测试参数应包括贮热水箱内水的初始温度、结束温度、贮热水箱容水量、环境温度等。

9.1.6.2　贮热水箱热损因数计算

贮热水箱热损因数应根据式（9-7）计算得出。

$$U_{SL} = \frac{\rho_w c_{pw}}{\Delta\tau} \ln\left[\frac{t_i - t_{as(av)}}{t_f - t_{as(av)}}\right] \tag{9-7}$$

式中：U_{SL}——贮热水箱热损因数，W/（m³ • K）；

ρ_w——水的密度，kg/m³；

c_{pw}——水的比热容，J/（kg • ℃）；

$\Delta\tau$——降温时间，s；

t_i——开始时贮热水箱内水温度，℃；

t_f——结束时贮热水箱内水温度，℃；

$t_{as(av)}$——降温期间平均环境温度，℃。

9.1.6.3 评价指标

太阳能集热系统的贮热水箱热损因数 U_{sl} 不应大于 30 W/（m^3·K）。

9.1.7 太阳能制冷性能系数

9.1.7.1 检测条件

长期测试的时间应符合前述规定。

短期测试宜在制冷机组运行工况稳定后 1 h 开始测试，测试时间 ΔT_t 应从上午 8 时开始至次日 8 时结束。

测试制冷量时，应测试系统的制冷量或冷冻水供回水温度和流量等参数；测试制热量时，应测试系统供给制冷机组的供热量或热源水的供回水温度和流量等参数。采样时间间隔不得大于 10 s，记录时间间隔不得大于 600 s。

9.1.7.2 制冷性能系数计算

制冷量 Q_l 既可以用热量表直接测量，也可通过分别测量温度、流量等参数后按式（9-8）计算。

$$Q_l=\frac{\sum_{i=1}^{n}m_{li}\times\rho_w\times c_{pw}\times(t_{dli}-t_{bli})\times\Delta T_{li}\times10^{-3}}{\Delta T_t} \tag{9-8}$$

式中：Q_l——制冷量，kW；

n——总记录数；

m_{li}——第 i 次记录系统总流量，m^3/s；

ρ_w——水的密度，kg/m^3；

c_{pw}——水的比热容，J/（kg·℃）；

t_{dli}——第 i 次记录的冷冻水回水温度，℃；

t_{bli}——第 i 次记录的冷冻水供水温度，℃；

ΔT_{li}——第 i 次记录的时间间隔，s，ΔT_{li} 不应大于 600 s；

ΔT_t——测试时间，s。

制冷机组耗热量 Q_r 既可以用热量表直接测量，也可通过分别测量温度、流量等参数后按式（9-9）计算。

$$Q_r=\frac{\sum_{i=1}^{n}m_{ri}\times\rho_w\times c_{pw}\times(t_{dri}-t_{bri})\times\Delta T_{ri}\times10^{-3}}{\Delta T_t} \tag{9-9}$$

式中：Q_r——制冷机组耗热量，kW；

n——总记录数；

m_{ri}——第 i 次记录的系统总流量，m^3/s；

ρ_w——水的密度，kg/m^3；

c_{pw}——水的比热容，J/（kg・℃）；

t_{dri}——第 i 次记录的热源水供水温度，℃；

t_{bri}——第 i 次记录的热源水回水温度，℃；

ΔT_{ri}——第 i 次记录的时间间隔，s，ΔT_{ri} 不应大于 600 s；

ΔT_t——测试时间，s。

太阳能制冷性能系数的 COP_r 应根据式（9-10）计算得出。

$$COP_r = \eta \times (Q_l / Q_r) \tag{9-10}$$

式中：COP_r——太阳能制冷性能系数；

η——太阳能热利用系统的集热系统效率；

Q_l——制冷机组制冷量，kW；

Q_r——制冷机组耗热量，kW。

9.1.7.3　评价指标

太阳能空调系统的太阳能制冷性能系数应符合设计文件的规定，当设计文件无明确规定时，应在评价报告中给出。

9.1.8　常规能源替代量和费效比

9.1.8.1　常规能源替代量和费效比计算

太阳能热利用系统的常规能源替代量 Q_{tr} 应按式（9-11）计算。

$$Q_{tr} = \frac{Q_{nj}}{q\eta_t} \tag{9-11}$$

式中：Q_{tr}——太阳能热利用系统的常规能源替代量，kgce；

Q_{nj}——全年太阳能集热系统的热量，MJ；

q——标准煤热值，MJ/kgce，取 $q = 29.307$ MJ/kgce；

η_t——以传统能源为热源时的运行效率，按项目立项文件选取，当无文件明确规定时，根据项目适用的常规能源，应按表 9-4 确定。

表 9-4　以传统能源为热源时的运行效率（η_t）

常规能源系统	热水系统	采暖系统	热力制冷空调系统
电	0.31[①]	—	—
煤	—	0.70	0.70
天然气	0.84	0.80	0.80

注：① 综合考虑火电系统的煤的发电效率和电热水器的加热效率。

系统费效比是指可再生能源系统的增量投资与系统在正常使用寿命期内的总节能量的比值，表示利用可再生能源节省每千瓦·时常规能源的投资成本。

太阳能热利用系统的费效比（CBR_r）应按式（9-12）计算。

$$CBR_r = \frac{3.6 \times C_{zr}}{Q_{tr} \times q \times N} \tag{9-12}$$

式中：CBR_r——太阳能热利用系统的费效比，元/（kW·h）；

C_{zr}——太阳能热利用系统的增量成本，元，增量成本依据项目单位提供的项目决算书进行核算，项目决算书中应对可再生能源的增量成本有明确的计算和说明；

Q_{tr}——太阳能热利用系统的常规能源替代量，kgce；

q——标准煤热值，MJ/（kg 标准煤），取 q＝29.307 MJ/kgce；

N——系统寿命期，根据项目立项文件等资料确定，当无明确规定，N 取 15 年。

9.1.8.2　评价指标

太阳能热利用系统的常规能源替代量和费效比应符合项目立项可行性报告等相关文件的规定，当无文件明确规定时，应在评价报告中给出。

9.1.9　静态投资回收期

9.1.9.1　静态投资回收期计算

太阳能热利用系统的年节约费用 C_{sr} 应按式（9-13）计算。

$$C_{sr} = P \times \frac{Q_{tr} \times q}{3.6} - M_r \tag{9-13}$$

式中：C_{sr}——太阳能热利用系统的年节约费用，元；

Q_{tr}——太阳能热利用系统的常规能源替代量，kgce；

q——标准煤热值，MJ/（kg 标准煤），取 q＝29.307 MJ/kgce；

P——常规能源的价格，元/（kW·h），常规能源的价格 P 应根据项目立项文件所对比的常规能源类型进行比较，当无明确规定时，由测评单位和项目建设单位根据当地实际用能状况确定常规能源类型选取；

M_r——太阳能热利用系统每年运行维护增加的费用，元，由建设单位委托有关部门测算得出。

太阳能热利用系统的静态投资回收年限 N 应按式（9-14）计算。

$$N_h = \frac{C_{zr}}{C_{sr}} \tag{9-14}$$

式中：N_h——太阳能热利用系统的静态投资回收年限；

C_{zr}——太阳能热利用系统的增量成本，元，增量成本依据项目单位提供的项目决算书进行核算，项目决算书中应对可再生能源的增量成本有明确的计算和说明；

C_{sr}——太阳能热利用系统的年节约费用，元。

9.1.9.2 评价指标

太阳能热利用系统的静态投资回收期应符合项目立项可行性报告等相关文件的规定。当无文件明确规定时，太阳能供热水系统的静态投资回收期不应大于 5 年，太阳能采暖系统的静态投资回收期不应大于 10 年，太阳能空调系统的静态投资回收期应在评价报告中给出。

9.1.10 判定和分级

太阳能热利用系统的单项评价指标应全部符合前述指标规定，方可判定为性能合格；有 1 个单项评价指标不符合规定，则判定为性能不合格。

太阳能热利用系统应采用太阳能保证率和集热系统效率进行性能分级评价。若系统太阳能保证率和集热系统效率的设计值不小于本书表 9-2、表 9-3 的规定，且太阳能热利用系统性能判定为合格后，可进行性能分级评价。

太阳能热利用系统的太阳能保证率应分为 3 级，1 级最高。太阳能保证率按表 9-5、表 9-6、表 9-7 的规定进行划分。

表 9-5　不同地区太阳能热水系统的太阳能保证率（f）级别划分　　单位：%

太阳能资源区划	太阳能热水系统	太阳能采暖系统	太阳能空调系统
资源极富区	$f≥80$	$80>f≥70$	$70>f≥60$
资源丰富区	$f≥70$	$70>f≥60$	$60>f≥50$
资源较富区	$f≥60$	$60>f≥50$	$50>f≥40$
资源一般区	$f≥50$	$50>f≥40$	$40>f≥30$

注：太阳能资源区划应按年日照时数和水平面上年太阳辐照量进行划分，划分应符合相关标准的规定。

表 9-6　不同地区太阳能采暖系统的太阳能保证率（f）级别划分　　单位：%

太阳能资源区划	太阳能热水系统	太阳能采暖系统	太阳能空调系统
资源极富区	$f≥70$	$70>f≥60$	$60>f≥50$
资源丰富区	$f≥60$	$60>f≥50$	$50>f≥40$
资源较富区	$f≥50$	$50>f≥40$	$40>f≥30$
资源一般区	$f≥40$	$40>f≥30$	$30>f≥20$

注：太阳能资源区划应按年日照时数和水平面上年太阳辐照量进行划分，划分应符合相关标准的规定。

表 9-7　不同地区太阳能空调系统的太阳能保证率（f）级别划分　　单位：%

太阳能资源区划	太阳能热水系统	太阳能采暖系统	太阳能空调系统
资源极富区	$f≥60$	$60>f≥50$	$50>f≥40$
资源丰富区	$f≥50$	$50>f≥40$	$40>f≥30$
资源较富区	$f≥40$	$40>f≥30$	$30>f≥20$
资源一般区	$f≥30$	$30>f≥20$	$20>f≥10$

注：太阳能资源区划应按年日照时数和水平面上年太阳辐照量进行划分，划分应符合相关标准的规定。

太阳能热利用系统的集热系统效率成分为 3 级，1 级最高。太阳能集热系统效率的级别应按表 9-8 划分。

表 9-8 太阳能热利用系统的集热效率（η）级别划分 单位：%

级别	太阳能热水系统	太阳能采暖系统	太阳能空调系统
1 级	$\eta \geqslant 65$	$\eta \geqslant 60$	$\eta \geqslant 55$
2 级	$65 > \eta \geqslant 50$	$60 > \eta \geqslant 45$	$55 > \eta \geqslant 40$
3 级	$50 > \eta \geqslant 42$	$45 > \eta \geqslant 35$	$40 > \eta \geqslant 30$

太阳能热利用系统的性能分级评价应符合下列规定：

① 太阳能保证率和集热系统效率级别相同时，性能级别应与此级别相同；

② 太阳能保证率和集热系统效率级别不同时，性能级别应与其中较低级别相同。

9.2 太阳能集热器

太阳能集热器是太阳能热利用系统中，接收太阳辐射并向其传热工质传递热量的非聚光型部件。主要依据现行国家标准《太阳能集热器热性能试验方法》（GB/T 4271）进行检测，测试内容主要包括耐压、标准滞止温度、空晒、外热冲击、内热冲击、淋雨、耐冻、机械荷载、耐撞击、热性能等。

1）测试方法

利用放气阀排空流道内的空气，在常温下向流道内充满试验工质并加压至试验压力。当集热器流道内的压力达到试验压力后断开流道与压力源的连接。

试验期间，观测并记录流道内的压力。

2）测试条件

压力试验应在环境温度（20±15）℃范围内避光进行；

试验压力应为生产企业明示的集热器最大工作压力的 1.5 倍；

试验压力应保持至少 15 min。

3）设备仪器

试验装置由压力源、安全阀、放气阀和压力表组成。对于承压式集热器应使用准确度不低于 1.6 级的压力表，非承压式集热器应使用准确度不低于 0.4 级的压力表。

9.2.1 安全性能

9.2.1.1 耐压

1）测试方法

利用放气阀排空流道内的空气，在常温下向流道内充满试验工质并加压至试验压力。当集热器流道内的压力达到试验压力后断开流道与压力源的连接。

试验期间，观测并记录流道内的压力。

2）测试条件

压力试验应在环境温度（20±15）℃范围内避光进行；

试验压力应为生产企业明示的集热器最大工作压力的 1.5 倍；

试验压力应保持至少 15 min。

3）设备仪器

试验装置由压力源、安全阀、放气阀和压力表组成。对于承压式集热器应使用准确度不低于 1.6 级的压力表，对于非承压式集热器应使用准确度不低于 0.4 级的压力表。

9.2.1.2　标准滞止温度

1）测试准备

集热器应安装在室外或太阳模拟器下，液体加热集热器不应充注工质，除一个管道接口外，其他管道都应密封。背部没有保温的集热器应安装在深色非金属表面（α＞80%）上。

温度传感器应避免太阳辐射，与吸热体贴附，牢靠固定在吸热体温度最高处。若集热器有测温管，应将温度传感器安装在测温管内并涂抹导热凝胶。对于不同类型的集热器，温度传感器应按以下方法安装：

（1）对于平板型集热器，传感器应置于吸热体 2/3 高度和接近 1/2 宽度处；

（2）对于真空管型集热器，传感器应置于吸热体 2/3 高度和接近 1/2 宽度处，也可采用测量单支真空集热管滞止温度模拟整个集热器的方法，集热管顶部采用的保温材料和厚度应与集热器相同；

（3）对于热管式真空管型集热器，传感器应置于热管的冷凝端。

2）测试方法

（1）测量法。

集热器应在滞止状态试验准备完成后进行，传感器的安装位置应记录在检验报告中。

将集热器在环境风速小于 1 m/s 的稳定试验条件下暴晒至少 1.5 h，稳定试验条件下 G_m 保持在（1 000±100）W/m^2、t_{am} 保持在（30±10）℃。

当（t_m–t_{um}）/G_m 在测量周期内变化不大于 0.01（C • m^2）/W 时，集热器达到稳态滞止状态，标准滞止温度 t_{stg} 按式（9-15）计算。

$$t_{stg} = t_{as} + \frac{(t_{sm} - t_{am})G_s}{G_m} \tag{9-15}$$

检验报告中集热器的标准滞止温度为测量周期 1 h 内，最大时间间隔为 1 min 的标准滞止温度的平均值。

（2）计算法。

标准滞止温度 t_{stg} 也可通过集热器效率参数计算获得，按式（9-16）计算。

$$t_{stg} = 1.2\left(t_{as} + \frac{-a_1 + \sqrt{a_1^2 + 4\eta_0 a_2 G_s}}{2a_2}\right) \tag{9-16}$$

系数“1.2”是由于热性能试验中 2～4 m/s 的风速条件大于滞止状态风速 1 m/s 而引入的补偿系数。试验结果中标准滞止温度以 10℃为分度向上取整。

9.2.1.3　空晒

1）测试条件

集热器应按要求安装在室外，并在 30°～60°的安全倾角范围内放置至少 15 d。如果制造商注明的安装倾角不在此角度范围内，空晒安装倾角应尽量接近此角度范围。对于立面安装的集热器，应至少有 50%的空晒在垂直角度下完成。应至少每周进行一次集热器的外观检查，将损坏记录与试验结果记入检验报告。

2）测试方法

室外：试验记录的环境空气温度的标准不确定度应为 1℃，记录集热器表面总辐照度所使用的辐射表应达到 GB/T 19565 规定的一级要求。太阳辐照度和平均环境温度至少每 5 min 记录 1 次。

集热器应空晒至最小辐照量 H 达到规定要求。如果试验初始化期间记录的环境空气温度和总辐照度满足要求，则数据可以记入空晒试验中。

集热器应在辐照度和环境空气温度大于表 9-9 规定值的条件下累计空晒至少 16 h。集热器在标准滞止温度试验下的试验结果可以记入本试验。计入累计空晒时间的时间段应至少达到 30 min。

表 9-9　空晒试验气象条件

气象条件	气象等级数值			
	A+级	A 级	B 级	C 级自定义
空晒 16 h 的集热器平面总辐照度 G_{hem} 最小值及环境温度 T_a 最小值 [a]	1 100 W/m² 40℃	1 000 W/m² 20℃	900 W/m² 15℃	$G_{hem,x}$ $t_{a,x}$
至少 30 d 暴晒的集热器平面累计太阳辐照量 H	700 MJ/m²	600 MJ/m²	540 MJ/m²	H_x
至少 15 d 空晒的集热器平面累计太阳辐照量 H	350 MJ/m²	300 MJ/m²	270 MJ/m²	$H_x/2$

注：[a] 对于热冲击试验，t_a 可认为是 1 h 的环境温度平均值。

每天目视检查集热器并记录其外观变化。

室内：试验初始化后，按要求将集热器安装在温度可控的室内太阳模拟器环境下。调整室内太阳模拟器使集热器表面 6 个均匀分布点的平均辐照度大于所选气象等级的辐照条件，且集热器采光面上的太阳辐照度变化不应大于 20%。环境温度应大于所选气象等级的温度条件。持续试验直到达到所选气象等级条件的要求。

每天目视检查集热器并记录其外观变化。

9.2.1.4　外热冲击

1）测试设备和方法

集热器应在 9.2.1.2 节 2）（1）中规定的滞止状态下运行。喷水装置应放在集热器前，水流应喷洒均匀。集热器应进行两次外热冲击试验。

2）测试条件

集热器应在选定的表 9-9 所述气象条件下空晒，或在能够达到 9.2.1.2 节 2）（1）中规定的集热器标准滞止温度条件下空晒 1 h，然后用水喷淋至少 5 min。喷水温度应在 10～25℃，每平方米集热器总面积的喷淋量应大于 0.03 kg/s。

9.2.1.5　内热冲击

1）测试设备和方法

集热器应安装在室外或室内太阳模拟器下。集热器不应充注工质。除预留一个流道出口用于吸热体内的空气自由膨胀外，其余流道均应密封。将一个密封流道通过截止阀与传热工质源连接。集热器应进行两次内热冲击试验。

注：本试验不适用于全玻璃真空管型集热器。

2）测试条件

集热器应在选定的表 9-9 所述气象条件下空晒，或在能够达到 9.2.1.2 节 2）（1）中规定的集热器标准滞止温度条件下空晒 1 h，然后通入低温传热工质，确保集热器完全充满工质至少 5 min，传热工质的温度应低于 25℃，工质流量应按热性能试验的最大流量。

9.2.1.6　淋雨

1）测试设备和方法

集热器应按生产企业明示的最小倾角安装在开放式框架上，如果没有明示，则安装倾角为 30°。集热器和喷嘴的放置如图 9-1 所示。

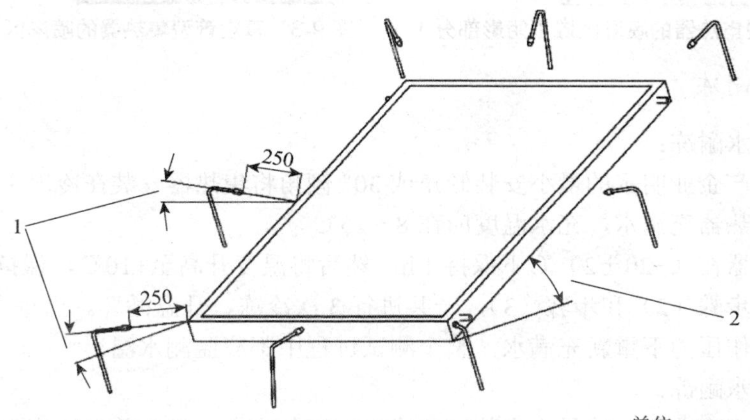

单位：mm

1—喷嘴与集热器表面角度为 30°；2—生产企业推荐的最小水平倾角。

图 9-1　淋雨测试集热器和喷嘴位置

2）测试条件

试验期间，集热器应保持避光（集热器采光面上总辐照度低于 200 W/m^2），并应使用（55±5）℃的工质在流道内循环以保持集热器温热。

应在喷淋后 72 h 内检查集热器的渗水情况，再进行耐撞击和机械荷载测试。集热器的存放方式不应影响试验结果，并应避免不必要的搬运。

试验使用的喷嘴应符合下列规定：

（1）完整的锥形喷洒；

（2）每个喷嘴的质量流量为（2±0.5）kg/min。

喷头的位置应符合下列要求：

（1）如图 9-2 和图 9-3 所示的阴影区域，至少确保集热器的每个拐角和每个面都能被直接喷淋；

（2）至少确保平板型集热器（带中间压条的）如图 9-2 所示的阴影区域都能被直接喷淋；

（3）至少确保真空管型集热器如图 9-3 所示的阴影区域都能被直接喷淋；

（4）喷嘴与集热器平面的夹角为 30° ±5° ；

（5）喷头与集热器的距离为（250±50）mm；

（6）两个喷嘴的最大间距为 150 cm。

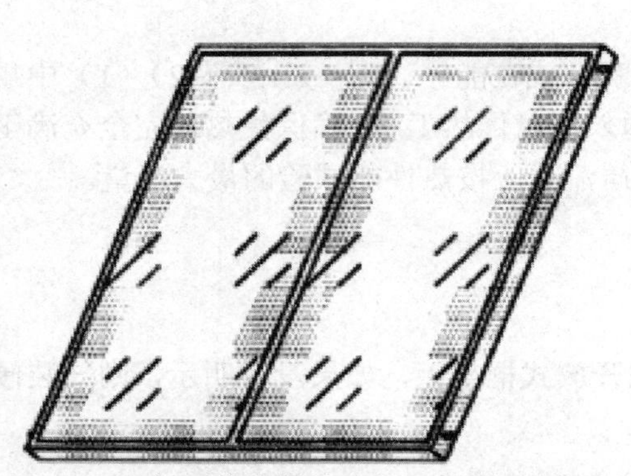

图 9-2　平板型集热器的喷淋区域（阴影部分）

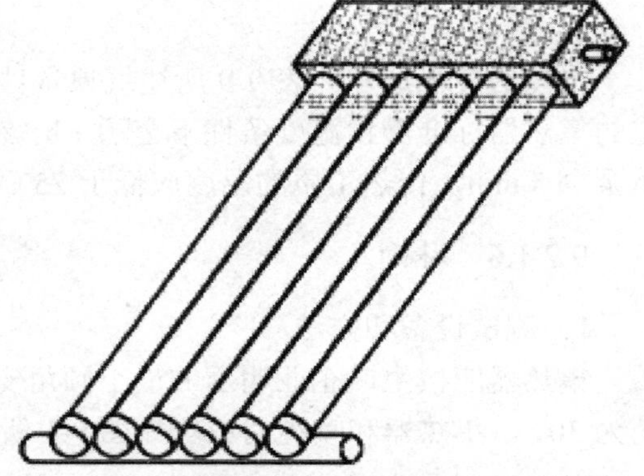

图 9-3　真空管型集热器的喷淋区域（阴影部分）

9.2.1.7　耐冻

集热器充水耐冻：

（1）按生产企业明示的最小安装倾角或 30° 倾角将集热器安装在冷库中。

（2）将集热器充满水，充水温度应在 8～25℃。

（3）集热器在（−20±2）℃下保持 1 h，然后将温度升高至+10℃，保持 1 h。

（4）重复步骤（2）和步骤（3），一共进行 3 次冷冻、升温循环。当每次循环结束时，集热器应在工作压力下重新充满水，整个测试过程中都应监测水温。

集热器排水耐冻：

（1）按生产企业明示的最小安装倾角或 30° 倾角将集热器安装在冷库中。

（2）集热器充水 10 min，然后用厂商安装的设备排水 5 min，在集热器管道的最低点安装温度传感器，以监测留水的温度。充水温度应在 8～25℃。

（3）集热器在（−20±2）℃下保持 1 h，然后将温度升高至 10℃，保持 1 h。

（4）重复步骤（2）和步骤（3），一共进行 3 次冷冻、升温循环。

9.2.1.8　机械荷载

1）测试设备和方法

下列方法可用于对集热器施加均匀分布的正面压力荷载和背面压力荷载。

（1）箔纸和碎石、沙子或水：在水平放置的集热器表面覆盖一层柔性箔纸，在集热器上放置一个高度足以容纳试验所需碎石、沙子或水的围挡框架。碎石、沙子或水应均匀地分布在框架内直到达到试验所需的高度。

（2）吸盘：将机械驱动的吸盘均匀布置在集热器表面。吸盘不应阻碍集热器盖板受机械荷载作用导致的移动。

（3）空气压力：将集热器安装在试验台架上，以便试验装置从集热器正面或背面施加压力。例如，使用气垫或其他方法。

根据集热器类型的不同也可选择其他适宜的方法，但试验装置提供的压力应能均匀分布在整个集热器总面积上，试验方法应在检验报告中说明。

2）测试条件

试验压力的最大步长不应大于 500 Pa。试验压力应按集热器总面积进行计算。每增加 1 个步长的试验压力应至少保持 5 min。每次施加荷载后应全部释放压力再施加下一次荷载。

9.2.1.9　耐撞击

1）测试设备和方法

采用钢球撞击试验的方法。集热器应水平安装在支架上。钢球应采用模拟冰雹冲击的方式垂直下落撞击。撞击点的高度应按释放点至撞击点所在平面的垂直距离计算。盖板玻璃或者真空管破裂试验结束。

使用冰球进行耐撞击试验，应符合以下要求：

（1）将冰球放入−4℃的容器中，至少 1 h 后再使用；

（2）室温下在钢架上安装集热器；

（3）从容器中取出冰球到撞击集热器，时间应小于 60 s；

（4）按要求撞击集热器表面，记录集热器的损坏情况。

2）测试条件

耐撞击可采用钢球撞击试验方法或冰球撞击试验方法进行。试验所用钢球的公称直径为 33 mm[质量为（150±10）g]，撞击高度分别为 0.45 m、0.5 m、0.6 m、0.8 m、1.0 m、1.2 m、1.4 m、1.6 m、1.8 m、2.0 m。

本试验由多组撞击测试组成，每组测试包含 4 个相同冲击强度的撞击。撞击过程应逐步增加强度，对于第一组撞击，应该使用厂商指定的钢球最小落差或厂商指定的最小冰球直径。

9.2.2　热性能

集热器的热性能试验既可以在室外进行，也可以在室内使用太阳模拟器进行，应至少包括以下 3 组计算集热器的热量所必需的参数：

（1）在不同工况条件下的集热器效率和功率；

（2）集热器有效热容和时间常数；

（3）集热器入射角修正系数。

光伏光热复合型集热器热性能试验应在热和电同时稳定输出且发电量最大的条件下进行。

用于测试热性能的集热器总面积应不小于 1 m^2。如果单个集热器面积小于 1 m^2，应将集热器连接在一起，确保用于热性能测试的集热器总面积不小于 1 m^2。

1）测试设备安装

集热器的热性能受直接辐射和散射辐射的影响，因此，用于性能试验的太阳模拟器发出的光线应近似垂直入射集热器表面，应在集热器总面积范围内测量辐照度的平均值。

集热器应按生产企业指定的方式安装。除非另有说明，否则采用开放式安装结构，允许空气在集热器的前、后和两侧自由流动（图 9-4）。

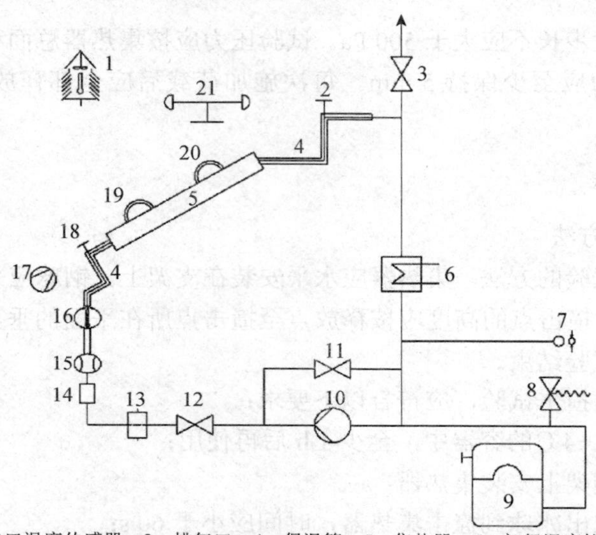

1—环境温度传感器；2—出口温度传感器；3—排气口；4—保温管；5—集热器；6—初级温度控制加热器/冷却器；7—压力表；8—安全阀；9—膨胀罐；10—泵；11—旁通阀；12—流量控制阀；13—过滤器（200 μm）；14—玻璃观察管；15—流量计；16—二级温度调节器；17—人工风机；18—进口温度传感器；19—总辐射表；20—长波辐射表；21—风速计。

图 9-4　试验系统原理

集热器离地面距离应不小于 0.5 m。不应有热气流在集热器表面流通，如沿建筑物墙壁上升的热气流。在建筑物屋顶测试集热器时，集热器应距离屋顶边缘至少 2 m。同时应保证：

（1）试验台的位置应确保集热器和辐照表在试验期间不被遮挡。

（2）集热器安装视野范围内不应有明显障碍物，且不应有面积广阔的玻璃、金属或水。应减少集热器背面的反射辐射，尤其是真空管型集热器。大部分粗糙表面，如草地、风化的混凝土表面或碎屑等低反射率表面，能够满足试验的要求。

（3）太阳模拟器的光线近似于直接辐射，可以通过将实验室内表面涂深色低反射率涂料来实现反射辐射的最小化。

（4）性能试验中安装集热器时，应保证集热器背面的机构对光线无反射和吸收，如采用支撑板，则应使用反射率不超过 20%的透明板。

（5）集热器的室外试验场周围不应有烟囱、冷却塔或散热热源。在室内太阳模拟器下试验时，集热器应屏蔽散热器、空调管道和机械装置等发热表面，以及窗户和外墙等冷表面。

（6）集热器应放置于空气可在其采光面、背面和侧面自由流通的位置。平行于集热器上表面且距离大于 50 mm 处的空气速度应满足平行于集热器平面的空气速度，平均值应为（3±1）m/s。且应符合表 9-10 的误差要求。如果自然条件下无法实现风速要求，则应使用人工风机。

表 9-10　试验周期内的测量参数偏差限值

参数	与平均值的允许偏差
总辐照度	±50 W/m^2
环境温度	±1.5℃
工质质量流量	±1%
集热器进口工质温度	±0.1℃
集热器出口工质温度	±0.4℃
环境空气速度	与设定值偏差±1.0 m/s

2）测试条件

（1）流量：每个试验工况的工质流量都应保持稳定，稳态试验条件应满足表 9-10 的要求。不同试验工况间的流量偏差不应超过±5%。

液体加热集热器的流量应按 0.02 kg/（s·m^2）设定。如果该流量不在生产企业指定的流量范围内，则应选择生产企业指定范围内的合理流量。

槽式等跟踪聚焦集热器应选择厂商指定范围内的合理流量。

（2）辐照度：集热器平面内太阳直接辐射的入射角应该在入射角修正系数变化不超过法向入射值±2%之内。集热器试验过程中散射辐照度应始终小于总辐照度的 30%。

试验期间，集热器平面上的总辐照度应始终大于 700 W/m^2。

（3）平行于集热器平面的空气速度：对于带玻璃盖板的集热器，考虑试验期间集热器上方空间和时间的变化，平行于集热器表面的空气速度平均值应为（3±1）m/s。

3）测试过程

集热器试验应在生产企业指定的工作温度范围内进行。进口温度应始终保持在露点温度以上以避免吸热体冷凝结露。

应符合以下要求：

（1）选择一个进口温度使集热器进、出口平均温度与周围环境空气温度偏差在±3℃以内；

（2）当 $t_i \leqslant 100$℃时，各相邻测试工况之间的进口温度之差宜大于 20℃；

（3）当 $t_i > 100$℃时，各相邻测试工况之间的进口温度之差宜大于 30℃。

试验期间应按规定进行参数测量。

同时，试验至少应包含 4 组数据，各组数据的工质进口温度应均匀分布在集热器指定工作温度范围内。

每个工质进口温度应至少记录 4 个独立的数据点。用室内太阳模拟器试验时，每个工质进口温度应至少记录 2 个独立的数据点。

试验周期内所有试验参数与平均值的偏差均满足相关规定，如果已知时间常数，则每组数据的试验周期应至少是集热器时间常数的 4 倍。如果时间常数未知，液体加热集热器每组数据的试验周期不应小于 16 min。

9.3 太阳能光利用系统

利用光伏半导体材料的光伏效应而将太阳能转化为直流电能的设施。

9.3.1 太阳能光伏组件

9.3.1.1 检测设备

1）组件最大功率测试设备

（1）太阳模拟器：符合 IEC 60904-9 中规定的 3A 级要求；

（2）标准光伏器件：符合 IEC 60904-2 的要求；

（3）支架：使测试样品与标准器件处在与入射光线垂直的同一平面；

（4）组件功率测试设备：符合 IEC 60904-9 的要求。

2）组件面积测试设备

（1）组件总面积测量设备：可采用常规量具，精度优于 1 mm。对于面积较小的组件，建议选用光学测量设备，如影像测量仪，精度优于 0.01 mm²；

（2）组件有效面积测量设备：建议采用影像测量仪，精度优于 0.01 mm²。

9.3.1.2 检测方法

1）组件最大功率测定

测试前需要进行预处理组件，按照 IEC60904-1 的规定，用符合 IEC60904-9 要求的 AAA 级模拟器，符合 IEC60904-2 的标准光伏器件，测试组件在特定辐照度 G 和温度条件下（推荐范围：温度 15～75℃，辐照度 100～1 100 W/m²）的最大功率 P_m。

2）组件有效面积测定

用组件面积测量设备测定组件有效面积 S。

对于一块组件中采用相同规格太阳电池，且该组件中的太阳电池的数量不超过 100 片的，可以随机测试 3 块太阳电池的面积，计算出平均值后，乘上封装在组件内的太阳电池数，即为该规格太阳电池的总面积，各规格太阳电池总面积相加后即为该组件的有效面积。对于一个组件中的太阳电池的数量大于 100 片的，则以总量乘以 3%取整作为抽取的太阳电池数量。

9.3.1.3　检测参数计算

1）组件效率计算

在特定测试条件下，按照式（9-17）计算。

$$\eta_t = \frac{P_m}{G \times S_t} \times 100\% \tag{9-17}$$

式中：η_t——组件效率，%；

P_m——组件最大功率，W；

S_t——组件总面积，m^2；

G——组件上表面入射光的辐照度，W/m^2。

2）组件实际效率计算

在特定测试条件下，按照式（9-18）计算。

$$\eta_a = \frac{P_m}{G \times S_n} \times 100\% \tag{9-18}$$

式中：η_a——组件实际效率，%；

P_m——组件最大功率，W；

S_n——组件有效面积，m^2；

G——组件上表面入射光的辐照度，W/m^2。

9.3.2　太阳能光伏系统

太阳能光伏发电系统（photovoltaic power system）是一种利用特殊半导体材料的光生伏特效应，能将太阳光辐射直接转换为电能的一种清洁新型发电系统。

9.3.2.1　评价指标

太阳能光伏系统的光电转换效率应符合现行国家标准《可再生能源建筑应用工程评价标准》（GB/T 50801）和《建筑光伏系统应用技术》（GB/T 51368）的规定，当设计文件无明确规定时应符合表 9-11 的规定。

表 9-11　不同类型太阳能光伏系统的光电转换效率（η_d）　　单位：%

晶体硅电池	薄膜电池
$\eta_d \geqslant 8$	$\eta_d \geqslant 4$

太阳能光伏系统的费效比应符合项目立项可行性报告等相关文件的要求。当无文件明确规定时，应小于项目所在地当年商业用电价格的 3 倍。

太阳能光伏系统的年发电量、常规能源替代量、二氧化碳减排量、二氧化硫减排量及粉尘减排量应符合项目立项可行性报告等相关文件的规定，当无文件明确规定时，应在测试评价报告中给出。

9.3.2.2　检测方法

太阳能光伏系统应测试系统的光电转换效率。

当太阳能光伏系统的太阳能电池组件类型、系统与公共电网的关系相同，且系统装机容量偏差在10%以内时，应视为同一类型太阳能光伏系统。同一类型太阳能光伏系统被测试数量应为该类型系统总数量的5%，且不得少于1套。

太阳能光伏系统的测试条件应符合下列规定：

（1）在测试前，应确保系统在正常负载条件下连续运行3 d，测试期内的负载变化规律应与设计文件一致。

（2）长期测试的周期不应少于120 d，且应连续完成，长期测试开始的时间应在每年春分（或秋分）前至少60 d开始，结束时间应在每年春分（或秋分）后至少60 d结束。

（3）短期测试需重复进行3次，每次短期测试时间应为当地太阳正午时前1 h到太阳正午时后1 h，共计2 h。

（4）短期测试期间，室外环境平均温度的允许范围应为年平均环境温度±10℃。

（5）短期测试期间，环境空气的平均流动速率不应大于4 m/s。

（6）短期测试期间，太阳总辐照度不应小于700 W/m^2，太阳总辐照度的不稳定度不应大于±50 W。

9.3.2.3　检测仪器

光电转换效率的测试应符合下列规定：

（1）应测试系统每日的发电量、光伏电池表面上的总太阳辐照量、光伏电池板的面积、光伏电池背板表面温度、环境温度和风速等参数，采样时间间隔不得大于10 s。

（2）对于独立太阳能光伏系统，电功率表应接在蓄电池组的输入端，对于并网太阳能光伏系统，电功率表应接在逆变器的输出端。

（3）测试开始前，应切断所有外接辅助电源，安装调试好太阳辐射表、电功率表/温度自记仪和风速计，并测量太阳能电池方阵面积。

（4）测试期间数据记录时间间隔不应大于600 s，采样时间间隔不应大于10 s。

（5）太阳能光伏系统光电转换效率应按式（9-19）计算。

$$\eta_d = \frac{3.6\times\sum_{i=1}^{n} E_i}{\sum_{i=1}^{n} H_i A_{ci}} \times 100 \tag{9-19}$$

式中：η_d——太阳能光伏系统光电转换效率，%；

n——不同朝向和倾角采光平面上的太阳能电池方阵个数；

H_i——第i个朝向和倾角采光平面上单位面积的太阳辐射量，MJ/m^2；

A_{ci}——第i个朝向和倾角平面上的太阳能电池采光面积，m^2，在测量太阳能光伏系统电池面积时，应扣除电池的间隙距离，将电池的有效面积逐个累加，得到总有效采光面积；

E_i——第i个朝向和倾角采光平面上太阳能光伏系统的发电量，kW·h。

9.3.2.4　评价方法

太阳能光伏系统的光电转换效率应按本标准第4.7.2.3节中的测试结果进行评价。

年发电量的评价应符合下列规定：

长期测试的年发电量应按式（9-20）计算。

$$E_n = \frac{365 \times \sum_{i=1}^{n} \mathrm{E}_{di}}{N} \tag{9-20}$$

式中：E_n——太阳能光伏系统年发电量，kW·h；

E_{di}——长期测试期间第 i 日的发电量，kW·h；

N——长期测试持续的天数，d。

短期测试的年发电量应按式（9-21）计算。

$$E_n = \frac{365 \times \eta_d \times \sum_{i=1}^{n} H_{ai} \cdot A_{ci}}{100} \tag{9-21}$$

式中：E_n——太阳能光伏系统年发电量，kW·h；

η_d——太阳能光伏系统光电转换效率，%；

n——不同朝向和倾角采光平面上的太阳能电池方阵个数；

H_{ai}——第 i 个朝向和倾角采光平面上全年单位面积的总太阳辐射量，MJ/m^2，可按相关标准的方法计算；

A_{ci}——第 i 个朝向和倾角采光平面上的太阳能电池面积，m^2。

太阳能光伏系统的常规能源替代量 Q_{td} 应按式（9-22）计算。

$$Q_{td} = D \cdot E_n \tag{9-22}$$

式中：Q_{td}——太阳能光伏系统的常规能源替代量，kgce；

D——每度电折合所耗标准煤量，kgce/（kW·h），根据国家统计局最近两年公布的火力发电标准耗煤水平确定，并在折标煤量结果中注明该折标系数的公布时间及折标量；

E_n——太阳能光伏系统年发电量，kW·h。

太阳能光伏系统的费效比 CBR_d 应按式（9-23）计算。

$$CBR_d = \frac{C_{zd}}{N \times E_n} \tag{9-23}$$

式中：CBR_d——太阳能光伏系统的费效比，元/（kW·h）；

C_{zd}——太阳能光伏系统的增量成本，元，增量成本依据项目单位提供的项目决算书进行核算，项目决算书中应对可再生能源的增量成本有明确的计算和说明；

N——系统寿命期，根据项目立项文件等资料确定，当无文件明确规定时，N 取 20 年；

E_n——太阳能光伏系统年发电量，kW·h。

太阳能光伏系统的粉尘减排量 Q_{dfc} 应按式（9-24）计算。

$$Q_{dfc} = Q_{td} \times V_{fc} \tag{9-24}$$

式中：Q_{dfc}——太阳能光伏系统的粉尘减排量，kg；

Q_{td}——太阳能光伏系统的常规能源替代量，kgce；

V_{fc}——标准煤的粉尘排放因子，kg/kgce，取 V_{fc}＝0.01 kg/kgce。

9.3.2.5　评价指标

太阳能光伏系统的单项评价指标应全部符合相关标准的规定，方可判定为性能合格；有1个单项评价指标不符合规定，则判定为性能不合格。

太阳能光伏系统应采用光电转换效率和费效比进行性能分级评价。若系统光电转换效率和费效比的设计值不小于相关标准的规定，且太阳能光伏系统性能判定为合格后，可进行性能分级评价。

太阳能光伏系统的光电转换效率应分3级，1级最高，光电转换效率的级别应按表9-12的规定划分。

表9-12　不同类型太阳能光伏系统的光电转换效率（η_d）的级别划分　单位：%

系统类型	1级	2级	3级
晶硅电池	$\eta_d \geqslant 12$	$12 > \eta_d \geqslant 10$	$10 > \eta_d \geqslant 8$
薄膜电池	$\eta_d \geqslant 8$	$8 > \eta_d \geqslant 6$	$6 > \eta_d \geqslant 4$

太阳能光伏系统的费效比应分3级，1级最高，费效比的级别C_{BRd}应按表9-13的规定划分。

表9-13　太阳能光伏系统的费效比（C_{BRd}）的级别划分

1级	2级	3级
$C_{BRd} \leqslant 1.5\times \mathrm{Pt}$	$1.5\times \mathrm{Pt} < C_{BRd} \leqslant 2.0\times \mathrm{Pt}$	$2.0\times \mathrm{Pt} < C_{BRd} \leqslant 3.0\times \mathrm{Pt}$

太阳能光伏系统的性能分级评价应符合下列规定：

（1）当太阳能光电转换效率和费效比级别相同时，性能级别应与此级别相同；

（2）当太阳能光电转换效率和费效比级别不同时，性能级别应与其中较低级别相同。

第 10 章　建筑节能工程

10.1　建筑节能工程验收

建筑节能工程为单位工程的一个分部工程，验收时可按照分项工程进行验收。其分项工程包括墙体节能工程、门窗节能工程、屋面节能工程、地面节能工程等。当建筑节能分项工程的工程量较大时，可按照分项工程划分为若干个检验批进行验收。当建筑节能工程验收无法按照现行国家标准《建筑节能工程施工质量验收标准》（GB 50411）中表 3.4.1 要求划分分项工程或检验批时，可由建设、监理、施工等各方协商划分检验批，其验收项目、验收内容、验收标准和验收记录均应符合标准的规定。

当按计数方法检验时，抽样数量除本标准另有规定外，检验批最小抽样数量宜符合表 10-1 的规定。

表 10-1　检验批最小抽样数量

检验批的容量	最小抽样数量	检验批的容量	最小抽样数量
2～15	2	151～280	13
16～25	3	281～500	20
26～90	5	501～1 200	32
91～150	8	1 201～3 200	50

在同一个单位工程项目中，建筑节能分项工程和检验批的验收内容与其他各专业分部工程、分项工程或检验批的验收内容相同且验收结果合格时，可采用其验收结果，不必进行重复检验。建筑节能分部工程验收资料应单独组卷。

10.1.1　墙体节能工程

本节适用于建筑外围护结构采用板材、浆料、块材及预制复合墙板等墙体保温材料或构件的建筑墙体节能工程施工质量验收。墙体节能工程验收部分内容如下：

10.1.1.1　一般规定

主体结构完成后进行施工的墙体节能工程，应在基层质量验收合格后施工，施工过程中应及时进行质量检查、隐蔽工程验收和检验批验收，施工完成后应进行墙体节能分项工程验收。与主体结构同时施工的墙体节能工程，应与主体结构一同验收。墙体节能工程应对下列部位或内容进行隐蔽工程验收并应有详细的文字记录和必要的图像资料：

（1）保温层附着的基层及其表面处理；

（2）保温板粘结或固定；

（3）被封闭的保温材料厚度；

（4）锚固件及锚固节点做法；

（5）增强网铺设；

（6）抹面层厚度；

（7）墙体热桥部位处理；

（8）保温装饰板、预置保温板或预制保温墙板的位置、界面处理、板缝、构造节点及固定方式；

（9）现场喷涂或浇注有机类保温材料的界面；

（10）保温隔热砌块墙体；

（11）各种变形缝处的节能施工做法。

10.1.1.2　检验批划分

墙体节能工程的保温隔热材料在运输、储存和施工过程中应采取防潮、防水、防火等保护措施。墙体节能工程验收的检验批划分，除本章另有规定外应符合下列规定：

（1）采用相同材料、工艺和施工做法的墙面，扣除门窗洞口后的保温墙面面积每 1 000 m^2 划分为一个检验批；

（2）检验批的划分也可根据与施工流程相一致且方便施工与验收的原则，由施工单位与监理单位双方协商确定；

（3）当按计数方法抽样检验时，其抽样数量尚应符合表 10-1 的规定。

10.1.1.3　主控项目

墙体节能工程使用的材料、构件应进行进场验收，验收结果应经监理工程师检查认可，且应形成相应的验收记录。各种材料和构件的质量证明文件与相关技术资料应齐全，并应符合设计要求和国家现行有关标准的规定。

检验方法：观察、尺量检查；核查质量证明文件。

检查数量：按进场批次，每批随机抽取 3 个试样进行检查；质量证明文件应按其出厂检验批进行核查。

墙体节能工程使用的材料、产品进场时，应对其下列性能进行复验，复验应为见证取样检验：

（1）保温隔热材料的导热系数或热阻、密度、压缩强度或抗压强度、垂直于板面方向的抗拉强度、吸水率、燃烧性能（不燃材料除外）；

（2）复合保温板等墙体节能产品的传热系数或热阻、单位面积质量、拉伸粘结强度、燃烧性能（不燃材料除外）；

（3）保温砌块等墙体节能定型产品的传热系数或热阻、抗压强度、吸水率；

（4）反射隔热材料的太阳光反射比，半球发射率；

（5）粘结材料的拉伸粘结强度；

（6）抹面材料的拉伸粘结强度、压折比；

（7）增强网的力学性能、抗腐蚀性能。

检验方法：核查质量证明文件；随机抽样检验，核查复验报告，其中：导热系数（传热系数）或热阻、密度或单位面积质量、燃烧性能必须在同一个报告中。

检查数量：同厂家、同品种产品，按照扣除门窗洞口后的保温墙面面积所使用的材料用量，在 5 000 m^2 以内时应复验 1 次；面积每增加 5 000 m^2 应增加 1 次。同工程项目、同施工单位且同期施工的多个单位工程，可合并计算抽检面积。

外墙外保温工程应采用预制构件、定型产品或成套技术，并应由同一供应商提供配套的组成材料和型式检验报告。型式检验报告中应包括耐候性和抗风压性能检验项目以及配套组成材料的名称、生产单位、规格型号及主要性能参数。

检验方法：核查质量证明文件和型式检验报告。

检查数量：全数检查。

墙体节能工程的施工质量，必须符合下列规定：

（1）保温隔热材料的厚度不得低于设计要求。

（2）保温板材与基层之间及各构造层之间的粘结或连接必须牢固。保温板材与基层的连接方式、拉伸粘结强度和粘结面积比应符合设计要求。保温板材与基层之间的拉伸粘结强度应进行现场拉拔试验，且不得在界面破坏。粘结面积比应进行剥离检验。

（3）当采用保温浆料做外保温时，厚度大于 20 mm 的保温浆料应分层施工。保温浆料与基层之间及各层之间的粘结必须牢固，不应脱层、空鼓和开裂。

（4）当保温层采用锚固件固定时，锚固件数量、位置、锚固深度、胶结材料性能和锚固力应符合设计和施工方案的要求；保温装饰板的锚固件应使其装饰面板可靠固定；锚固力应做现场拉拔试验。

检验方法：观察、手扳检查；核查隐蔽工程验收记录和检验报告。保温材料厚度采用现场钢针插入或剖开后尺量检查；拉伸粘结强度按照现行国家标准《建筑节能工程施工质量验收标准》（GB 50411）附录 B 的检验方法进行现场检验；粘结面积比按照现行国家标准《建筑节能工程施工质量验收标准》（GB 50411）附录 C 的检验方法进行现场检验；锚固力检验应按现行行业标准《保温装饰板外墙外保温系统材料》（JG/T 287）的试验方法进行；锚栓拉拔力检验应按现行行业标准《外墙保温用锚栓》（JG/T 366）的试验方法进行。

墙体节能工程各类饰面层的基层及面层施工，应符合设计且应符合现行国家标准《建筑装饰装修工程质量验收标准》（GB 50210）的规定，并应符合下列规定：

（1）饰面层施工前应对基层进行隐蔽工程验收。基层应无脱层、空鼓和裂缝，并应平整、洁净，含水率应符合饰面层施工的要求。

（2）外墙外保温工程不宜采用粘贴饰面砖作饰面层；当采用时，其安全性与耐久性必须符合设计要求。饰面砖应做粘结强度拉拔试验，试验结果应符合设计和有关标准的规定。

（3）外墙外保温工程的饰面层不得渗漏。当外墙外保温工程的饰面层采用饰面板开缝安装时，保温层表面应覆盖具有防水功能的抹面层或采取其他防水措施。

（4）外墙外保温层及饰面层与其他部位交接的收口处，应采取防水措施。

检验方法：观察、检查；核查隐蔽工程验收记录和检验报告。粘结强度应按照现行行业标准《建筑工程饰面砖粘结强度检验标准》（JGJ/T 110）的有关规定检验。

检查数量：粘结强度应按照现行行业标准《建筑工程饰面砖粘结强度检验标准》（JGJ/T 110）的有关规定抽样。其他为全数检查。

保温砌块砌筑的墙体，应采用配套砂浆砌筑。砂浆的强度等级及导热系数应符合设计要求。砌体灰缝饱满度不应低于 80%。

10.1.1.4　一般项目

当采用增强网作为防止开裂的措施时，增强网的铺贴和搭接应符合设计和专项施工方案的要求。砂浆抹压应密实，不得空鼓，增强网应铺贴平整，不得皱褶、外露。

检验方法：观察、检查；核查隐蔽工程验收记录。

检查数量：每个检验批抽查不少于 5 处，每处不少于 2 m^2。

墙体保温板材的粘贴方法和接缝方法应符合专项施工方案要求，保温板接缝应平整严密。

检验方法：对照专项施工方案，剖开检查。

检查数量：每个检验批抽查不少于 5 块保温板材。

10.1.2　门窗节能工程

本节适用于金属门窗、塑料门窗、木门窗、各种复合门窗、特种门窗及天窗等建筑外门窗节能工程的施工质量验收。门窗节能工程验收部分内容如下：

10.1.2.1　一般规定

门窗节能工程应优先选用具有国家建筑门窗节能性能标识的产品。当门窗采用隔热型材时，应提供隔热型材所使用的隔断热桥材料的物理力学性能检测报告。

主体结构完成后进行施工的门窗节能工程，应在外墙质量验收合格后对门窗框与墙体接缝处的保温填充做法和门窗附框等进行施工，施工过程中应及时进行质量检查、隐蔽工程验收和检验批验收，隐蔽部位验收应在隐蔽前进行，并应有详细的文字记录和必要的图像资料，施工完成后应进行门窗节能分项工程验收。

10.1.2.2　检验批划分

门窗节能工程验收的检验批划分，除本章另有规定外应符合下列规定：

（1）同一厂家的同材质、类型和型号的门窗每 200 樘划分为一个检验批；

（2）同一厂家的同材质、类型和型号的特种门窗每 50 樘划分为一个检验批；

（3）异形或有特殊要求的门窗检验批的划分也可根据其特点和数量，由施工单位与监理单位协商确定。

10.1.2.3　主控项目

建筑门窗节能工程使用的材料、构件应进行进场验收，验收结果应经监理工程师检查认可，且应形成相应的验收记录。各种材料和构件的质量证明文件和相关技术资料应齐全，并应符合设计要求和国家现行有关标准的规定。

检验方法：观察、尺量检查；核查质量证明文件。

检查数量：按进场批次，每批随机抽取 3 个试样进行检查；质量证明文件应按其出厂检验批进行核查。

门窗（包括天窗）节能工程使用的材料、构件进场时应按工程所处的气候区核查质量证明文件、节能性能标识证书、门窗节能性能计算书、复验报告，并应对下列性能进行复验，复验应为见证取样检验：

（1）严寒、寒冷地区：门窗的传热系数、气密性能；

（2）夏热冬冷地区：门窗的传热系数、气密性能，玻璃的遮阳系数、可见光透射比；

（3）夏热冬暖地区：门窗的气密性能，玻璃的遮阳系数、可见光透射比；

（4）严寒、寒冷、夏热冬冷和夏热冬暖地区：透光、部分透光遮阳材料的太阳光透射比、太阳光反射比，中空玻璃的密封性能。

检验方法：具有国家建筑门窗节能性能标识的门窗产品，验收时应对照标识证书和计算报告，核对相关的材料、附件、节点构造，复验玻璃的节能性能指标（可见光透射比、太阳得热系数、传热系数、中空玻璃的密封性能)，可不再进行产品的传热系数和气密性能复验。应核查标识证书与门窗的一致性，核查标识的传热系数和气密性能等指标，并按门窗节能性能标识模拟计算报告核对门窗节点构造。中空玻璃密封性能按照现行国家标准（GB 50411）标准附录 E 的检验方法进行检验。

检查数量：质量证明文件、复验报告和计算报告等全数核查；按同厂家、同材质、同开启方式、同型材系列的产品各抽查一次；对于有节能性能标识的门窗产品，复验时可仅核查标识证书和玻璃的检测报告。同工程项目、同施工单位且同期施工的多个单位工程，可合并计算抽检数量。

10.1.2.4　一般项目

门窗扇密封条和玻璃镶嵌的密封条，其物理性能应符合相关标准中的要求。密封条安装位置应正确，镶嵌牢固，不得脱槽。接头处不得开裂。关闭门窗时密封条应接触严密。

检验方法：观察、检查；核查质量证明文件。

检查数量：全数检查。

门窗镀（贴）膜玻璃的安装方向应符合设计要求，采用密封胶密封的中空玻璃应进行双道密封，采用均压管的中空玻璃其均压管应进行密封处理。

检验方法：观察、检查；核查质量证明文件。

检查数量：全数检查。

外门、窗遮阳设施调节应灵活、调节到位。

检验方法：现场调节、试验、检查。

检查数量：全数检查。

10.1.3　屋面节能工程

本节适用于采用板材、现浇、涂等保温隔热做法的建筑屋面节能工程施工质量验收。屋面节能工程验收部分内容如下：

10.1.3.1 一般规定

屋面节能工程应在基层质量验收合格后进行施工，施工过程中应及时进行质量检查、隐蔽工程验收和检验批验收，施工完成后应进行屋面节能分项工程验收。

屋面节能工程应对下列部位进行隐蔽工程验收，并应有详细的文字记录和必要的图像资料：

（1）基层及其表面处理；

（2）保温材料的种类、厚度、保温层的敷设方式，板材缝隙填充质量；

（3）屋面热桥部位处理；

（4）隔汽层。

屋面保温隔热层施工完成后，应及时进行后续施工或加以覆盖。

10.1.3.2 检验批划分

屋面节能工程施工质量验收的检验批划分，除本节另有规定外应符合下列规定：

（1）采用相同材料、工艺和施工做法的屋面，扣除天窗、采光顶后的屋面面积，每 1 000 m^2 面积划分为一个检验批；

（2）检验批的划分也可根据与施工流程相一致且方便施工与验收的原则，由施工单位与监理单位协商确定。

10.1.3.3 主控项目

屋面节能工程使用的保温隔热材料、构件应进行进场验收，验收结果应经监理工程师检查认可，且应形成相应的验收记录。各种材料和构件的质量证明文件与相关技术资料应齐全，并应符合设计要求和国家现行标准的规定。

检验方法：观察、尺量检查；核查质量证明文件。

检查数量：按进场批次，每批随机抽取 3 个试样进行检查；质量证明文件应按照其出厂检验批进行核查。

屋面节能工程使用的材料进场时，应对其下列性能进行复验，复验应为见证取样检验：

（1）保温隔热材料的导热系数或热阻、密度、压缩强度或抗压强度、吸水率、燃烧性能（不燃材料除外）；

（2）反射隔热材料的太阳光反射比、半球发射率。

检验方法：核查质量证明文件，随机抽样检验，核查复验报告，其中，导热系数或热阻、密度、燃烧性能必须在同一个报告中。

检查数量：同厂家、同品种产品，扣除天窗、采光顶后的屋面面积在 1 000 m^2 以内时应复验 1 次；面积每增加 1 000 m^2 应增加复验 1 次。同工程项目、同施工单位且同期施工的多个单位工程，可合并计算抽检面积。

屋面保温隔热层的敷设方式、厚度、缝隙填充质量及屋面热桥部位的保温隔热做法，应符合设计要求和有关标准的规定。

检验方法：观察、尺量检查。

检查数量：每个检验批抽查 3 处，每处 10 m^2。

屋面的通风隔热架空层，其架空高度、安装方式、通风口位置及尺寸应符合设计及有关标准要求。架空层内不得有杂物。架空面层应完整，不得有断裂和露筋等缺陷。

检验方法：观察、尺量检查。

检查数量：每个检验批抽查 3 处，每处 10 m^2。

屋面隔汽层的位置、材料及构造做法应符合设计要求，隔汽层应完整、严密，穿透隔汽层处应采取密封措施。

检验方法：观察、检查；核查隐蔽工程验收记录。

检查数量：每个检验批抽查 3 处，每处 10 m^2。

坡屋面、架空屋面内保温应采用不燃保温材料，保温层做法应符合设计要求。

检验方法：观察、检查；核查复验报告和隐蔽工程验收记录。

检查数量：每个检验批抽查 3 处，每处 10 m^2。

当采用带铝箔的空气隔层做隔热保温屋面时，其空气隔层厚度、铝箔位置应符合设计要求。空气隔层内不得有杂物，铝箔应铺设完整。

检验方法：观察、尺量检查。

检查数量：每个检验批抽查 3 处，每处 10 m^2。

种植植物的屋面，其构造做法与植物的种类、密度、覆盖面积等应符合设计及相关标准要求，植物的种植与维护不得损害节能效果。

检验方法：对照设计检查。

检查数量：全数检查。

采用有机类保温隔热材料的屋面，防火隔离措施应符合设计和现行国家标准《建筑设计防火规范（2018 版）》（GB 50016）的规定。

检验方法：对照设计检查。

检查数量：全数检查。

金属板保温夹芯屋面应铺装牢固、接口严密、表面洁净、坡向正确。

检验方法：观察、尺量检查；核查隐蔽工程验收记录。

检查数量：全数检查。

10.1.3.4　一般项目

屋面保温隔热层应按专项施工方案施工，并应符合下列规定：

（1）板材应粘贴牢固，缝隙严密、平整；

（2）现场采用喷涂、浇注、抹灰等工艺施工的保温层，应按配合比准确计量、分层连续施工、表面平整、坡向正确；

检验方法：观察、尺量检查，检查施工记录。

检查数量：每个检验批抽查 3 处，每处 10 m^2。

反射隔热屋面的颜色应符合设计要求，色泽应均匀一致，没有污迹，无积水现象。

检验方法：观察、检查。

检查数量：全数检查。

坡屋面、架空屋面当采用内保温时，保温隔热层应设有防潮措施，其表面应有保护层，保护层的做法应符合设计要求。

检验方法：观察、检查；核查隐蔽工程验收记录。

检查数量：每个检验批抽查 3 处，每处 10 m^2。

10.1.4 地面节能工程

本节适用于建筑工程中接触土壤或室外空气的地面、毗邻不供暖空间的地面，以及与土壤接触的地下室外墙等节能工程的施工质量验收。地面节能工程验收部分内容如下：

10.1.4.1 一般规定

地面节能工程的施工，应在基层质量验收合格后进行。施工过程中应及时进行质量检查、隐蔽工程验收和检验批验收，施工完成后应进行地面节能分项工程验收。

地面节能工程应对下列部位进行隐蔽工程验收，并应有详细的文字记录和必要的图像资料：

（1）基层及其表面处理；

（2）保温材料种类和厚度；

（3）保温材料粘结；

（4）地面热桥部位处理。

10.1.4.2 检验批划分

地面节能分项工程检验批划分，除本节另有规定外应符合下列规定：

（1）采用相同材料、工艺和施工做法的地面，每 1 000 m^2 面积划分为一个检验批。

（2）检验批的划分也可根据与施工流程相一致且方便施工与验收的原则，由施工单位与监理单位协商确定。

10.1.4.3 主控项目

用于地面节能工程的保温材料、构件应进行进场验收，验收结果应经监理工程师检查认可，且应形成相应的验收记录。各种材料和构件的质量证明文件与相关技术资料应齐全，并应符合设计要求和国家现行有关标准的规定。

检验方法：观察、尺量检查；核查质量证明文件。

检查数量：按进场批次，每批随机抽取 3 个试样进行检查；质量证明文件应按照其出厂检验批进行核查。

当地面节能工程使用的保温材料进场时，应对其导热系数或热阻、密度、压缩强度或抗压强度、吸水率、燃烧性能（不燃材料除外）等性能进行复验，复验应为见证取样检验。

检验方法：核查质量证明文件，随机抽样检验，核查复验报告，其中：导热系数或热阻、密度、燃烧性能必须在同一个报告中。

检查数量：同厂家、同品种产品，地面面积在 1 000 m^2 以内时应复验 1 次；面积每增加 1 000 m^2 应增加 1 次。同工程项目、同施工单位且同期施工的多个单位工程，可合并计算抽检面积。

地下室顶板和架空楼板底面的保温隔热材料应符合设计要求，并应粘贴牢固。

检验方法：对照设计和专项施工方案观察、检查。

检查数量：全数检查。

地面保温层、隔离层、保护层等各层的设置和构造做法应符合设计要求，并应按专项施工方案施工。

检验方法：对照设计和专项施工方案观察、检查；尺量检查。

检查数量：每个检验批抽查 3 处，每处 10 m^2。

地面节能工程的施工质量应符合下列规定：

（1）保温板与基层之间、各构造层之间的粘结应牢固，缝隙应严密；

（2）穿越地面到室外的各种金属管道应按设计要求采取保温隔热措施。

检验方法：观察、检查；核查隐蔽工程验收记录。

检查数量：每个检验批抽查 3 处，每处 10 m^2；穿越地面的金属管道全数检查。

有防水要求的地面，其节能保温做法不得影响地面排水坡度，防护面层不得渗漏。

检验方法：观察、尺量检查；核查防水层蓄水试验记录。

检查数量：全数检查。

保温层的表面防潮层、保护层应符合设计要求。

检验方法：观察、检查；核查隐蔽工程验收记录。

检查数量：全数检查。

10.1.4.4　一般项目

采用地面辐射供暖的工程，其地面节能做法应符合设计要求和现行行业标准《辐射供暖供冷技术规程》（JGJ 142）的规定。

检验方法：观察、检查；核查隐蔽工程验收记录。

检查数量：每个检验批抽查 3 处。

接触土壤地面的保温层下面的防潮层应符合设计要求。

检验方法：观察、检查；核查隐蔽工程验收记录。

检查数量：每个检验批抽查 3 处。

10.2　建筑节能工程现场检验

10.2.1　外墙节能构造及保温层厚度（钻芯法）

10.2.1.1　试验依据

现行国家标准《建筑节能工程施工质量验收标准》（GB 50411）。

10.2.1.2　主要仪器设备

钢直尺：分度值 1 mm；

钻芯机：钻筒直径 70 mm。

10.2.1.3 检测部位及数量

（1）取样部位应由检测人员随机抽样确定，不得在外墙施工前预先确定；

（2）取样部位应选取节能构造有代表性的外墙上相对隐蔽的部位，并宜兼顾不同朝向和楼层；

（3）外墙取样数量为一个单位工程每种节能保温做法至少取 3 个芯样。取样部位宜均匀分布，不宜在同一个房间外墙上取 2 个或 2 个以上芯样。

10.2.1.4 试验步骤

钻芯检验外墙节能构造可采用空心钻头，从保温层一侧钻取直径 70 mm 的芯样。钻取芯样深度为钻透保温层到达结构层或基层表面，必要时也可钻透墙体。当外墙的表层坚硬不易钻透时，也可局部剔除坚硬的面层后钻取芯样。但钻取芯样后应恢复原有外墙的表面装饰层。钻取芯样时应尽量避免冷却水流入墙体内及污染墙面。从空心钻头中取出芯样时应谨慎操作，以保持芯样完整。当芯样严重破损难以准确判断节能构造或保温层厚度时，应重新取样检验。

对钻取的芯样，应按照下列规定进行检查：

（1）对照设计图纸观察、判断保温材料种类是否符合设计要求，必要时也可采用其他方法加以判断；

（2）用分度值为 1 mm 的钢尺，在垂直于芯样表面（外墙面）的方向上量取保温层厚度，精确到 1 mm；

（3）观察或剖开检查保温层构造做法是否符合设计和专项施工方案要求；

（4）在垂直于芯样表面（外墙面）的方向上实测芯样保温厚度。

10.2.1.5 试验结果

当实测厚度的平均值达到设计厚度的 95%及以上时，应判定保温层厚度符合设计要求；否则应判定保温层厚度不符合设计要求。

当取样检验结果不符合设计要求时，应委托具备检测资质的见证检测机构增加一倍数量再次取样检验。仍不符合设计要求时，应判定围护结构节能构造不符合设计要求。此时应根据检验结果委托原设计单位或其他有资质的单位重新验算外墙的热工性能，提出技术处理方案。

10.2.1.6 注意事项

（1）检验应在外墙施工完工后、节能分部工程验收前进行；

（2）检验应在监理工程师见证下实施；

（3）当钻取直径 70 mm 的芯样实施困难时，可采取 50～100 mm 的其他直径。

10.2.2 保温板材与基层的拉伸粘结强度

10.2.2.1 试验依据

现行国家标准《建筑节能工程施工质量验收标准》（GB 50411）。

10.2.2.2　主要仪器设备

钢直尺：分度值 1 mm；

粘结强度检测仪：应符合现行行业标准《数显式粘结强度检测仪》（JG/T 507）的规定。

标准块：标准块尺寸为 95 mm×45 mm，厚度为 6～8 mm，用钢材制作。

10.2.2.3　检测部位及数量

（1）取样部位应随机确定，宜兼顾不同朝向和楼层，均匀分布；不得在外墙施工前预先确定。

（2）取样数量为每处检验 1 点。

10.2.2.4　试验步骤

（1）选择满粘处作为检测部位，清理粘结部位表面，使其清洁、平整。

（2）使用高强度粘合剂粘贴标准块，标准块粘贴后应及时做临时固定，试样应切割至粘结层表面。

（3）粘结强度检验应按现行行业标准《建筑工程饰面砖粘结强度检验标准》（JGJ/T 110）的要求进行。

（4）测量试样粘结面积，当粘结面积比小于 90%且检验结果不符合要求时，应重新取样。

10.2.2.5　试验结果

单点拉伸粘结强度按式（10-1）计算，检验结果取 3 个点拉伸粘结强度的算术平均值，精确至 0.01 MPa。

$$R=\frac{F}{A} \tag{10-1}$$

式中：R——拉伸粘结强度，MPa；

F——破坏荷载值，N；

A——粘结面积，mm^2。

10.2.2.6　注意事项

（1）检验应在保温层粘贴后养护时间达到粘结材料要求的龄期后进行。

（2）检验结果应符合设计要求及国家现行相关标准的规定。

10.2.3　保温板粘结面积比剥离试验

10.2.3.1　试验依据

现行国家标准《建筑节能工程施工质量验收标准》（GB 50411）。

10.2.3.2　主要仪器设备

钢直尺：分度值 1 mm；

钢卷尺：分度值 1 mm。

10.2.3.3　取样部位、数量及面积（尺寸）

（1）取样部位应随机确定，宜兼顾不同朝向和楼层、均匀分布，不得在外墙施工前预先确定；

（2）取样数量为每处检验 1 块整板，保温板面积（尺寸）应具代表性。

10.2.3.4　试验步骤

（1）将粘结好的保温板从墙上剥离，使用钢卷尺测量被剥离的保温板尺寸，计算保温板的面积；

（2）使用钢直尺或钢卷尺测量保温板与粘结材料实粘部分（既与墙体粘结，又与保温板粘结）的尺寸，精确至 1 mm，计算粘结面积；

（3）当不宜直接测量时，使用透明网格板测量保温板及其粘结材料实粘部分（既与墙体粘结，又与保温板粘结）的网格数量：网格板的尺寸为 200 mm×300 mm，分隔纵横间距均为 10 mm，根据实粘部分网格数量计算粘结面积。

10.2.3.5　试验结果

保温板粘结面积比应按式（10-2）计算，检验结果应取 3 个点的算术平均值，精确至 1%。

$$S=\frac{A}{A_0}\times 100\% \qquad (10\text{-}2)$$

式中：S ——粘结面积与保温板面积的比值，%；

A ——实际粘结部分的面积，mm^2；

A_0 ——保温板的面积，mm^2。

保温板粘结面积比应符合设计要求且不小于 40%。

10.2.3.6　注意事项

检验宜在抹面层施工之前进行。

10.2.4　外窗气密性能（现场）

本方法适用于已安装的建筑外窗气密性能的现场检测。检测对象包括建筑外窗及其安装连接部位。

10.2.4.1　试验依据

现行行业标准《建筑外窗气密、水密、抗风压性能现场检测方法》（JG/T 211）。

10.2.4.2　检测原理

（1）现场利用密封板（或透明膜）、围护结构和外窗形成静压箱，通过供风系统从静压箱抽风或向静压箱吹风，在检测对象两侧形成正压差或负压差。在静压箱引出测量孔测量压差，在管路上安装流量测量装置测量空气渗透量。

（2）密封板（或透明膜）与围护结构组成静压箱，各连接处应密封良好。

（3）密封板宜采用组合方式，应有足够的刚度，与围护结构的连接应有足够的强度。

10.2.4.3　试件及检测要求

（1）外窗及连接部位安装完毕达到正常使用状态。

（2）试件选取同窗型、同规格、同型号 3 个为一组。

（3）气密检测时的环境条件记录应包括外窗室内外的大气压及温度。当温度、风速、降雨等环境条件影响检测结果时，应排除干扰因素后继续检测，并在报告中注明。

（4）在检测过程中应采取必要的安全措施。

10.2.4.4　试验步骤

（1）气密性能检测前，测量外窗面积，弧形窗、折线窗应按展开面积计算。在室内侧用厚度不小于 0.2 mm 的透明塑料膜覆盖整个窗范围并沿窗边框处密封，密封膜不应重复使用。在室内侧的窗洞口上安装密封板（或透明膜），确认密封良好。

（2）气密性能检测按以下顺序进行：

① 预备加压：正、负压检测前，分别施加 3 个压差脉冲，压差绝对值为 150 Pa，加压速度约为 50 Pa/s。压差稳定作用时间不少于 3 s，泄压时间不少于 1 s，检查密封板（或透明膜）的密封状态。

② 附加空气渗透量的测定：按图 10-1 逐级加压，每级压力作用时间约为 10 s，先逐级正压，后逐级负压。记录各级测量值（附加空气渗透量系指除通过试件本身的空气渗透量以外通过设备和密封板以及各部分之间连接缝等部位的空气渗透量）。

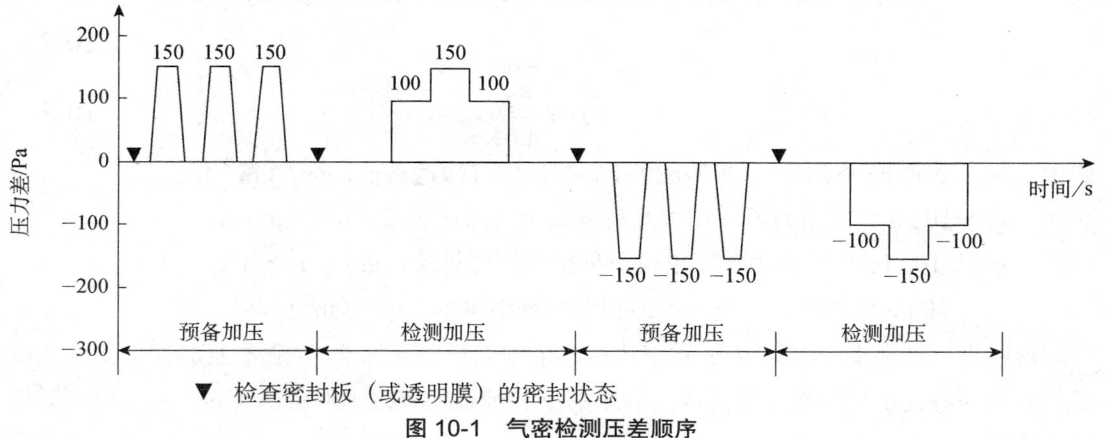

图 10-1　气密检测压差顺序

③ 总空气渗透量测量：打开密封板检查门，去除试件上所加密封措施薄膜后关闭检查门并密封后进行检测。测试程序同①。

10.2.4.5 试验结果

（1）分别计算出升压和降压过程中 100 Pa 压力差下的两个附加空气渗透量测定值的平均值 $\overline{q}_f$ 和两个总渗透量测定值的平均值 $\overline{q}_z$，则窗试件本身 100 Pa 压力差下的空气渗透量

q_t（m³/h）即可按式（10-3）计算：

$$q_t = \overline{q}_z - \overline{q}_f \tag{10-3}$$

再按式（10-4）将 q_t 换算成标准状态下的各压力差渗透量 q' 值。

$$q' = \frac{293}{101.3} \times \frac{q_t \cdot P}{T} \tag{10-4}$$

式中：q'—标准状态下通过试件空气渗透量值，m³/h；

P—试验室气压值，kPa；

T—试验室空气温度值，K；

q_t—试件渗透量测定值，m³/h。

将 q' 值除以试件开启缝长度 l，即可得出 100 Pa 下，单位开启缝长空气渗透量 q'_1［m³/（m • h）］值，即式（10-5）。

$$q'_1 = \frac{q'}{l} \tag{10-5}$$

或将 q' 值除以试件面积 A，得到在 100 Pa 下，单位面积的空气渗透量 q'_2［m³/（m² •h）］值，即式（10-6）。

$$q'_2 = \frac{q'}{A} \tag{10-6}$$

（2）分级指标值确定。

为了保证分级指标值的准确度，采用 100 Pa 检测压力差下的测定值 $\pm q'_1$ 值或 $\pm q'_2$ 值，按式（10-7）或式（10-8）换算成 10 Pa 检测压力差下的相应值 $\pm q'_1$ 或 $\pm q'_2$ 。

$$\pm q_1 = \frac{\pm q'_1}{4.65} \tag{10-7}$$

$$\pm q_2 = \frac{\pm q'_2}{4.65} \tag{10-8}$$

式中：q'_1 —100 Pa 作用压力差下单位开启缝长空气渗透量值，m³/（m • h）；

q_1 —10 Pa 作用压力差下单位开启缝长空气渗透量值，m³/（m • h）；

q'_2 —100 Pa 作用压力差下单位面积空气渗透量值，m³/（m² • h）；

q_2 —10 Pa 作用压力差下单位面积空气渗透量值，m³/（m² • h）。

取三樘试件的 $\pm q_1$ 值或 $\pm q_2$ 分别平均后，依据现行国家标准（GB/T 31433），确定按照缝长和面积各自所属等级。最后取两者中的不利级别为该组试件所属等级。正、负压测值分别定级。

10.2.5　系统性能

10.2.5.1　建筑室内外环境

Ⅰ．室外环境参数

室外气象参数测点的布置位置、数量、数据记录时间间隔应满足本节规定，检测起止时间应满足室内有关参数的检测需要。若需要同时检测室外空气温度、室外风速、太阳辐射照度等参数时，宜采用自动气象站。室外气象参数检测仪的测量范围应满足测量地点气象条件的要求。

1）室外空气温度检测

（1）检测依据。

现行行业标准《居住建筑节能检测标准》（JGJ/T 132）。

（2）检测设备。

室外空气温度的检测，宜采用温度自动检测仪逐时检测和记录。

（3）检测方法。

① 测点布置。

a. 室外空气温度传感器应设置在外表面为白色的百叶箱内，百叶箱应放置在距离建筑物 5～10 m 处；

b. 无百叶箱时，室外空气温度传感器应设置防辐射罩，安装位置距外墙外表面宜大于 200 mm，且宜在建筑物 2 个不同方向同时设置测点。

c. 超过 10 层的建筑宜在屋顶加设 1～2 个测点。

d. 温度传感器距地面的高度宜在 1 500～2 000 mm 处，且应避免阳光直接照射和室外固有冷、热源的影响。

② 检测时间。

温度传感器的环境适应时间不应少于 30 min。

（4）室外空气温度计算。

室外空气温度逐时值应取所有测点相应时刻检测结果的平均值。

2）室外风速检测

（1）检测依据。

现行行业标准《居住建筑节能检测标准》（JGJ/T 132）。

（2）检测设备。

室外风速宜采用旋杯式风速计或其他风速计逐时检测和记录。

（3）检测方法。

室外风速测点应布置在距离建筑物 5～10 m 处、距离地面 1 500～2 000 mm 处。

当工作高度和室外风速测点位置的高度不一致时，应按式（10-9）进行修正。

$$V = V_0\left[0.85 + 0.0653\left(\frac{H}{H_0}\right) - 0.0007\left(\frac{H}{H_0}\right)^2\right] \tag{10-9}$$

式中：V——工作高度（H）处的室外风速，m/s；

V_0——室外风速测点布置高度（H_0）处的室外风速，m/s；

H——工作高度，m；

H_0——室外风速测点布置的高度，m。

Ⅱ. 室内环境参数

1）室内温、湿度检测

（1）检测依据。

现行行业标准《采暖通风与空气调节工程检测技术规程》（JGJ/T 260）。

现行行业标准《公共建筑节能检测标准》（JGJ/T 177）。

（2）检测设备。

室内环境基本参数检测仪表性能应符合表 10-2 的要求。

表 10-2　室内环境基本参数检测仪表性能

序号	测量参数	单位	检测仪器	仪表准确度
1	温度	℃	温度计（仪）	0.5℃ 热相应时间不应大于 90 s
2	相对湿度	%	相对湿度仪	5%RH
3	风速	m/s	风速仪	0.5 m/s
4	噪声	dB（A）	声级计	0.5 dB（A）
5	洁净度	粒/m³	尘埃粒子计数器	采样速率大于 1 L/min
6	静压差	Pa	微压计	1.0 Pa

（3）检测方法。

① 测点布置。

a. 当室内面积不足 16 m² 时，测室中央 1 点；

b. 当室内面积为 16 m² 及以上且不足 30 m² 时，测 2 点（居室对角线三等分，其两个等分点作为测点）；

c. 当室内面积为 30 m² 及以上且不足 60 m² 时，测 3 点（居室对角线四等分，其三个等分点作为测点）；

d. 当室内面积为 60 m² 及以上且不足 100 m² 时，测 5 点（两对角线上梅花设点）；

e. 当室内面积为 100 m² 及以上时，每增加 20～50 m² 酌情增加 1～2 个测点（均匀布置）；

f. 测点应距离地面以上 0.7～1.8 m，且应离开外墙表面和冷热源不小于 0.5 m，避免辐射影响。

② 检测步骤。

根据设计图纸绘制房间平面图，对各房间进行统一编号。

a. 检查测试仪表是否满足使用要求；

b. 检查空调系统是否正常运行，对于舒适性空调，系统运行时间不少于 6 h；

c. 根据系统形式和测点布置原则布置测点；

d. 待系统运行稳定后，依据仪表的操作规程，对各项参数进行检测并记录测试数据；

e. 对舒适性空调系统测量一次。

（4）室内平均温度及平均相对湿度计算。

通过温度计（仪）对室内测点的温度进行检测，得到各测点数据后即可按式（10-10）和式（10-11）计算室内平均温度。

$$t_{rm} = \frac{\sum_{i=1}^{n} t_{rm,i}}{n} \tag{10-10}$$

$$t_{rm,1}=\frac{\sum_{j=1}^{p}t_{i,j}}{p} \tag{10-11}$$

式中：t_{rm}——检测持续时间内受检房间的室内平均温度，℃；

$t_{rm,i}$——检测持续时间内受检房间第 i 个室内逐时温度，℃；

n——检测持续时间内受检房间的室内逐时温度的个数；

$t_{i,j}$——检测持续时间内受检房间第 j 个测点的第 i 个温度逐时值，℃；

p——检测持续时间内受检房间布置的温度测点的点数。

通过相对湿度仪对室内测点的相对湿度进行检测，得到各测点数据后即可按式(10-12)和式（10-13）计算室内平均相对湿度。

$$\varphi_{rm}=\frac{\sum_{i=1}^{n}\varphi_{rm,i}}{n} \tag{10-12}$$

$$\varphi_{rm,1}=\frac{\sum_{j=1}^{p}\varphi_{i,j}}{p} \tag{10-13}$$

式中：φ_{rm}——检测持续时间内受检房间的室内平均相对湿度，%；

$\varphi_{rm,i}$——检测持续时间内受检房间第 i 个室内逐时相对湿度，%；

n——检测持续时间内受检房间的室内逐时相对湿度的个数；

$\varphi_{i,j}$——检测持续时间内受检房间第 j 个测点的第 i 个相对湿度逐时值，%；

p——检测持续时间内受检房间布置的相对湿度测点的点数。

2）照明系统检测

（1）检测依据。

现行行业标准《公共建筑节能检测标准》（JGJ/T 177）。

（2）检测条件。

在现场进行照明测量时，现场的照明光源若为白炽灯或卤钨灯，累计燃点时间宜在 50 h 以上，测量应燃点 15 min 后进行；现场的照明光源若为气体放电灯类光源，累计燃点时间宜在 100 h 以上，测量应燃点 40 min 后进行。

宜在额定电压下进行照明测量。在测量时，应监测电源电压；若实测电压偏差超过相关标准规定的范围，应对测量结果做相应的修正。

室内照明测量应在没有天然光和其他非被测光源影响下进行。室外照明测量应在清洁和干燥的路面或场地上进行，不宜在明月和测量场地有积水或积雪时进行。

应排除杂散光射入光接受器，并应防止各类人员和物体对光接受器造成遮挡。

（3）检测内容。

室内照明测量内容应包括有关面上的照度、各表面上的反射比、各表面和设备的亮度、照明现场的色温、相关色温和显色指数、照明的电气参数。

（4）照度值检测。

① 检测仪器。

照明的照度测量，应采用不低于一级的光照度计，对于道路和广场照明的照度测量，应采用分辨力≤0.1 lx 的光照度计。

照明测量用光照度计的计量性能应满足以下条件：

a. 相对示值绝对值：≤±4%；

b. V（λ）匹配误差绝对值：≤6%；

c. 余弦特性（方向性响应）误差绝对值：≤4%；

d. 换挡误差绝对值：≤1%；

e. 非线性误差绝对值：≤±1%。

② 检测方法。

a. 中心布点法。在照度测量的区域一般将测量区域划分成矩形网格，网格宜为正方形，应在矩形网格中心点测量照度，如图 10-2 所示。该布点方法适用于水平照度、垂直照度或摄像机方向的垂直照度的测量，垂直照度应标明照度的测量面的法线方向。

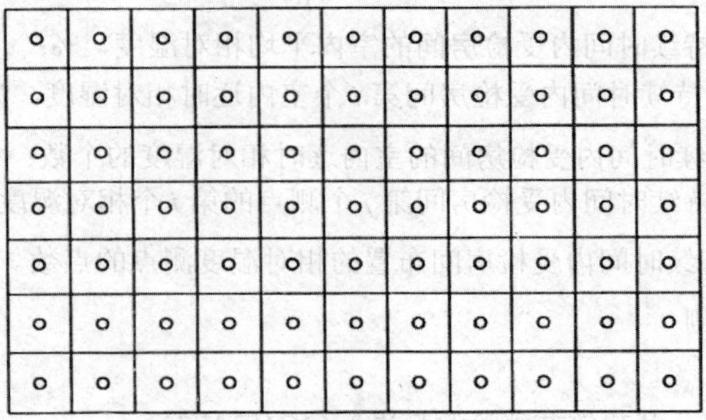

ο—测点。

图 10-2　在网格中心布点

中心布点法的平均照度按式（10-14）计算。

$$E_{av} = \frac{1}{M \times N} \sum E_i \tag{10-14}$$

式中：E_{av}——平均照度，lx；

E_i——在第 i 个测点上的照度，lx；

M——纵向测点数；

N——横向测点数。

b. 四角布点法。在照度测量的区域一般将测量区域划分成矩形网格，网格宜为正方形，应在矩形网格 4 个角点上测量照度，如图 10-3 所示。该布点方法适用于水平照度、垂直照度或摄像机方向的垂直照度的测量，垂直照度应标明照度的测量面的法线方向。

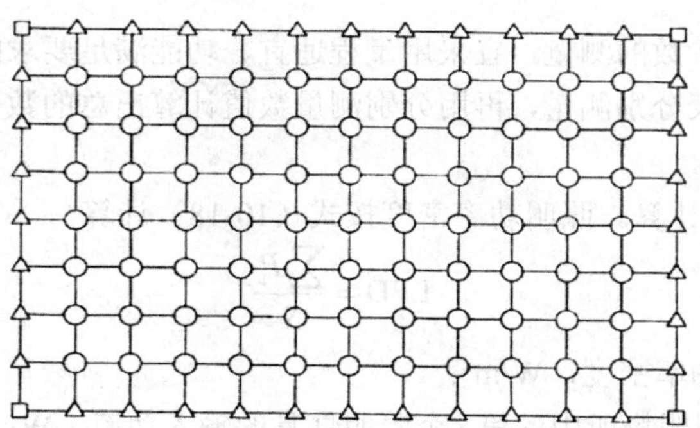

图 10-3　在网格四角布点

四角布点法的平均照度按式（10-15）计算。

$$E_{av} = \frac{1}{4MN}\left(\sum E_{\theta} + 2\sum E_0 + 4\sum E\right) \tag{10-15}$$

式中：E_{av}——平均照度，lx；

M——纵向测点数；

N——横向测点数；

E_{θ}——测量区域 4 个角处的测点照度，lx；

E_0——除 E_{θ} 外，4 条外边上的测点照度，lx；

E——四条外边以内的测点照度，lx。

③ 照度均匀度计算。

照度均匀度按式（10-16）和式（10-17）计算。

$$U_1 = \frac{E_{\min}}{E_{\max}} \tag{10-16}$$

式中：U_1——照度均匀度（极差）；

$E_{\min}$——最小照度，lx；

$E_{\max}$——最大照度，lx。

$$U_2 = \frac{E_{\min}}{E_{av}} \tag{10-17}$$

式中：U_2——照度均匀度（均差）；

$E_{\min}$——最小照度，lx；

E_{av}——平均照度，lx。

（5）照明功率密度检测。

① 照明的电参数测量。照明现场的电参数测量应包括以下内容：

a. 单个照明灯具的电气参数，如工作电流、输入功率、功率因数、谐波含量等；

b. 照明系统的电气参数，如电源电压、工作电流、线路压降、系统功率、功率因数、谐波含量等。测量宜采用有记忆功能的数字式电气测量仪表。

单个照明灯具电参数的测量，宜采用量程适宜、功能满足要求的单相电气测量仪表。

照明系统的电气参数的测量，宜采用量程适宜、功能满足要求的三相测量仪表；也可采用单相电气测量仪表分别测量，再用分别测量数值计算出总的数值，作为照明系统电气参数数据。

② 照明功率密度计算。照明功率密度按式（10-18）计算。

$$\mathrm{LPD}=\frac{\sum P_i}{S} \tag{10-18}$$

式中：LPD——照度功率密度，W/m^2；

P_i——被测量照明场所中的第 i 个照明灯具的输入功率，W；

S——被测量照明场所的面积，m^2。

10.2.5.2 系统性能检测

Ⅰ.空调冷、热源及水系统性能检测

1）水泵检测

（1）检测依据。

现行行业标准《公共建筑节能检测标准》（JGJ/T 177）。

（2）水泵效率检测。

水泵效率检测的目的不是确定水泵本身是否为高效产品，而是在水泵的实际工作状况下通过对水泵流量、扬程和电机功率等参数的实测，从而得到其运行效率。

检测工况下，应每隔 5～10 min 读数一次，连续测量 60 min，并应取每次读数的平均值作为检测值，水泵效率的检测值应大于设备铭牌值的 80%。

① 水泵流量检测。

流量是指单位时间内流经封闭管道或明渠有效截面的流体量，又称瞬时流量。

由于流量检测的复杂性和多样性，流量检测的方法有很多，据估计，目前至少已有上百种方法，但其大致可以分为容积法、速度法和质量流量法 3 类。本节将主要介绍基于速度法的超声波流量计的工作原理及检测方法。

超声波流量计的测量原理是超声波在流体中的传播速度会随被测流体速度变化而变化。适用于管道管径在 20～6 000 mm 的各种介质的流量测量，测量精度一般在 0.5%～1%。通过对水泵出口或进口管路进行流量的检测，即可得到通过水泵的流量数据。

其一般使用方法如下：

a. 选择合适的管段。

选择测量管段时为了保证测量的尽可能准确，应尽可能地远离泵、阀门等流动紊乱的地方，通常测点应远离泵的下游 50*D*（管道公称直径）以上，远离阀门的下游 12*D* 以上；同时为了避免弯头的影响，测点必须在直管段上，其上游侧应有至少 10*D* 的直管段，下游侧应至少有 5*D* 的直管段。这一点可能在实际测量中无法满足，但需要注意。

b. 测量被测管段的外径、内径（或壁厚）。

管路内径或壁厚需作为测量依据输入流量计。通常这些数据可以通过阅读施工图获得；由于实际中多采用标准管径的管道，也可以由表 10-3 得出。

表 10-3　采暖空调常用管道尺寸数据　　单位：mm

公称直径	25	32	40	50	70	80	100
外径	32	38	45	57	76	89	108
壁厚	2.5	2.5	2.5	3.5	3.5	3.5	4
公称直径	125	150	200	250	300	350	400
外径	133	159	219	273	325	377	426
壁厚	4	4.5	6	7	8	9	9

c. 选择测量方式。

将测得的数据输入流量计即可得出测头的安装距离，然后选择测量方式。测量一般有“V”形和“Z”形两种方式，如图 10-4 所示。通常情况下采用前者，因为其误差相对较小且便于操作。如果管道内壁过于粗糙或者介质中杂质含量过多，导致信号过弱无法稳定读数，可以采用“Z”形测量方式。

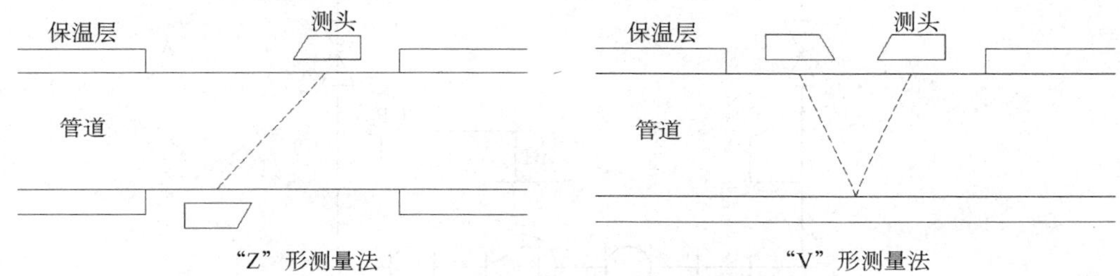

图 10-4　超声波流量计测量方法

d. 安装测头。

测头的安装是是否能正确读数的关键。为了避开气泡干扰，通常将测头安装在水平±45°内，如图 10-5 所示。

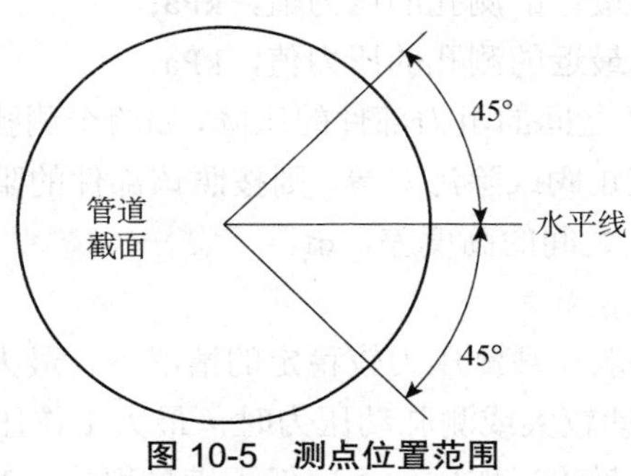

图 10-5　测点位置范围

将流量计设为读数状态，应该可以显示出数字。若没有流量显示、瞬时流量的数字十分不稳定或稳定在明显偏离实际情况的点，应重新调整测头再进行测量。

通常流量计可以给出瞬时流量和累积流量。对于较大流量，应当取一段时间（通常 3～5 min）内的积分值，再对时间进行平均；对于较小流量，这种做法可能导致较大的舍入误差，此时简单观测瞬时流量的变化即可读出较为准确的流量数值。

e. 现场还原。

在测量工作结束之后，若一段时间不进行测量，应当将管道表面的凝水擦拭干净（油脂可保留），然后将保温层还原。

② 水泵扬程检测。

扬程是水泵所抽送的单位重量液体通过泵所获得的能量的增值。

根据测压转换原理的不同，压力检测方法大致可以分为平衡法、弹性法和电气式压力检测 3 种。测量压力的仪表类型也很多，按其转换原理的不同，大致可以分为液柱式压力计、活塞式压力计、电气式压力计和弹性式压力计 4 种。本节介绍的水泵扬程检测是基于弹性式压力计的检测方法。

公共建筑的中央空调系统和采暖系统一般均在水泵的进、出口设有压力测点，如图 10-6 所示；利用原有管路上的测孔，安装满足精度要求的压力表后读取压力值，水泵扬程采用式（10-19）计算。

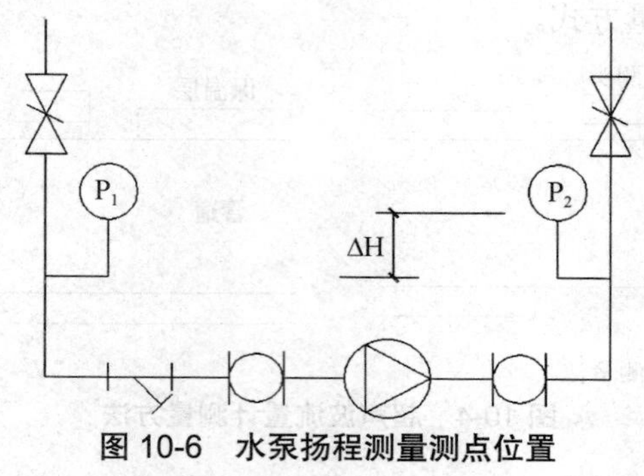

图 10-6　水泵扬程测量测点位置

$$H = 0.102\left(P_2 - P_1\right) + \Delta p + \Delta h \tag{10-19}$$

式中：H——水泵扬程，m；

P_2——距离水泵出口最近的测孔的压力值，kPa；

P_1——距离水泵入口最近的测孔的压力值，kPa；

ΔP——两个压力测孔之间的阻力部件的压降，如两个测孔之间无阻力部件则此值为零，当有如逆止阀或除污器等，则按照该部件的阻力系数通过计算得到，m；

Δh——两个压力测孔之间的高度差，m。

注意事项：

压力表量程的选择：一般在被测压力较稳定的情况下，最大工作压力不应超过仪表满量程的 3/4；在被测压力波动较大或测脉动压力时，最大工作压力不应超过仪表满量程的 2/3。为了保证测量准确度，最小工作压力不应低于满量程的 1/3。当被测压力变化范围大，最大和最小工作压力可能不能同时满足上述要求时，选择仪表量程应首先要满足最大工作压力条件；

压力表精度的选择：在水泵扬程的检测中，一般精度的压力表就能满足要求。

③ 水泵电机功率检测。

在单位时间内，机器所做功的大小叫作功率，通常用符号 N（kW）来表示。

A. 基本参数。

每种电机系统均消耗两大功率，分别是真正的有用功及电抗性的无用功。功率因数是有用功与总功率间的比率。功率因数越高，有用功与总功率间的比率便越高，系统运行则更有效率。在交流电路中，电压与电流之间的相位差（φ）的余弦叫作功率因数，用符号 $\cos\varphi$ 表示，在数值上，功率因数 $\cos\varphi=P/S$。式中符号 P 表示的是有功功率，单位为千瓦（kW）；符号 S 表示的是视在功率，单位为千伏安（kVA），它包括有功功率和无功功率两部分，其中无功功率用符号 Q 表示，单位为乏（kVar）。

水泵电功率检测的目的是测量水泵电机的输入功率，也就是水泵电机的有功功率。即 $N=P$。

水泵电机多采用三相交流电动机，其定子绕组为三相对称负载。基于三相对称负载的三相电路电压、电流、功率参数及其计算式介绍如下。

a. 三相电路中电压及电流。

在三相电路中，电压可分为相电压 UP 与线电压 UL 两类，前者为三相输电线（火线）与中性线间的电压，后者为三相输电线各线（火线）间的电压，单位为V；电流同样也分为相电流IP与线电流IL两类，前者为三相电路中流过每相负载的电流，后者为从电源引出的三根火线中的电流，单位为A。在三相对称电路中，对应于不同的负载连接方法，相电压（电流）与线电压（电流）有不同的数值关系：

星形连接时，$U_L=\sqrt{3}U_P$，$I_L=I_P$；

三角形连接时，$U_L=U_P$，$I_L=\sqrt{3}I_P$。

b. 有功功率。

有功功率即电机有用功。为电能用于做功而消耗在电阻元件上的功率。对于三相电路来说，不论负载是星形连接还是三角形连接，电路是对称还是不对称，总的有功功率必定等于各相有功功率之和。因此三相总功率为

$$P=P_U+P_V+P_W=U_UI_U\cos\varphi_U+U_VI_V\cos\varphi_V+U_WI_W\cos\varphi_W \tag{10-20}$$

式中，φ 角是相电压与相电流之间的相位差。对于对称负载，每相的有功功率相等。则三相总功率为式（10-21）。

$$P=3P_P=\frac{3U_PI_P\cos\varphi}{1\,000} \tag{10-21}$$

式中：P——总有功功率，kW；

U_P——相电压，V；

I_P——相电流，A；

$\cos\varphi$——功率因数。

实际上，三相电路的相电压和相电流有时难以获得，而我们又知道，在三相对称电路中，负载星形连接时，$U_L=\sqrt{3}U_P$，$I_L=I_P$；负载三角形连接时，$U_L=U_P$，$I_L=\sqrt{3}I_P$，所以无论是负载还是星形连接或三角形连接，都有

$$3U_P I_P = \sqrt{3} U_L I_L$$

所以式（10-21）又可表示为式（10-22）。

$$P = \frac{\sqrt{3} U_L I_L \cos\varphi}{1\,000} \quad (10\text{-}22)$$

式中：P——总有功功率，kW；

U_L——线电压，V；

I_L——线电流，A；

U_P——相电压，V；

I_P——相电流，A；

$\cos\varphi$——功率因数。

c. 无功功率。

无功功率即电机电抗性的无用功。电机是依靠建立交变磁场才能进行能量的转换和传递，为建立交变磁场和感应磁通而需要的电功率称为无功功率，因此，所谓“无功”，并不是“无用”的电功率，只不过它的功率并不转化为机械能、热能而已。有功功率与三相交流电压、电流间的关系式为式（10-23）。

$$Q = \frac{3U_P I_P \sin\varphi}{1\,000} = \frac{\sqrt{3} U_L I_L \sin\varphi}{1\,000} \quad (10\text{-}23)$$

式中：Q——无功功率，kVar；

U_L——线电压，V；

I_L——线电流，A；

U_P——相电压，V；

I_P——相电流，A。

d. 视在功率。

视在功率即有功功率和无功功率之和。它不表示交流电路实际消耗的功率，只表示电路可能提供的最大功率或电路可能消耗的最大有功功率。视在功率与三相交流电压、电流间的关系式为式（10-24）。

$$S = \frac{3U_P I_P}{1\,000} = \frac{\sqrt{3} U_L I_L}{1\,000} \quad (10\text{-}24)$$

式中：S——视在功率，kVA；

U_L——线电压，V；

I_L——线电流，A；

U_P——相电压，V；

I_P——相电流，A。

根据三角函数的关系式可得

$$P^2 + Q^2 = S^2$$

可以用一个直角三角形来表示，形成一个功率三角形。

B. 检测方法。

测量用钳形功率表，其精度不低于 5 级。本节主要介绍 MS2203 三相钳形数字功率表三相三线制负载的测量。

按照表 10-4 的连接方法，分别将 V1 端/黄色测试笔、V2 端/绿色测试笔、V3 端/红色测试笔接在三相负载的每一相火线上。

表 10-4　仪表连接方法

功能开关	输入端（+）		测量对象
ϕ_1 挡	V1 插扎	黄色测试笔	第一相
ϕ_2 挡	V2 插扎	绿色测试笔	第二相
ϕ_3 挡	V3 插扎	红色测试笔	第三相

先将功能转换旋钮置于 ϕ_1 挡（第一相）位置，并将仪表钳口钳在负载的第一相的被测导线上，然后通过选择仪表功能键即可实现电压、电流和有功功率、功率因数的测量读数。

按下[V/Hz]键，则显示器的上行显示电压测量结果，下行显示当前频率值。

按下[A]键，则显示器的上行显示电流测量结果。

按下[kW/PF]键，则显示器的上行显示有功功率测量值，下行显示功率因数测量值。

ϕ_2 挡、ϕ_3 挡测量方法同 ϕ_1 挡。

C. 水泵效率计算。

测试得到水泵流量、扬程和电机输入功率后，水泵的输送效率 η_P 可按式（10-25）计算。

$$\eta_P = \frac{1\,000\rho g G \times H}{N} \tag{10-25}$$

式中：G——水泵流量，m^3/s；

H——水泵扬程，m；

ρ——水的密度，kg/m^3；

g——自由落体加速度，9.8 m/s^2；

N——水泵电机输入功率，kW。

ρ 可根据水温由物性参数表查取。

2）冷热源机组性能检测

冷水（热泵）机组主要检测参数有机组制冷（制热）量、电机功率和性能系数，依据现行行业标准《公共建筑节能检测标准》（JGJ/T 177）与现行国家标准《公共建筑节能设计标准》（GB 50189）进行检测。

冷水（热泵）机组及其水系统性能检测工况均应符合以下规定：

① 冷水机组运行正常，系统负荷宜不小于设计负荷的 60%，且运行机组负荷宜不小于 80%，处于稳定状态。

② 冷冻水出水温度应在 6～9℃。

③ 水冷冷水机组和直燃机冷水机组的冷却水进口温度应在 29～32℃；风冷冷水机组要求室外干球温度在 32～35℃。

对于 2 台以下（含 2 台）同型号机组，至少抽取一台机组；3 台以上（含 3 台）同型号机组，至少抽取两台机组。测试状态稳定后，每隔 5～10 min 读一次数，连续监测 60 min，取每次读数的平均值作为测试的测定值。

冷水（热泵）机组供冷（热）量检测。

冷水（热泵）机组的制冷（热）量计算需要机组进、出水温度，通过机组水流量等参数。

① 机组水流量及进、出水温度检测。

机组水流量检测可在机组的进、出水管处进行，其检测内容与水泵流量检测基本相同，具体方法参照水泵流量检测部分。检测进、出水温度的温度计设在靠近机组的进、出口处，包括蒸发器和冷凝器两部分的进出水温度。

② 供冷（热）量计算。

计算可按式（10-26）计算。

$$Q_w = \rho_w G_w C_{pw} \Delta t \tag{10-26}$$

式中：Q_w ——机组供冷（热）量，kW;

ρ_w ——水的平均密度，kg/m^3;

G_w ——机组水流量，m^3/s;

C_{pw} ——水的平均定压比热，kJ/（kg・K）;

Δt ——冷（热）水进、出口平均温差，℃。

ρ_w、C_{pw} 可根据介质进、出口平均温度由物性参数表查取得。

③ 冷水（热泵）机组电机功率检测。

冷水（热泵）机组电机功率检测与水泵电机功率基本相同，具体方法参考水泵电机功率检测部分。可得到机组电机输入功率 N（kW）。

④ 冷水（热泵）机组性能系数计算。

冷水（热泵）机组性能系数 COP 可用来衡量制冷压缩机在制冷或制热方面的热力经济性，对于封闭式制冷压缩机，其定义方法如下：

a. 制冷性能系数。

封闭式制冷压缩机的制冷性能系数 COP 是指在某一工况下，制冷压缩机的制冷量与同一工况下制冷压缩机电机的输入功率的比值。

b. 制热性能系数。

封闭式制冷压缩机在热泵循环中工作时，其制热性能系数 COP 是指在某一工况下，压缩机的制热量与同一工况下压缩机电机的输入功率的比值。

其单位均为（W/W）或（kW/kW）。

采用电机驱动的蒸汽压缩循环冷水（热泵）机组时，其在名义制冷工况和规定条件下的性能系数（COP）应符合下列规定：

（a）水冷定频机组及风冷或蒸发冷却机组的性能系数（COP）不应低于表 10-5 的数值；

（b）水冷变频离心式机组的性能系数（COP）不应低于表 10-5 中数值的 0.93 倍；

（c）水冷变频螺杆式机组的性能系数（COP）不应低于表 10-5 中数值的 0.95 倍。

表 10-5　名义制冷工况和规定条件下冷水（热泵）机组的制冷性能系数（COP）

类型		名义制冷量 CC/kW	性能系数 COP/（W/W）					
			严寒 A、B 区	严寒 C 区	温和地区	寒冷地区	夏热冬冷地区	夏热冬暖地区
水冷	活塞式/涡旋式	CC≤528	4.10	4.10	4.10	4.10	4.20	4.40
	螺杆式	CC≤528	4.60	4.70	4.70	4.70	4.80	4.90
		528＜CC≤1 163	5.00	5.00	5.00	5.10	5.20	5.30
		CC＞1 163	5.20	5.30	5.40	5.50	5.60	5.60
	离心式	CC≤1 163	5.00	5.00	5.10	5.20	5.30	5.40
		1 163＜CC≤2 110	5.30	5.40	5.40	5.50	5.60	5.70
		CC＞2 110	5.70	5.70	5.70	5.80	5.90	5.90
风冷或蒸发冷却	活塞式/涡旋式	CC≤50	2.60	2.60	2.60	2.60	2.70	2.80
		CC＞50	2.80	2.80	2.80	2.80	2.90	2.90
	螺杆式	CC≤50	2.70	2.70	2.70	2.80	2.90	2.90
		CC＞50	2.90	2.90	2.90	3.00	3.00	3.00

冷水（热泵）机组制冷或制热性能系数 COP 可统一用式（10-27）计算。

$$COP = \frac{Q}{N} \tag{10-27}$$

式中：COP——机组制冷或制热性能系数，kW/kW；

Q——机组制冷或制热量，kW；

N——机组电机输入功率，kW。

3）空调系统冷热水、冷却水循环流量检测

通风与空调工程安装完毕后应进行系统调试，系统调试应包括设备单机试运转及调试、系统非设计满负荷条件下的联合试运转及调试。空调系统冷热水、冷却水循环流量检测内容与水泵流量检测基本相同，具体方法参照水泵流量检测部分。

（1）检测方法。

① 调试运行前，水管道试压及管道系统的冲洗应全部合格，制冷设备、通风与空调设备单机试运行应合格。

② 水系统试运行与调试可按以下步骤及方法进行：

a. 关闭水系统所有控制阀门，风机盘管及空调机组的旁通阀门应关闭严密；

b. 检查风机盘管上的放气阀是否完好，并把放气阀的顶针拧紧，检查膨胀水箱的补水阀门是否关闭严密；

c. 向系统内注入软化水，主干管及立管注满水后，对系统进行检查，确保无渗漏后对支路系统进行注水，待支路系统注满水，检查无渗漏后，进行风机盘管的注水、放气、查漏工作；

d. 启动空调水系统循环水泵，进行系统循环，通过调整阀门的开启度调整水系统、分支管路的流量，运行时间不应少于 8 h，当北方冬季进行调试时，宜进行热水循环；

e. 水系统调试时，在水泵运行稳定后应检查系统的平衡性。

（2）合格指标与判定方法。

① 空调冷热水、冷却水总流量测试结果与设计流量的偏差不应大于 10%；

② 系统平衡调整后，各空调机组的水流量应符合设计要求，允许偏差为 15%；

③ 多台冷却塔并联运行时，各冷却塔的进、出水量应达到均衡一致。

4）多联式空调（热泵）机组制冷（热）消耗功率检测

多联式空调（热泵）机组是指一台或数台室外机可连接数台不同或相同型式、容量的直接蒸发式室内机构成的单一制冷循环系统，它可以向一个或数个区域直接提供处理后的空气。机组制冷（热）消耗功率包括所有室内机和室外机消耗功率。

（1）检测依据。

现行国家标准《多联式空调（热泵）机组》（GB/T 18837）。

（2）检测方法。

检测时，机组的电源为额定电压 220 V 单相或 380 V 三相交流电，额定频率 50 Hz。机组正常工作条件如下：

① 风冷式。

热泵型机组的环境温度：−7～43℃。

单冷型机组的环境温度：18～43℃。

② 水冷式。

制冷运行时，水冷式机组冷凝器的进水温度不超过 40℃。

在表 10-6 规定的试验工况下对多联式空调（热泵）机组进行试验，按照图 10-7 所示连接方法和要求连接室内机和室外机，同时打开应开启的室内机和室外机，使机组处于制冷（热）工作状态；分别测定机组的输入功率和电流，所测定的输入功率、电流应包含所有正在运转的室内机和室外机的输入功率、电流。

表 10-6 多联式空调（热泵）机组试验工况

<table>
<tr><th colspan="2" rowspan="3">试验条件</th><th colspan="2" rowspan="2">室内侧入口空气状态</th><th colspan="5">室外侧状态</th></tr>
<tr><th colspan="2">风冷式
（入口空气状态）</th><th colspan="3">水冷式（进水温度/水流量状态）</th></tr>
<tr><th>干球温度</th><th>湿球温度</th><th>干球温度</th><th>湿球温度</th><th>水环式</th><th>地下水式</th><th>地埋管
（地表水）式</th></tr>
<tr><td rowspan="4">制冷</td><td>最大运行</td><td>32</td><td>23</td><td>43</td><td>26[a]</td><td>40/--[b]</td><td>25/--[d]</td><td>40/--[b]</td></tr>
<tr><td>最小运行</td><td rowspan="2">21</td><td rowspan="2">15</td><td>18</td><td>—</td><td rowspan="3">20/--[b]</td><td rowspan="3">10/--[d]</td><td rowspan="3">10/--[b]</td></tr>
<tr><td>低温运行</td><td>21</td><td>—</td></tr>
<tr><td>凝露、凝结水排除</td><td>27</td><td>24</td><td>27</td><td>24[a]</td></tr>
<tr><td rowspan="3">制热</td><td>最大运行</td><td>27</td><td>—</td><td>21</td><td>15</td><td>30/--[b]</td><td>25/--[d]</td><td>25/--[b]</td></tr>
<tr><td>最小运行</td><td rowspan="2">20</td><td>15</td><td>−7</td><td>−8</td><td>15/--[b]</td><td>10/--[d]</td><td>5/--[b]</td></tr>
<tr><td>融霜</td><td>≥15[e]</td><td>2</td><td>1</td><td>—</td><td>—</td><td>—</td></tr>
</table>

注：1. “—”为不作要求的参数。“--”为水流量参数。

2. 室内机风机转速挡与制造商要求一致。

3. 若室外机标称有机外静压的，按室外机标称的机外静压进行试验。

4. 试验时，若室外机风量可调，则按照制造商说明书规定的风机转速挡进行；若室外机风量不可调，则按照其名义风速挡进行试验。

a. 适应于湿球温度影响室外侧换热的装置；

b. 采用名义制冷试验条件确定的水流量，按单位名义制冷量水流量 0.215 m³/（h·kW）计算得到；

c. 适应于湿球温度影响室内侧换热的装置；

d. 采用名义制冷试验条件确定的水流量，按单位名义制冷量水流量 0.103 m³/（h·kW）计算得到。

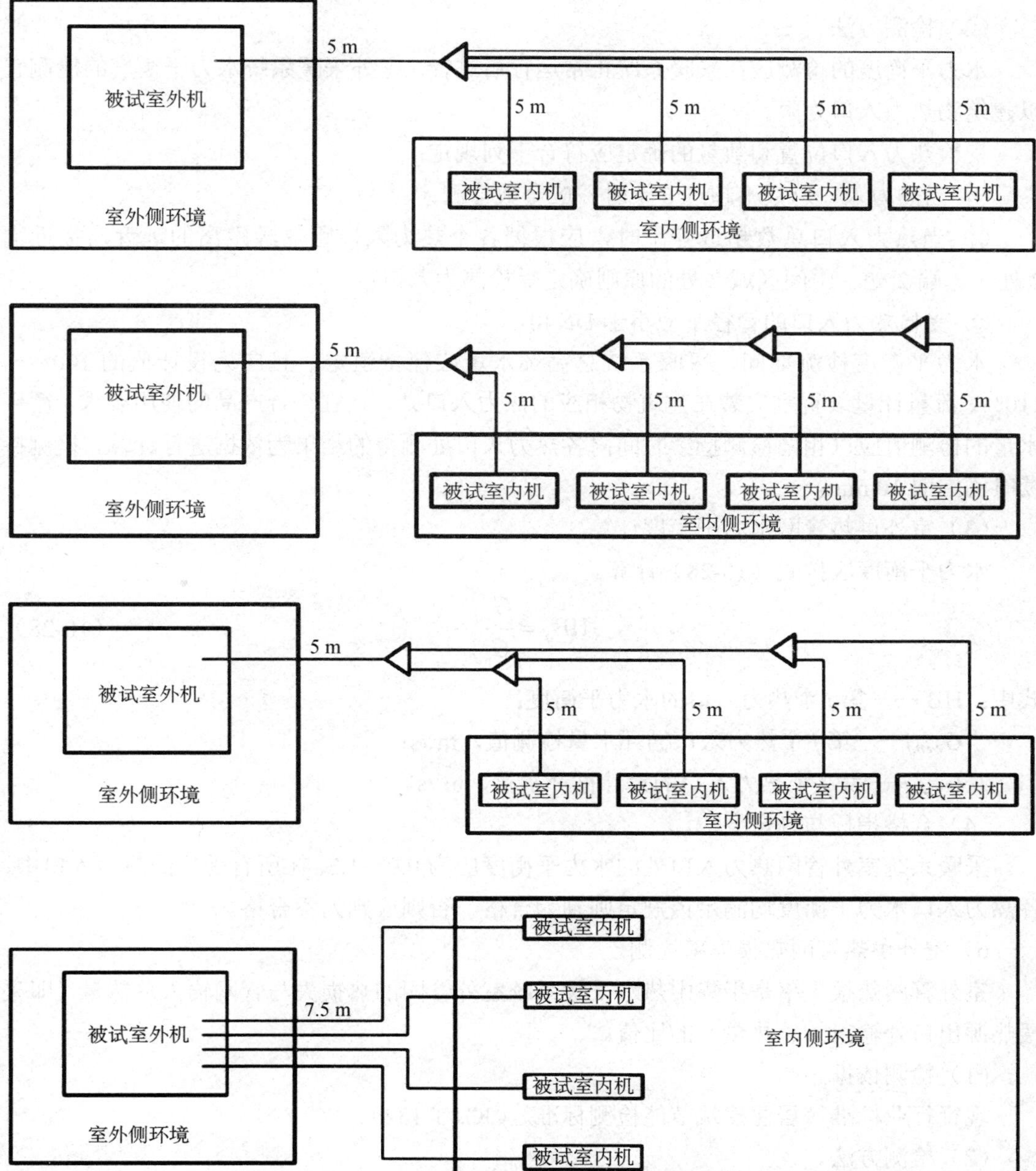

图 10-7　多联式空调（热泵）机组连接方式

机组的实测制冷消耗功率不应大于名义制冷（热）消耗功率的 110%。

5）室外供热管网水力平衡度检测

水力平衡度是指在集中热水采暖系统中，整个系统的循环水量满足设计条件时，建筑物热力入口处循环水量检测值与设计值之比。

（1）检测依据。

现行行业标准《居住建筑节能检测标准》（JGJ/T 132）。

（2）检测方法。

水力平衡度的检测应在采暖系统正常运行后进行。室外采暖系统水力平衡度的检测宜以建筑物热力入口为限。

受检热力入口位置和数量的确定应符合下列规定：

① 当热力入口总数不超过 6 个时，应全数检测；

② 当热力入口总数超过 6 个时，应根据各个热力入口距热源距离的远近，按近端 2 处、远端 2 处、中间区域 2 处的原则确定受检热力入口；

③ 受检热力入口的管径不应小于 DN40。

水力平衡度检测期间，采暖系统总循环水量应保持恒定，且应为设计值的 100%～110%。流量计量装置宜安装在建筑物相应的热力入口处，且宜符合产品的使用要求。循环水量的检测值应以相同检测持续时间内各热力入口处测得的结果为依据进行计算，检测持续时间宜取 10 min。

（3）室外供热管网水力平衡度计算。

水力平衡度应按式（10-28）计算。

$$\mathrm{HB}_j = \frac{G_{wrn,j}}{G_{wd,j}} \tag{10-28}$$

式中：HB_j——第 j 个热力入口的水力平衡度；

$G_{wrn,j}$——第 j 个热力入口循环水量检测值，m^3/s；

$G_{wd,j}$——第 j 个热力入口的设计循环水量，m^3/s。

（4）合格指标与判定方法。

采暖系统室外管网热力入口处的水力平衡度应为 0.9～1.2。在所有受检的热力入口中，各热力入口水力平衡度均满足该规定则判为合格，否则应判为不合格。

6）室外供热管网热损失率检测

室外管网热损失率是指集中热水采暖系统室外管网的热损失与管网输入总热量（即采暖热源出口处输出的总热量）的比值。

（1）检测依据。

现行行业标准《居住建筑节能检测标准》（JGJ/T 132）。

（2）检测方法。

采暖系统室外管网热损失率的检测应在采暖系统正常运行 120 h 后进行，检测持续时间不应少于 72 h。检测期间，采暖系统应处于正常运行工况，热源供水温度的逐时值不应低于 35℃。

采暖系统室外管网供水温降应采用温度自动检测仪进行同步检测，数据记录时间间隔不应大于 60 min。热计量装置应安装在建筑物热力入口处检测，供回水温度和流量传感器的安装宜满足相关产品的使用要求，温度传感器宜安装于受检建筑物外墙外侧且距外墙外表面 2.5 m 以内的地方。采暖系统总采暖供热量宜在采暖热源出口处检测，供回水温度和流量传感器宜安装在采暖热源机房内，当温度传感器安装在室外时，距采暖热源机房外墙外表面的垂直距离不应大于 2.5 m。

（3）室外供热管网热损失计算。

室外供热管网热损失应按式（10-29）计算。

$$a_{ht}=\left(1-\frac{\sum_{j=1}^{n}Q_{a,j}}{Q_{a,t}}\right)\times 100\% \tag{10-29}$$

式中：a_{ht}——采暖系统室外管网热损失率；

$Q_{a,j}$——检测持续时间内第 j 个热力入口处的供热量，MJ；

$Q_{a,t}$——检测持续时间内热源的输出能量，MJ。

（4）合格指标与判定方法。

采暖系统室外管网热损失率不应大于 10%。当采暖系统室外管网热损失率满足该规定时，应判为合格，否则应判为不合格。

Ⅱ. 空调风系统性能检测

本节空调末端性能检测主要包括风机单位风量耗功率、组合式空调机组及风机盘管机组性能检测、定风量系统平衡度检测和新风量检测等内容。

1）检测依据

现行国家标准《公共建筑节能设计标准》（GB 50189）。

现行国家标准《工业通风机用标准化风道性能试验》（GB/T 1236）。

2）风机单位风量耗功率检测

风机单位风量耗功率检测时，抽检比例不应少于空调机组总数的 20%，不同风量的空调机组检测数量不应少于 1 台。

首先对风机风量检测，风机风量检测应采用风管风量检测方法，在风机的压出端和吸入端分别进行，然后取其平均值作为风机的风量，且二者风量之差不应大于 5%。

风机风量的检测可以设计出多种测量方案，具体采用哪种方案应根据试验目的、流体流动状态、参数量程范围、测量技术条件等进行选择和确定。对于气体流量的测量，多采用的是速度式流量检测方法，即先测出管道内的平均流速 $\overline{v}$，再乘以管道的截面积 A，就可以依据式（10-30）求得气体的体积流量 G。

$$G=A\times\overline{v} \tag{10-30}$$

式中：G——气体体积流量，m^3/s；

A——风道断面积，m^2；

$\bar{v}$——风道内平均风速，m/s。

（1）检测方法。

① 测定断面的选择。

在测定风管风量之前，首先要选择合适的测定断面位置，以减少气流扰动对测量结果的影响。要使测定位于气流平直、扰动小的直管段上。当测量断面设在弯头、三通等局部阻力构件后面时（沿气流方向），距这些部件的距离应为4～5倍管道直径（或风道长边）。当测量断面设在弯头、三通等局部阻力构件前面时，与这些部件的距离应为1.5～2倍管道直径（或风道长边）。在现场测量条件允许时，离这些部件的距离越远，气流越平稳，对测量越有利。当条件受到限制时，此距离可适当缩短，但应增加测定位置。但是，测量断面与局部阻力部件的最小距离至少是管道直径（或风道长边）的1.5倍。具体如图10-8所示。

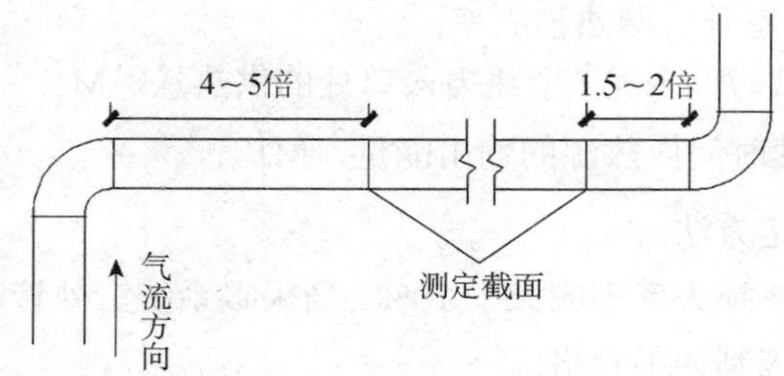

图10-8　风道测定截面

② 测点的布置。

由于流体的黏性作用，气流速度在管道断面的分布是不均匀的，一般不能只用一个点的速度值代表断面速度，而必须在同一断面上多点测量，取其平均值。

对于矩形风道，应将其截面平均分成若干个正方形或接近正方形的矩形区域，在每个区域的中心测量风速并取平均值。每个矩形区域不宜过大，一般要求小块的面积不大于0.05 m^2，即边长不大于220 mm，数目不少于9个，如图10-9所示。

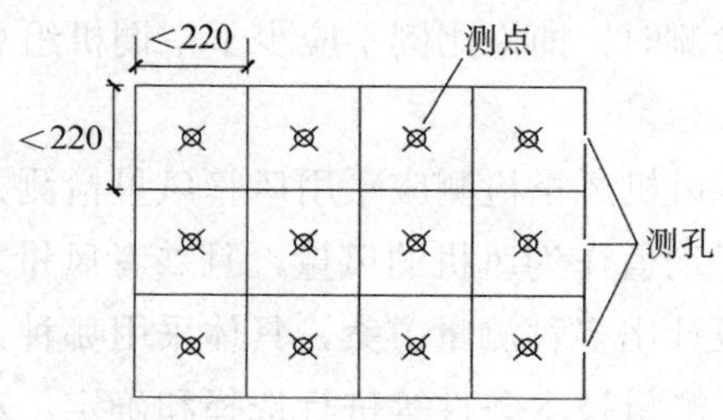

图10-9　矩形风道断面测点布置

对于圆形风道，应将测定断面划分为若干面积相等的同心圆环，测定位于各圆环面积的等分线上，并且应在相互垂直的两个半径上布置 2 个或 4 个测孔，如图 10-10 所示。风道中心到各测点的距离计算方法比较烦琐，可由表 10-7 近似给出。

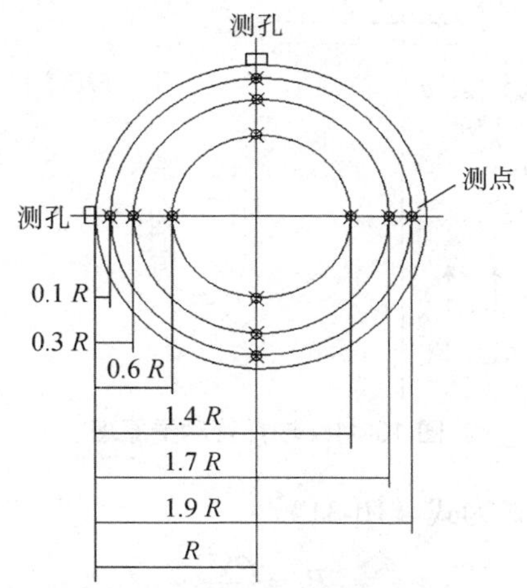

图 10-10　圆形风道断面测点布置

表 10-7　圆形风管测定断面内各测点与管壁的距离

直径/mm		200 以下	200～400	400～700	700 以上
圆环数		3	4	5	6
测点编号	1	0.1 R	0.1 R	0.05 R	0.05 R
	2	0.3 R	0.2 R	0.2 R	0.15 R
	3	0.6 R	0.4 R	0.3 R	0.25 R
	4	1.4 R	0.7 R	0.5 R	0.35 R
	5	1.7 R	1.3 R	0.7 R	0.5 R
	6	1.9 R	1.6 R	1.3 R	0.7 R
	7	—	1.8 R	1.5 R	1.3 R
	8	—	1.9 R	1.7 R	1.5 R
	9	—	—	1.8 R	1.65 R
	10	—	—	1.95 R	1.75 R
	11	—	—	—	1.85 R
	12	—	—	—	1.95 R

（2）风管测定断面的风速测量。

确定测定断面及测点布置位置后，即可测量气流风速。常用的测定管道内风速的方法分为间接式和直读式两类。

① 用毕托管测量管道内风速。

毕托管是能同时测得流体总压、静压或二者之差（动压）的复合测压管。毕托管的特点是结构简单，使用、制造方便，价格便宜，只要精心制造并严格标定和适当修改，在一定的速度范围之内，它可以达到较高的测速精度。其测量原理如图 10-11 所示。

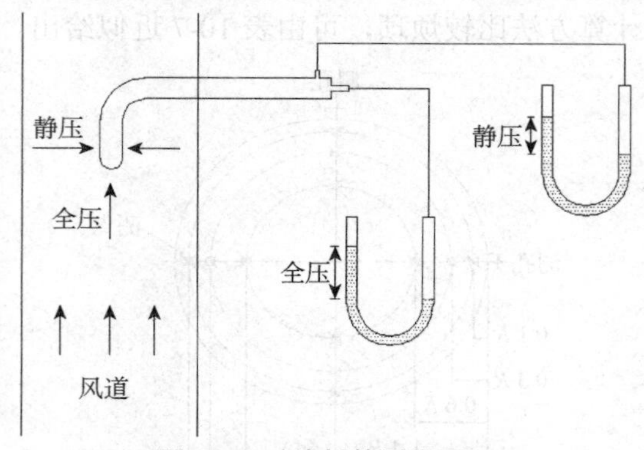

图 10-11　毕托管测量原理

各测点流速与动压关系式为式（10-31）。

$$P_d = \frac{\rho v^2}{2} \tag{10-31}$$

式中：P_d——管道内测点的动压，Pa；

v——管道内测点的流速，m/s；

ρ——管道内空气的密度，kg/m³。

风管测定断面的平均风速是测定断面上各测点流速的平均值，为了便于应用，可将式（10-31）写成式（10-32）的形式。

$$\bar{v} = \sqrt{\frac{2}{\rho}}\left[\frac{\sqrt{P_{d1}} + \sqrt{P_{d2}} + \cdots + \sqrt{P_{di}}}{n}\right] \tag{10-32}$$

式中：$\bar{v}$——测定断面平均风速，m/s；

n——测点数，个；

ρ——管道内空气的密度，kg/m³；

$\sqrt{P_{di}}$——管道内各测点动压，Pa。

在测定时，当存在局部涡流或气流倒流时，某些测点的动压值可能出现零或者负数。计算平均风速时可将负值当作零处理，测点数仍应包含动压值为零或负值在内的全部测点数。根据上式即可计算得到测定断面平均风速。

② 用热线风速仪测量管道内风速。

当气流速度较小时，间接式方法的测定误差较大。故对于气流速度小于 4 m/s，即动压小于 10 Pa 的管道可用直读式方法测定风管内的风速。用热线风速仪测量风速的断面划分与毕托管相同，这些仪器可以直接显示瞬时流速，此时断面上的平均风速可按照算术平均值计算。

③ 管道内空气流量的计算。

经过测量、计算得到风管测定断面平均风速 $\bar{v}$ 后，即可将测点断面截面积 A 及 $\bar{v}$ 代入式（10-29）计算得到气流体积流量 G（m³/s）。

3）风机风压和电机功率检测

（1）检测依据。

现行国家标准《公共建筑节能设计标准》（GB 50189）。

现行国家标准《工业通风机用标准化风道性能试验》（GB/T 1236）。

（2）检测方法。

静压（P_j）的测量采用静压环法，具体方法如下：

① 在测量截面管壁上将相互成 90° 分布的 4 个静压孔的取压接口连接成静压环，将压力计一端与该环连接，另一端和周围大气相通。压力计的读值为该截面的静压；

② 管壁上静压孔直径应取 1～3 mm，孔边必须呈直角，且无毛刺，取压接口管的内径应不小于两倍静压孔直径。当采用圆柱形风道时，4 个孔应等距分布在圆周上。当采用矩形风道时，该孔应位于 4 个侧面的中心位置。静压环的测孔连接方法如图 10-12 所示。

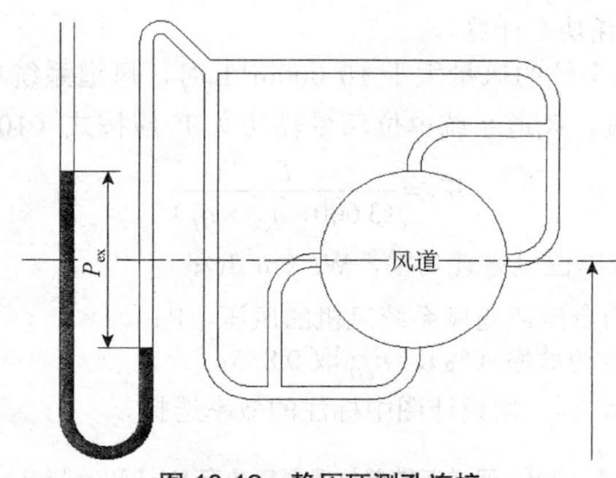

图 10-12　静压环测孔连接

③ 当用皮托管测量截面上的静压时，应重复 3 次，取平均值。

（3）风机风压和电机功率计算。

风机风压为风机进风和出风的全压差，采用式（10-33）求得风机全压。

$$P = P_2 - P_1 \tag{10-33}$$

式中：P——风机全压，Pa；

P_2——风机出口全压，Pa；

P_1——风机入口全压，Pa。

当风机压力≥500 Pa 时毕托管应连接 U 形管压力计，风机压力＜500 Pa 时毕托管应连接斜管压力计。

当风机进风和出风段有较长直管道时，可利用毕托管（或总压管）直接测得其进风和出风的全压，具体测量方法同上。

当风机进风和出风段没有较长的直风道条件时，由于在风道断面上静压变化较小，可在某一断面上单独测出静压（P_j），然后将风量测量结果中得到的风速按式（10-30）求得动压（P_d），相加得到全压。

风机电机功率检测与水泵电机功率检测基本相同，具体方法参考水泵电机功率检测部分。可得到风机电机输入功率 N（kW）。

4）风机单位风量耗功率及效率计算

（1）风机效率计算。

测试得到风机风量、风压及电机输入功率后，风机实际运行工况下的输送效率 η_f 按照式（10-34）计算。

$$\eta_f = \frac{G \times P}{1\,000 \times N} \tag{10-34}$$

式中：G——风机风量，m^3/s；

P——风机风压，Pa；

N——风机电机输入功率，kW。

（2）风机单位风量耗功率计算。

空调风系统或通风系统的风量大于 10 000m^3/h 时，风道系统单位风量耗功率 W_S 不宜大于表 10-8 中的数值。风道系统单位风量耗功率 W_S 应按式（10-35）计算。

$$W_S = \frac{P}{(3\,600 \times \eta_{CD} \times \eta_F)} \tag{10-35}$$

式中：W_S——风道系统单位风量耗功率，W/（m^3/h）；

P——空调机组的余压或通风系统风机的风压，Pa；

η_{CD}——电机及传动效率（%），η_{CD} 取 0.855；

η_F——风机效率，%，按设计图中标注的效率选择。

表 10-8　风道系统单位风量耗功率 W_S [W/(m^3/h)]

系统形式	W_S限值
机械通风系统	0.27
新风系统	0.24
办公建筑定风量系统	0.27
办公建筑变风量系统	0.29
商业、酒店建筑全空气系统	0.30

5）组合式空调机组漏风率检测

组合式空调机组漏风率定义为机组漏风量与额定风量之比，用%表示。其一般规定为：

① 机组内静压保持 700 Pa 时，机组漏风率不大于 3%；

② 用于净化空调系统的机组，机组内静压应保持 1 000 Pa，洁净度低于 1 000 级时，机组漏风率不大于 2%；洁净度高于等于 1 000 级时，机组漏风率不大于 1%。

（1）检测依据。

现行国家标准《组合式空调机组》（GB/T 14294）。

（2）检测装置。

漏风量检测装置的安装应按照图 10-13 或图 10-14 所示进行。对于多进风口机组，应将各进风口汇集成一个测量风管，进风口至流量测量断面应严密，不允许漏气。当检测布置采用图 10-13 时，应保证测量风管内的气流速度大于等于 6.5 m/s，测量管的管径大于等于 100 mm。当测量管的管径小于 100 mm 时，检测布置如图 10-14 所示。

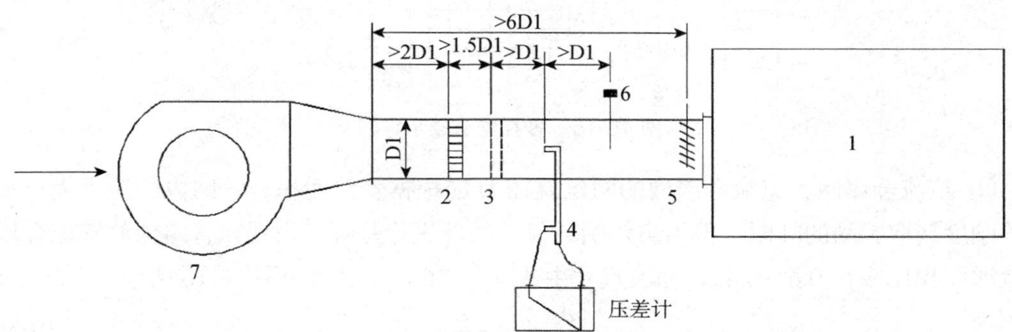

1—机组；2—多孔整流栅；3—整流金属网；4—流量测量装置；5—节流器；6—温度计；7—辅助风机。

图 10-13　漏风量检测布置（a）

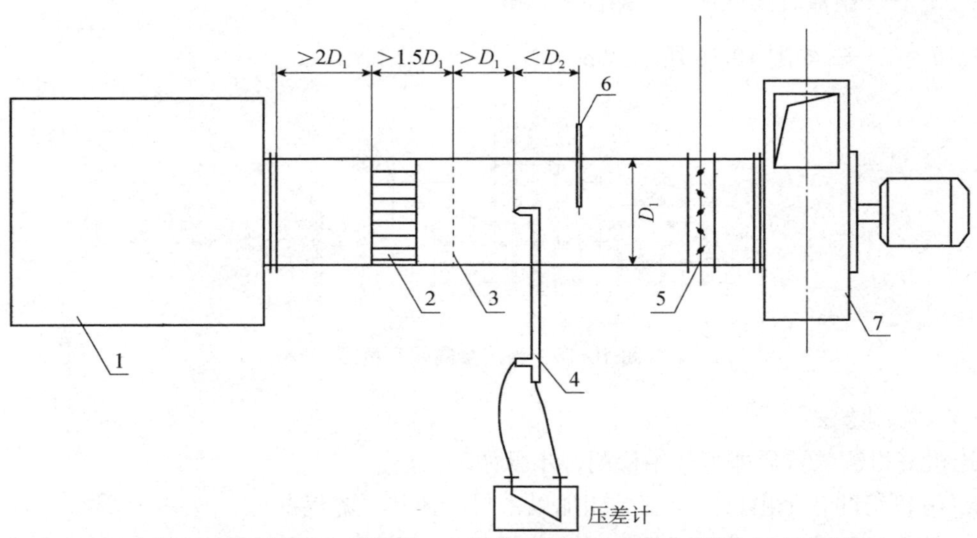

1—机组；2—整流隔栅；3—均流器；4—流量测量装置（皮托管、喷嘴或空气流量计）；5—调节阀器；6—温度计；7—辅助风机。

图 10-14　漏风量检测布置（b）

多孔整流栅与整流金属网应符合以下规定：

① 多孔整流栅。整流栅栅格（正方形）节距 t 应取测试管路内径 D 的 $\frac{1}{12}\sim\frac{1}{4}$，其轴向长度 l 应大于或等于栅距的 3 倍，如图 10-15 所示。

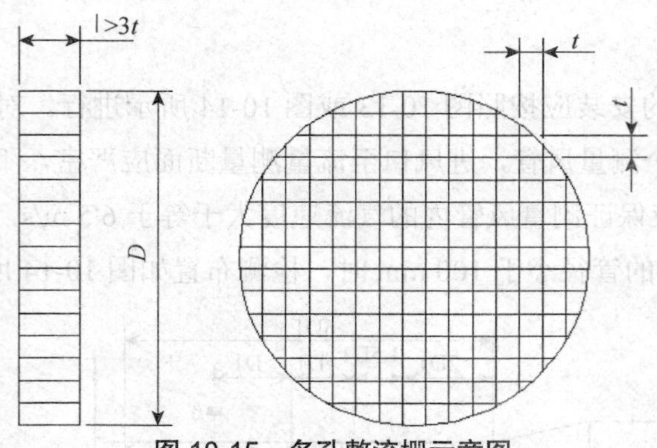

图 10-15　多孔整流栅示意图

② 整流金属网。整流金属网的网丝直径 D 应根据管路面积、管路内的压力大小和网丝的刚度选取。网的外圈不得用扁铁圈或任何圆环进行强补。设置在管路内的整流金属网的流通面积比应在 0.6～0.45，相应尺寸由式（10-36）确定。如图 10-16 所示。

$$\frac{A_h}{A_p}=\left(1-\frac{d}{t}\right) \tag{10-36}$$

式中：A_h——整流金属网流通面积，m^2；

A_p——整流金属网所在管路面积，m^2；

d、t——如图 10-16 所示，m。

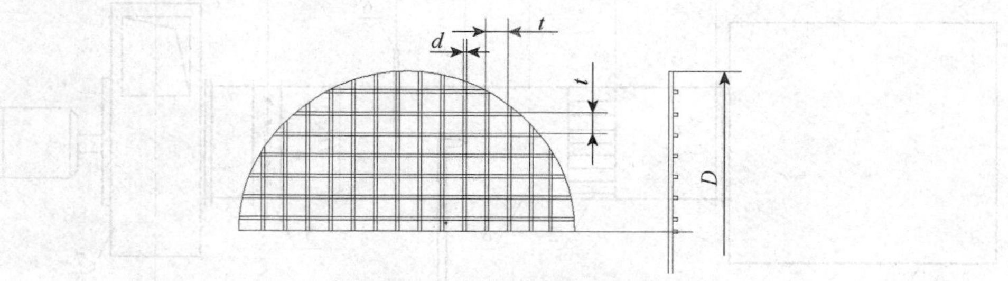

图 10-16　整流金属网示意图

（3）检测方法。

连接好检测装置后即可开始检测，步骤如下：

a. 将机组的各个出风阀全部关闭加以密封，使其不漏气；

b. 调节进风口或流量测量管段上的节流装置，使风机段内的压力值为 700 Pa，净化机组为 1 000 Pa。风机段压力值可在风机段壁面上测量；

c. 在测量风管上，用上述流量测量方法测得的风量，即是机组的漏风量 G_1。

（4）漏风率计算。

机组的漏风率可按式（10-37）计算得到

$$e=\frac{G_{l0}}{G_0}\times 100\% \tag{10-37}$$

式中：e——机组漏风率，%；

G_{l0}——标准空气状态下机组漏风量，m^3/h；

G_0——标准空气状态下机组试验风量，m^3/h。

6）组合式空调机组水侧供冷量和供热量检测

水路系统中需要进行机组水流量及进、出水温度检测。机组运行稳定后开始进行测量，连续测量 30 min，每隔 10 min 记录各参数，取每次读数的平均值作为计算参数。

（1）水流量及水温检测。

组合式空调机组水路系统检测参数包括进机组的水流量和水温。其水温可由进机组管路上的温度计直接读出，水流量检测内容与水泵流量检测基本相同，具体方法参照水泵流量检测部分。

（2）供冷量和供热量计算。

① 供冷量 Q_{WC}。供冷量 Q_{WC} 可按式（10-38）计算。

$$Q_{WC} = GC_{PW}\left(t_{w2} - t_{w1}\right) \tag{10-38}$$

式中：G——通过机组水的质量流量，kg/s；

C_{PW}——水的定压比热，kJ/（kg·K）；

t_{w1}——水进口水温，℃；

t_{w2}——水出口水温，℃。

② 供热量 Q_{Wh}。供热量 Q_{Wh} 可按式（10-39）计算。

$$Q_{Wh} = GC_{PW}\left(t_{w1} - t_{w2}\right) \tag{10-39}$$

式中：G——通过机组水的质量流量，kg/s；

C_{PW}——水的定压比热，kJ/（kg·K）；

t_{w1}——水进口水温，℃；

t_{w2}——水出口水温，℃。

参考文献

[1] 田国民，李铮，杨瑾峰，等. 工程建设标准编制指南[M]. 北京：中国建筑工业出版社，2009.

[2] 刘卓慧，刘安平，肖良，等. 实验室资质认定工作指南[M]. 北京：中国计量出版社，2007.

[3] 冯文元，张友民，冯志华. 新编建筑材料检验手册[M]. 北京：中国建材工业出版社，2013.

[4] 袁建国. 抽样检验原理与应用[M]. 北京：中国计量出版社，2002.

[5] 叶建雄，崔勇，胡祖华，等. 建筑材料基础试验[M]. 北京：中国建筑工业出版社，2009.

[6] 杨春宇，唐鸣放，谢辉，等. 建筑物理（图解版）（第二版）[M]，北京：中国建筑工业出版社，2021.

[7] 章熙民，朱彤，安青松，等. 传热学（第六版）[M]，北京：中国建筑工业出版社，2014.

[8] 陶文铨. 传热学（第五版）[M]. 北京：中国建材工业出版社，2019.

[9] 柳孝图. 建筑物理（第三版）[M]. 北京：中国建筑工业出版社，2010.